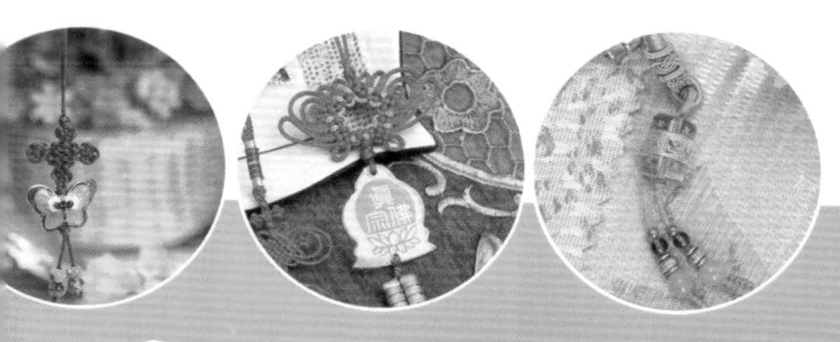

BIANSHENG SHIPINJIFA

# 编绳饰品技法一本通

犀文图书 编著

天津出版传媒集团

 天津科技翻译出版有限公司

# 前言
# PREFACE

编绳入门不仅非常简单，而且取材十分容易，不论是中国风的绳线，时尚的蜡绳、皮绳，还是民族风的麻绳，搭配玉石、蜜蜡、木珠等装饰品，只要巧加组合利用，就可以编成手绳、脚绳、项链绳、手机绳、包挂等一系列既时尚、新潮又美观、实用的作品。他们之中大件的可作为居家摆设，小件的则可随身佩戴。值得一提的是，这之中的红绳当仁不让地成为广受欢迎的趋吉避邪、转运保平安的吉祥物。

本书以手把手教学的方式，介绍了四十余种常用的结的编法，如平结、金刚结、轮结、斜卷结。然后，教大家单线编绳、双线编绳、多线编绳，甚至创意组合的方法与技巧。当你熟练地掌握了本书介绍的编绳方法之后，你的头脑里一定会有很多很多的创意蓄势待发。本书同时向你展示了多款编绳作品，都是应用各种结与玉石、琥珀、陶瓷等配件进行奇妙组合所产生的匠心独运的作品。

希望通过本书，让编绳爱好者们能轻松、熟练地掌握各种繁杂多变的编绳结法，进入博大精深的结艺世界，享受编绳带来的无限乐趣，为生活增添色彩！

# 目录
# CONTENTS

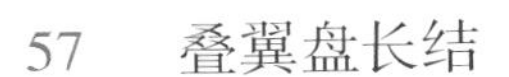

## PART 3 编绳饰品的制作



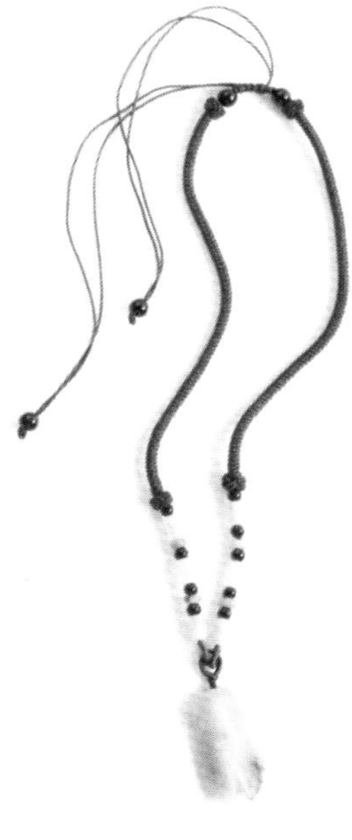

## PART 4 编绳饰品的运用



## PART 5 编绳饰品欣赏

# PART 1
# 编绳饰品基础

# 编绳饰品的定义

中国结由于年代久远，其历史贯穿于中国几千年历史的始终，漫长的文化积淀使得中国结渗透着汉民族特有的、纯粹的文化精髓，富含丰富的文化底蕴。

中国结不仅具有造型、色彩之美，而且皆因其形意而得名，如盘长结、藻井结 、双钱结等，体现了中国古代的文化信仰及浓郁的宗教色彩，体现着人们追求真、善、美的良好愿望。

梁武帝诗有“腰间双绮带，梦为同心结”。宋代诗人林逋有“君泪盈、妾泪盈，罗带同心结未成，江头潮已平”的诗句。一为相思，一为别情，都是借 “结”来表达情意。屈原在《楚辞·九章·哀郢》中写道：“心圭结而不解兮，思蹇产而不释。”作者用“圭而不解”的诗句来表达自己对祖国命运的忧虑和牵挂。古诗中亦有：“著以长相思，缘以结不解。以胶投漆中，谁能别离此。”其中用“结不解”和胶漆相融来形容感情的深厚，可谓是恰到好处。

由此可见，每个结饰都含有特别的寓意，在赋予了更多色彩和造型之后，中国结饰品所包含的对美好事物的祈愿、对在乎的人的纪念和怀念之情，都使得原本简单的饰品变得不凡。纵观中国古代诗词歌赋， 从中我们不难发现，绳结早已超越了原有的实用功能，并伴随着汉民族的繁衍壮大，生活空间的拓展，生命意义的增加和社会文化体系的发展而世代相传。

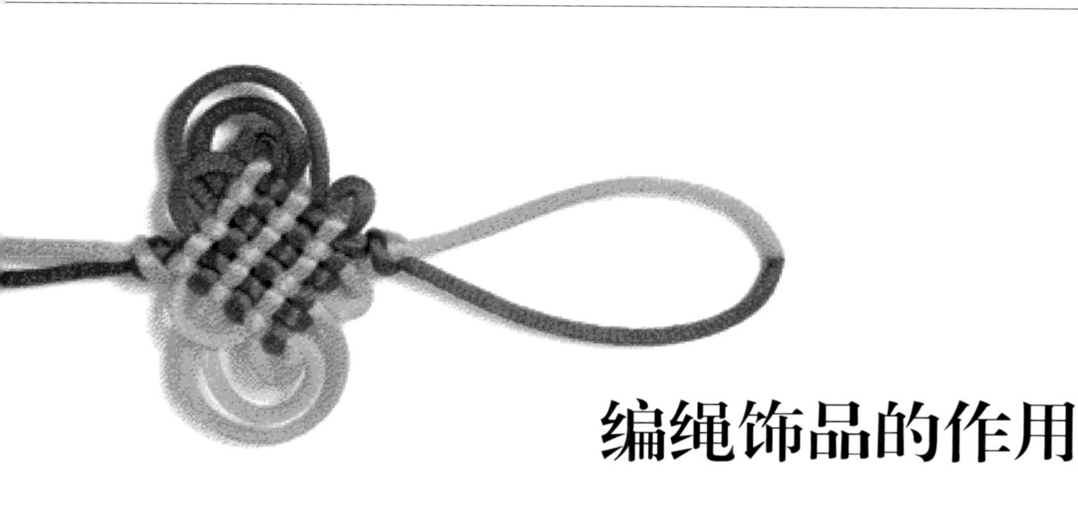

# 编绳饰品的作用

“大事大结其绳，小事小结其绳”，远在战国铜器上所见的数字符号上就留有结绳的形状，由此来看，绳结确实曾被用作辅助记忆的工具，也可说其是文字的前身。

最早的衣服没有纽扣、拉链等配件，用简单的几块布包裹着身体，然后用绳线或布带缠绕系牢。后来人们逐渐学会了打结，继而创造出各式各样的结体，由日常生活上用作系绑的结体，发展到与各种配件结合做出来的饰品。中国人一向有佩玉的习惯，历代的玉佩形制如玉璜、玉珑等，在其上都钻有小圆孔，以便于穿过线绳将这些玉佩系在衣服上。古人有将印鉴系结佩挂在身上的习惯，所以流传下来的汉印都带有印钮。而古代铜镜背面中央都铸有镜钮，可以系绳以便于手持。由这几方面不难看出，绳结在中国古代生活中的应用相当广泛。

宋代词人张先写过“心似双丝网，中有千千结”。形容失恋后的女孩家思念故人、心事纠结的状态。在古典文学中，“结”一直象征着青年男女的缠绵情思，人类的情感有多么丰富多彩，“结”就有多么千变万化。到了清代，绳结发展至非常高妙的水准，式样既多，名称也巧，简直就把这种优美的装饰品当成艺术品一般来讲究。

“结”在漫长的演变过程中，被多愁善感的人们赋予了各种情感愿望。

在新婚的帖钩上，装饰一个“盘长结”，寓意一对相爱的人永远相随相依，永不分离。在佩玉上装饰一个“如意结”，引申为称心如意，万事如意。在扇子上装饰一个“吉祥结”，代表大吉大利，吉人天相，祥瑞、美好。大年三十晚上，长辈用红丝绳穿上百枚铜钱作为压岁钱，以求孩子“长命百岁”。端午节用五彩丝线编制成绳，挂在小孩脖子上，用以避邪，称为“长命缕”。本命年里为了祛病除灾，用红绳扎于腰际。

中国结编绳饰品不单有着简单的装饰作用，更是寄托了人们心里美好的希望。

# 编绳饰品的分类

编绳的类型从使用的角度来看可以分为佩戴在人身上的饰品，以及悬挂在物件上的配饰。具体可以划分为头饰、项链、手链、腰饰、脚链和扇坠、手机挂饰、车挂、包包挂饰、剑穗、乐器挂饰、家居挂饰。

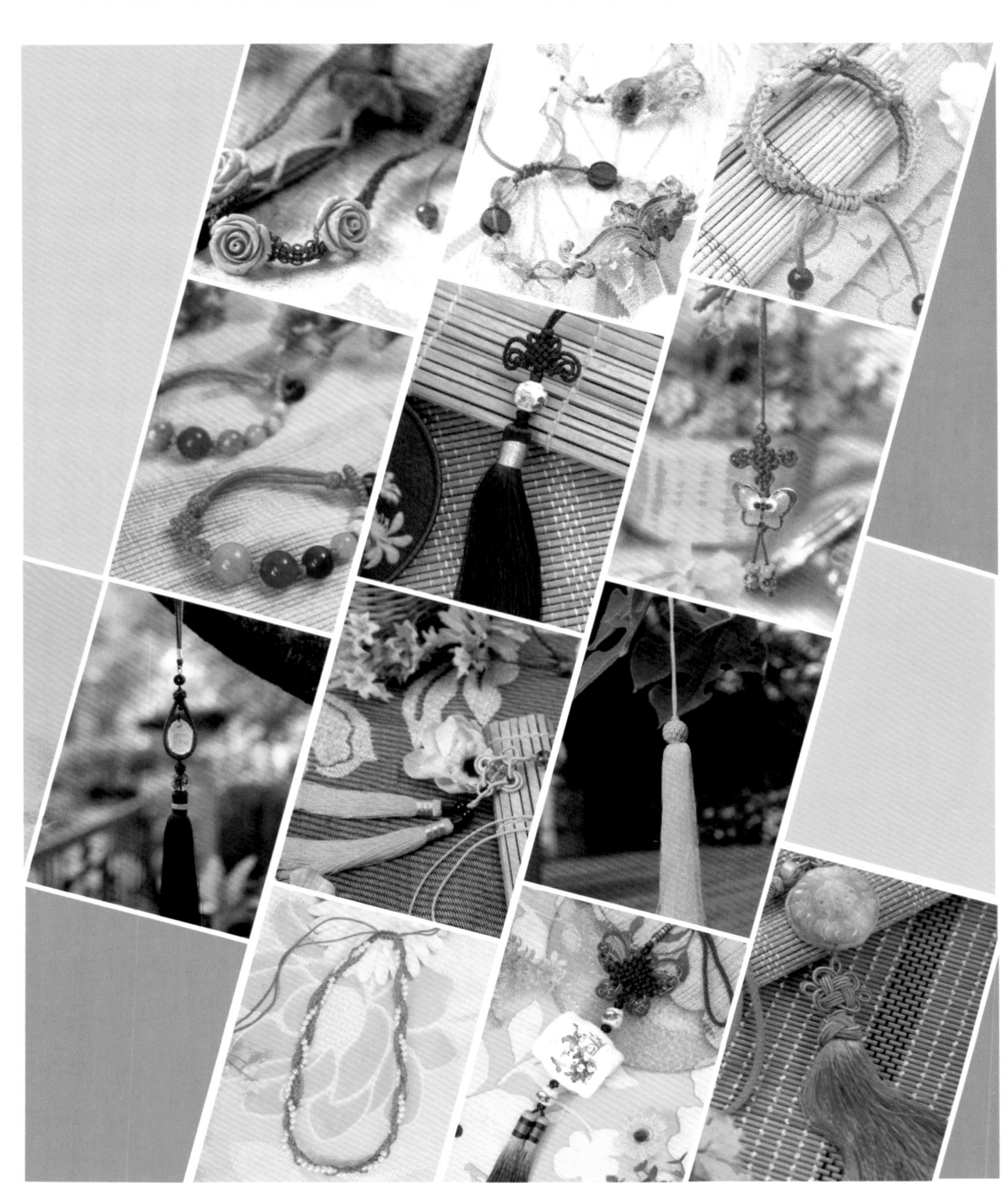

# PART 2

# 编绳饰品的技法

# 编绳材料的准备

## 线材的准备

麻绳

股线

韩国丝

芊棉线

五彩线

蜡绳

皮绳

棉绳

珠宝线　A玉线　B玉线

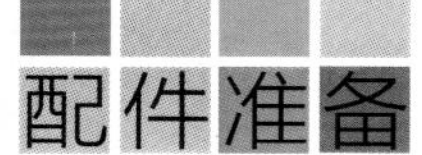

## 配件准备

一件好的中国结作品，往往是结饰与配件的完美结合。为结饰表面镶嵌圆珠、管珠，或是选用各种玉石、陶瓷等饰物做坠子，如果选配得宜，就如红花绿叶，相得益彰了。

茶 晶

发 晶

黑玛瑙

黑曜石

红珊瑚

红玉髓

虎眼石

黄水晶

陶 瓷

紫水晶

交趾陶

景泰蓝

## 工具准备

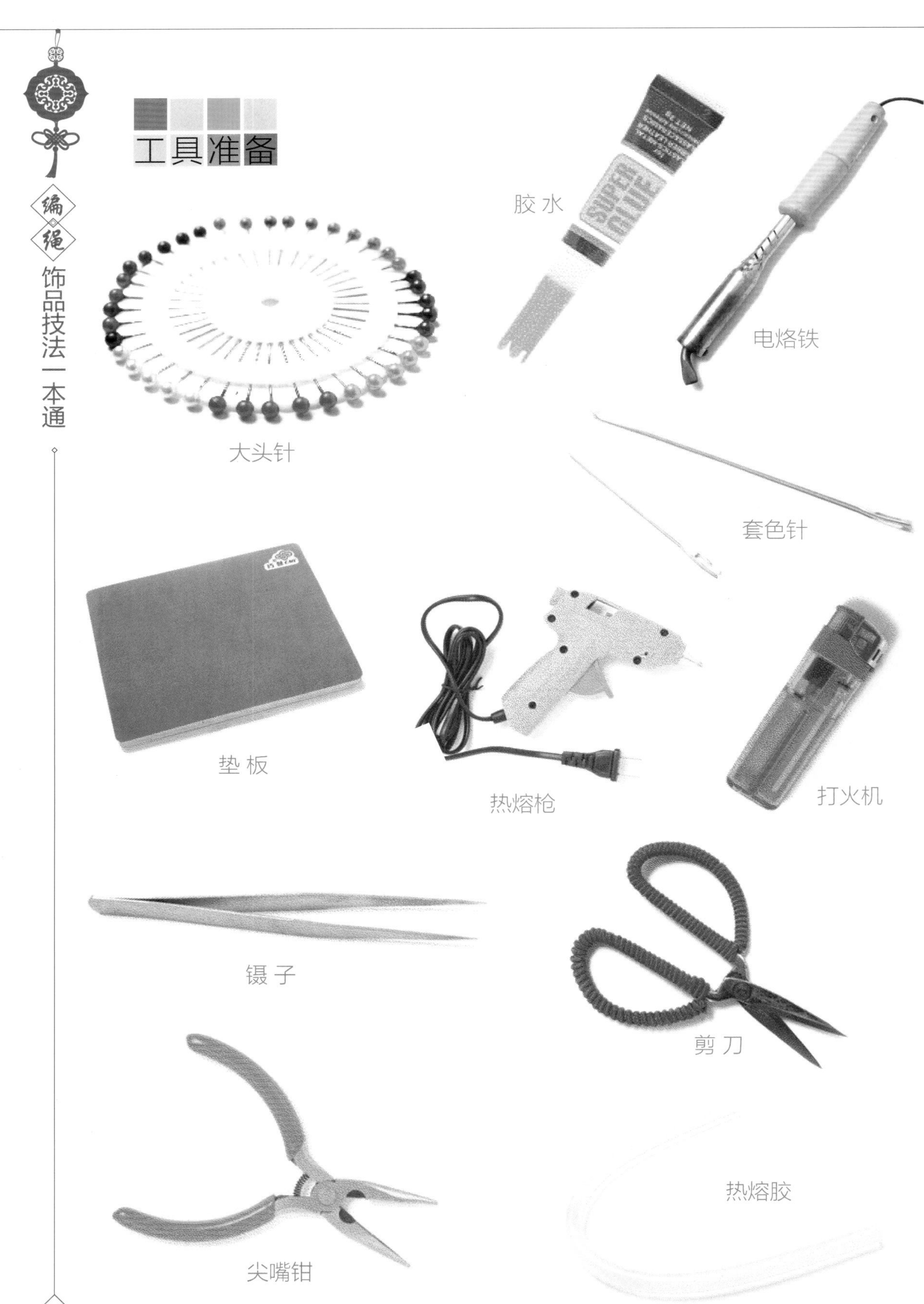

# 编绳方法与技巧

中国结编绳的编制，大致分为基本结、变化结及组合结三大类。其编结技术，除需熟练掌握各种基本结的编结技巧外，均具共通的编结原理，并可归纳为基本技法与组合技法。

基本技法乃是以单线条、双线条或多线条来编结，运用线头并行或线头分离的变化，做出多姿多彩的结或结组；而组合技法是利用线头延展、耳翼延展及耳翼勾连的方法，灵活地将各种结组合起来，完成一组组变化万千的结饰。

秘鲁结

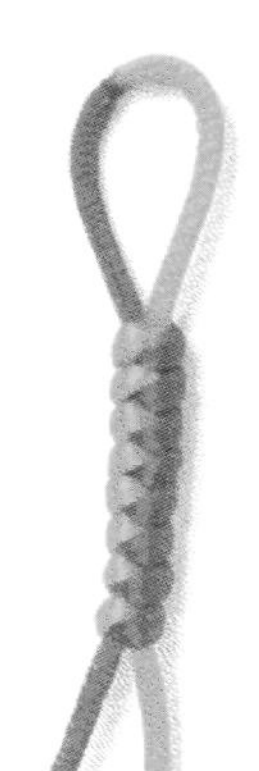

金刚结

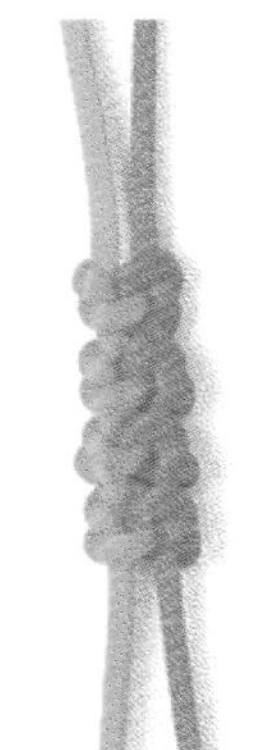

同心结

## 关于工具

在编制较复杂的结时，可以在一个纸盒上利用大头针来固定线路。一般来说，普通形式的圆头大头针就很适合。一条线要从别的线下穿过时，可以利用镊子和钩针来辅助。结饰编好后，为固定结形，可用针线在关键处稍微钉几针。

## 关于材料

一般来讲，编结的线纹路愈简单愈好，一条纹路复杂的线，虽然未编以前看来很美观，但是真正编结时，在一般情况下，不但结的纹式尽被吞没 ，而线的本身具有的美感也会因结子线条的干扰而失色。线的硬度要适中，如果太硬，不但在编结时操作不便，结形也不易把握；如果太软，编出的结形不挺拔，轮廓不显著，棱角不突出。

## 技巧提示

1. 认清方向先抽哪个线头和保留几个结耳。
2. 线的两端可绕胶带使它硬直，开始时线与线的间隔可留宽些。
3. 线路较复杂时，可用钉板或珠针固定，钩针、镊子可辅助抽拉。
4. 认清线路位置，如有错误，应立即调整。
5. 抽形先将结心拉紧，以防变形；再调整耳翼大小、形状。
6. 修整以颜色相同的细线，将易松散部位缝牢。
7. 可以在结的尾端，编一个简单的小结，也可穿上珠子或饰物。
8. 线头的处理要隐蔽，以免破坏美感。
9. 结形、颜色与饰物要搭配得当，大小相宜。
10. 用钩针或镊子调整线路，注意结形美观、搭配。
11. 灵活运用中国结式的意义及典故，配加小配饰。
12. 镶上相配的小珠子，以增添结饰的美观。

# 编绳技法

# 基础结

## 穿 珠

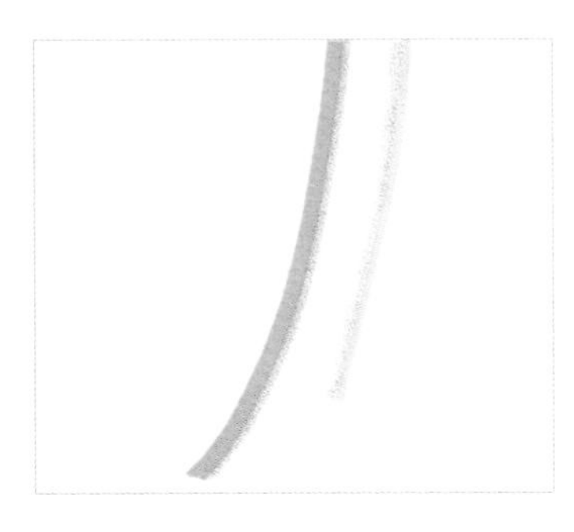

1. 如图，准备两条线。

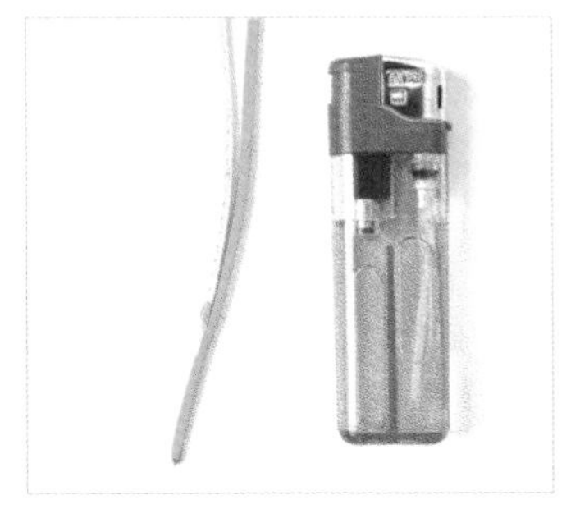

2. 用打火机将蓝色线的一端略烧几秒，待线头烧熔时，将这条线贴在橘色线的外面，并迅速用指头将烧熔处稍稍按压，使两条线粘在一起。

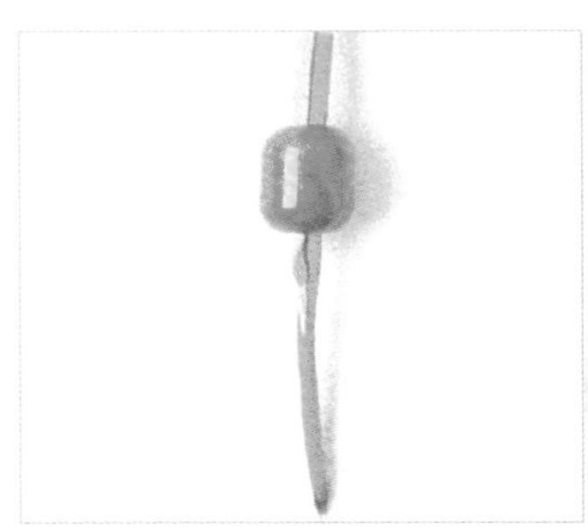

3. 先用橘色线穿过珠子，然后将蓝色线也穿过珠子。

### 多条线穿同一颗珠子

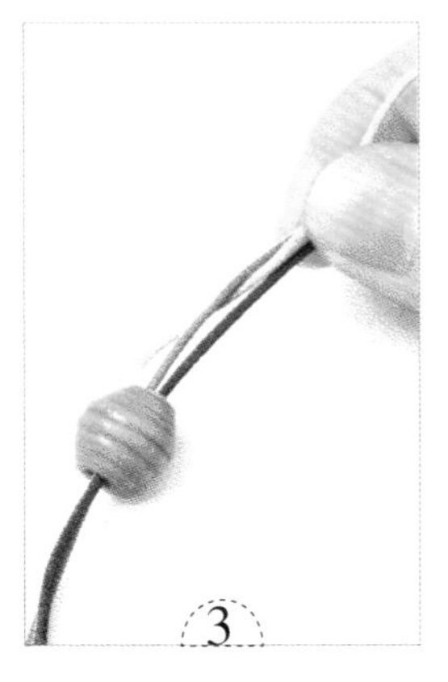

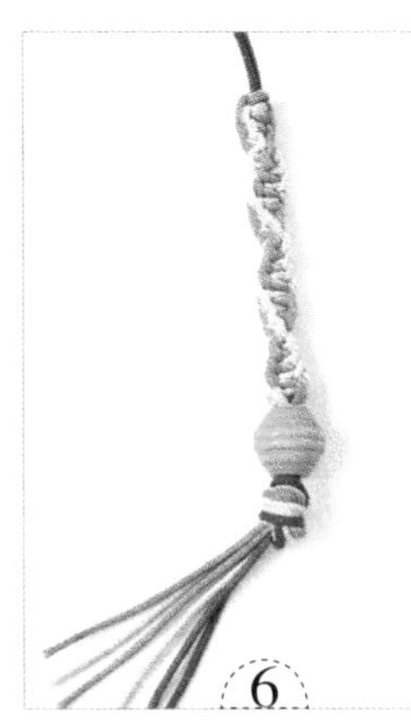


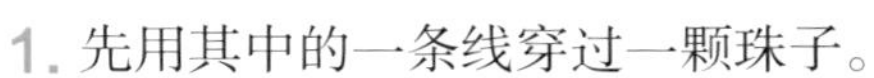

1. 先用其中的一条线穿过一颗珠子。
2. 然后穿第二条线。
3. 将第三条线夹在之前穿过的两条线间，然后稍一拖动，第三条线就拖入珠子的孔中了。
4. 用同样的方法使其余的线穿过珠子。
5. 最后将所有的线合在一起打一个单结。
6. 线尾保留所需的长度，然后将多余的线剪掉。

## 绕线

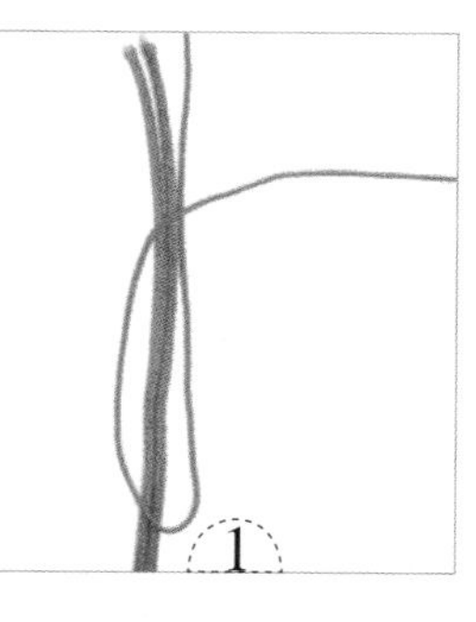


1. 以一条或数条绳为中心线，取一条细线对折，放在中心线的上方。
2. 将细线 a 段如图围绕中心线反复绕圈。
3. 将细线 a 段如图穿过对折端留出的小圈。
4. 轻轻拉动细线 b 段，将细线 a 段拖入圈中固定。
5. 剪掉细线两端多余的线头，用打火机将线头略烧熔后，按压即可。

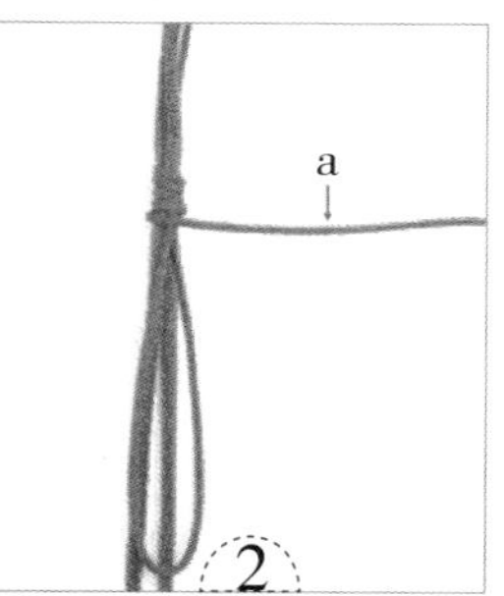


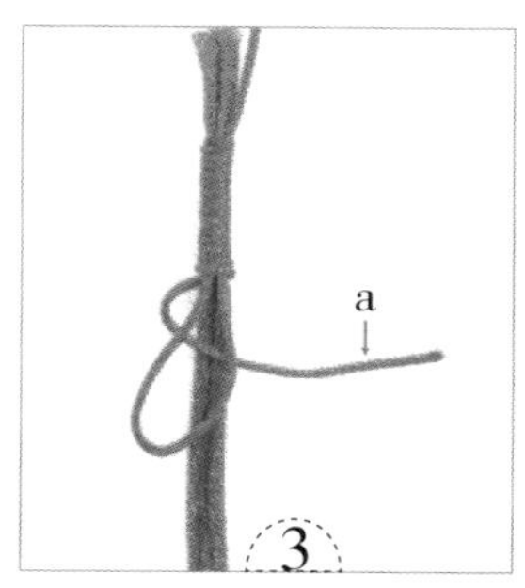


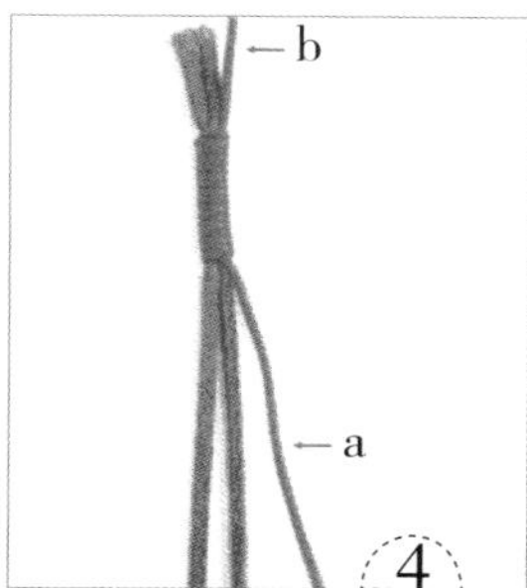


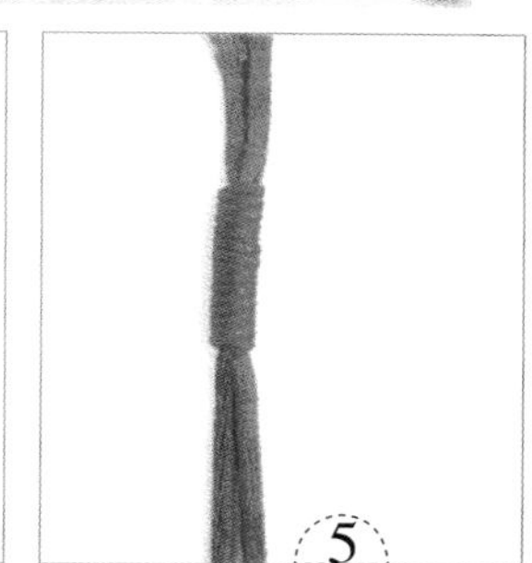


## 线圈

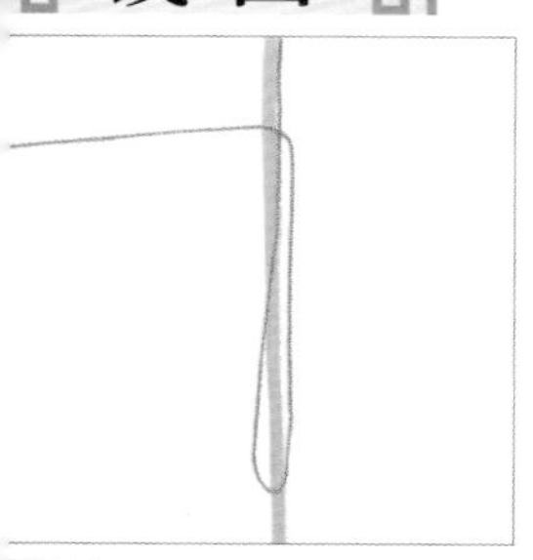

1. 将一段细线折成一长一短，放在一条丝线的上面。

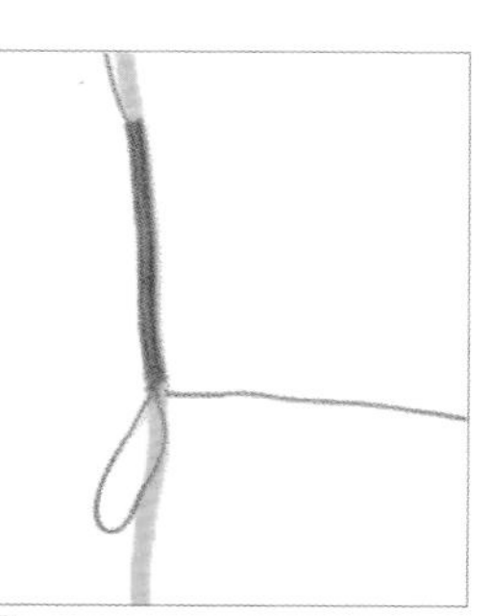

2. 用较长的一段线缠绕丝线数圈。

3. 绕到合适的长度时，用较长的线段穿过线圈。

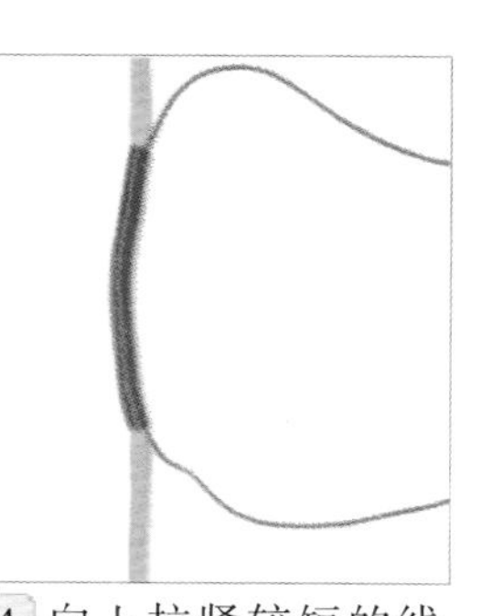

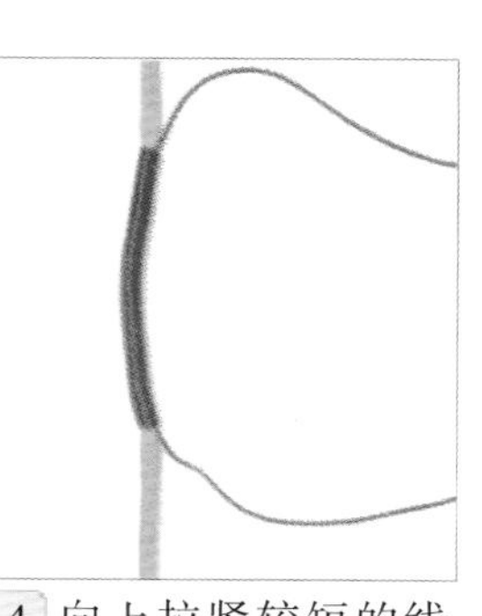

4. 向上拉紧较短的线段。

5. 把多余的细线剪掉，将绕了细线的丝线两端用打火机或电烙铁略烫后，对接起来即可。

## 环扣

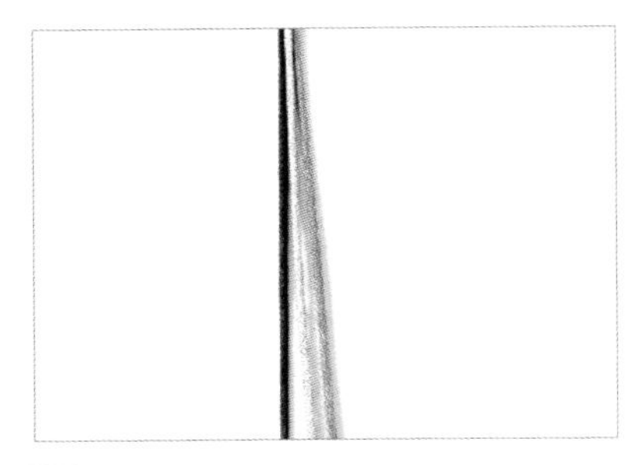

1. 准备3条线。

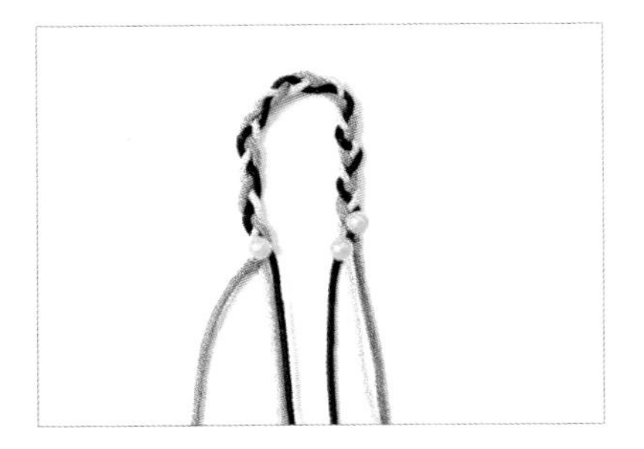

2. 用这 3 条线编一段三股辫，然后将三股辫弯成圈状。

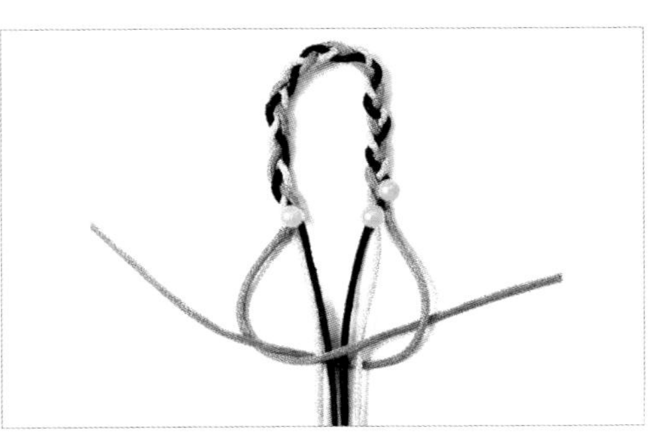

3. 两侧各取1条线，如图用左边的线在中心线的上方编结，用右边的线在中心线的下方编结。

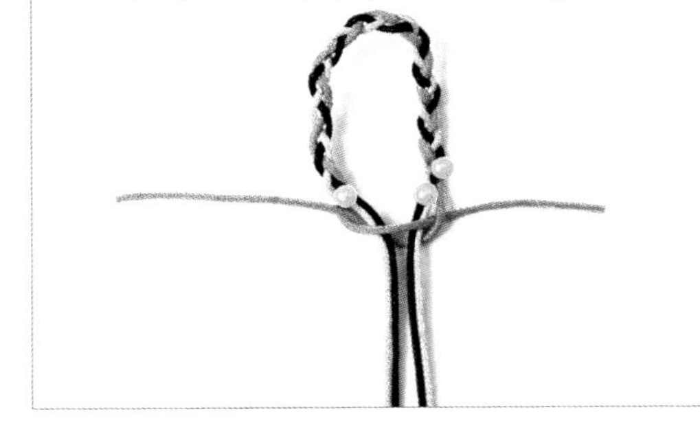

4. 均匀用力将两侧的两条线拉紧。

5. 如图，用右边的线在中心线的上方编结，用左边的线在中心线的下方编结。

6. 拉紧两条线即可。

## 雀头结

1. 准备两条线，红色线以棕色线为中心线做一个圈。

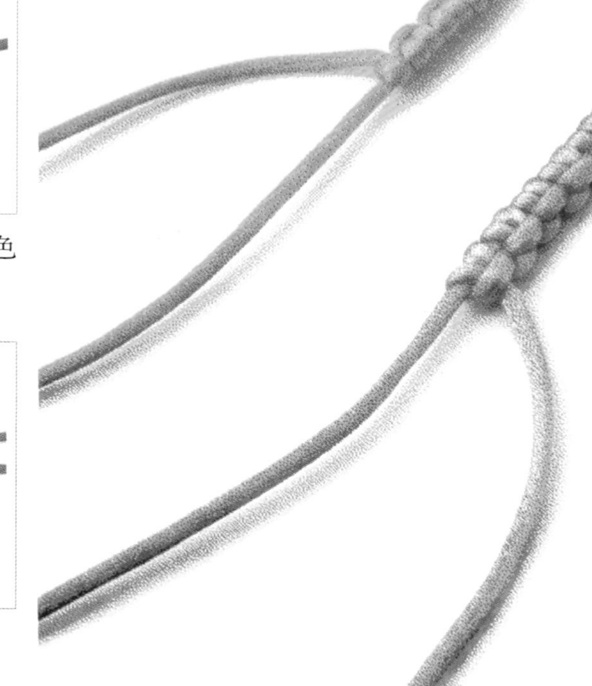

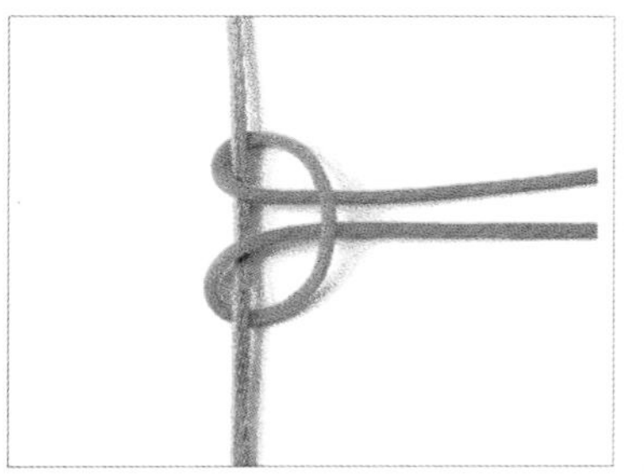

2. 红色线如图再绕一个圈。

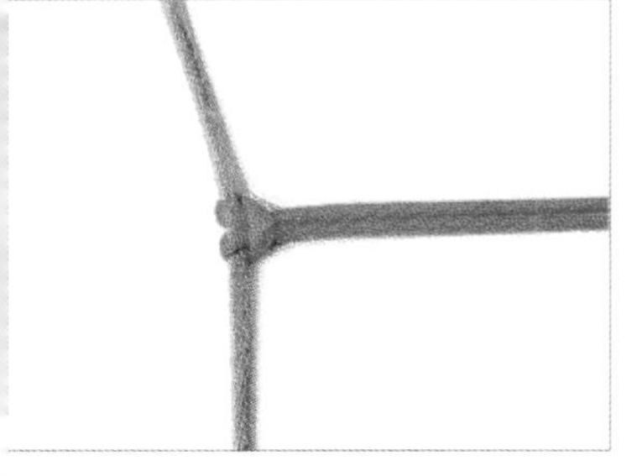

3. 拉紧红色线，由此完成一个雀头结。

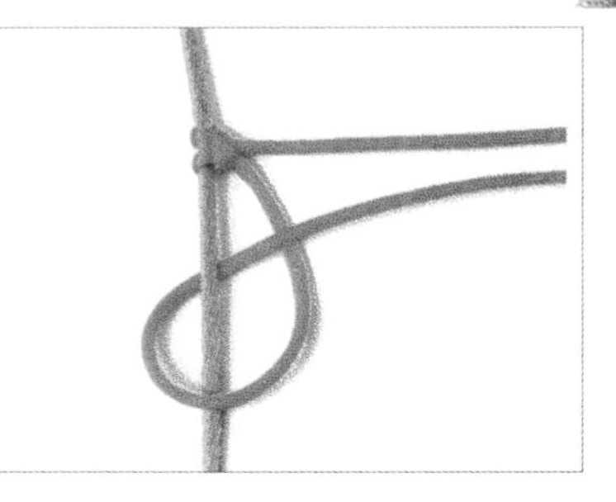

4. 将红色线的一端拉向上方，另一端如图绕一个圈。

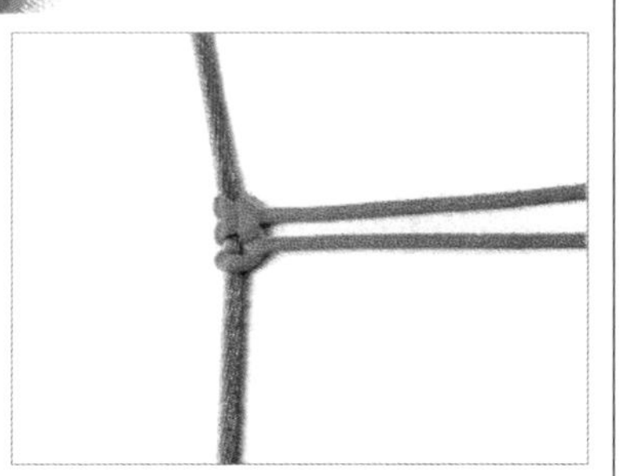

5. 拉紧红色线。

6. 红色线依照步骤2的制作步骤，再绕一个圈。

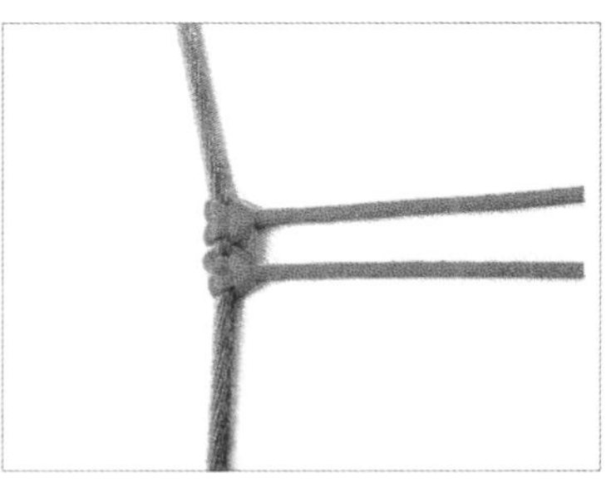

7. 拉紧红色线，由此又完成一个雀头结。

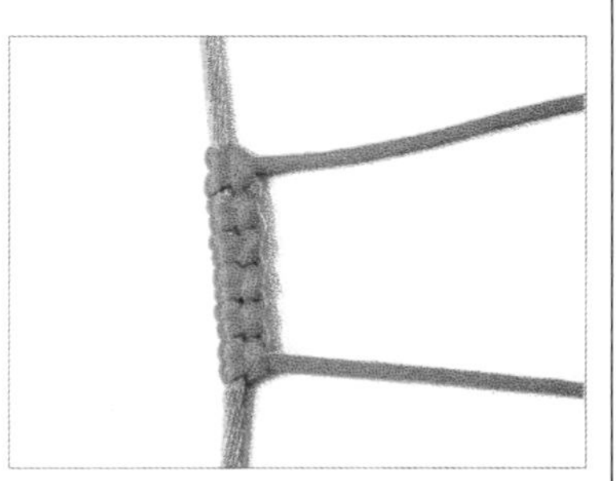

8. 重复4～7的制作步骤，即可形成连续的雀头结。

## 凤尾结

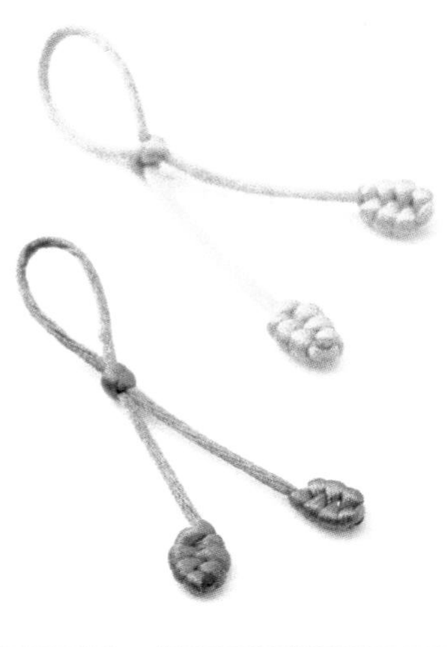

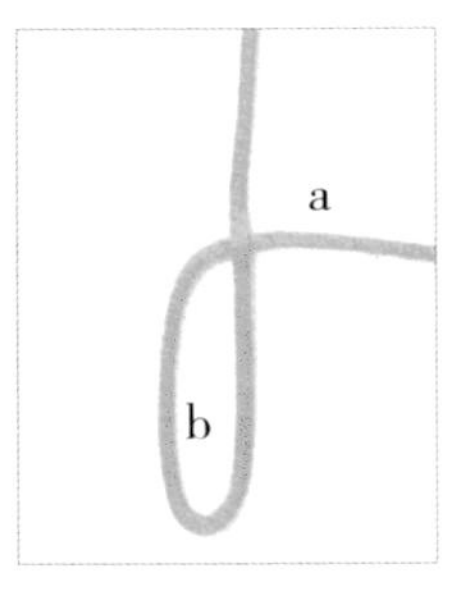


1. 准备一条线，如图用a、b段绕出一个圈。

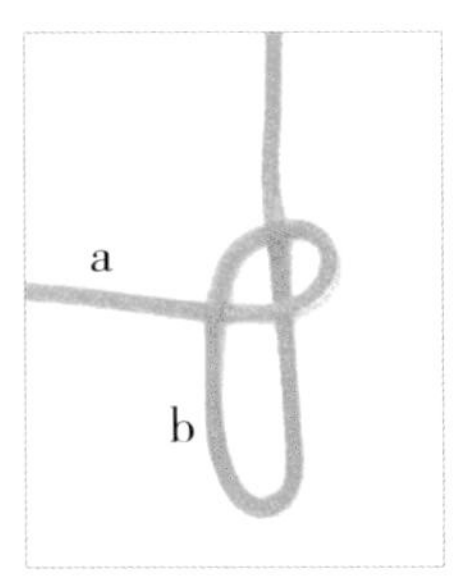


2. a段以压、挑的方式，向左穿过线圈。

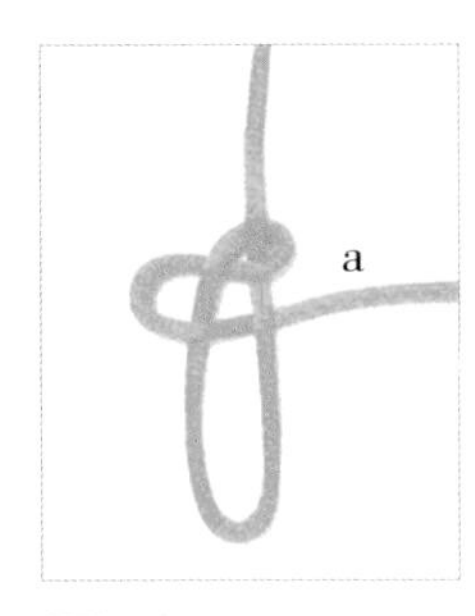


3. a段如图做压、挑，向右穿过线圈。

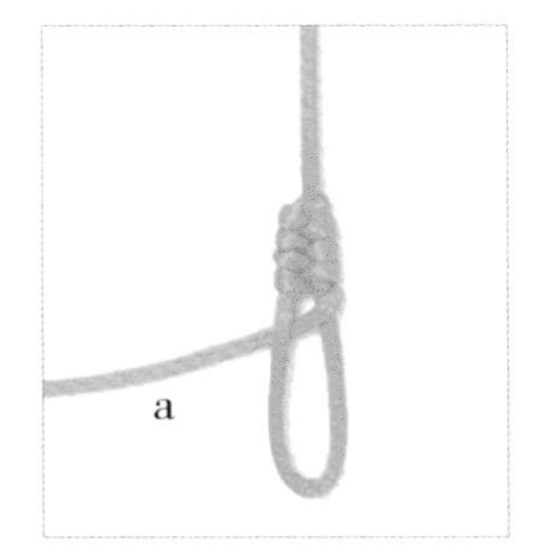

4. 重复2的制作方法。

5. 编结是按住结体，拉紧a段。

6. 重复前面的方法编结。

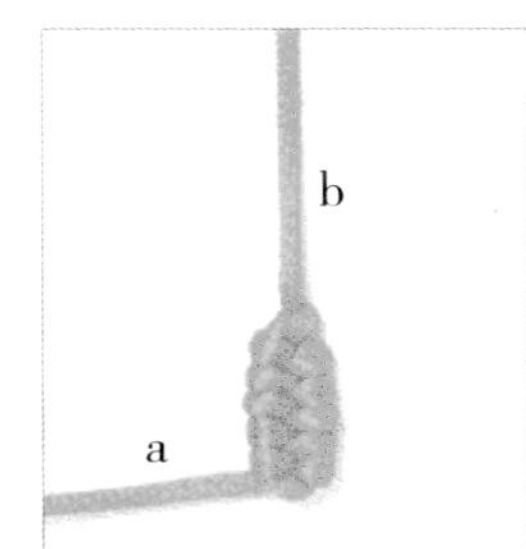


7. 最后向上收紧b段，把多余的a段剪掉，用打火机略烧后按平即可。

## 秘鲁结

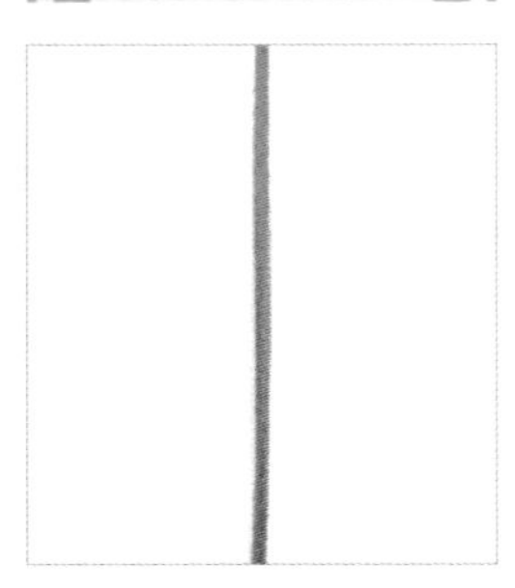

1. 准备一条线。

2. 将线如图绕棍状物一圈。

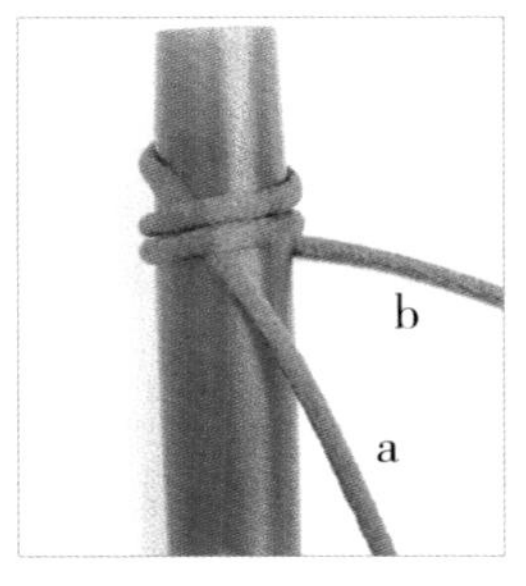


3. 将a段贴在棍状物上作轴，用b段绕a段一圈或数圈。



4. 将b段从前面做好的两个圈的中间以及a段下面穿过，拉紧即可。

## 四边菠萝结

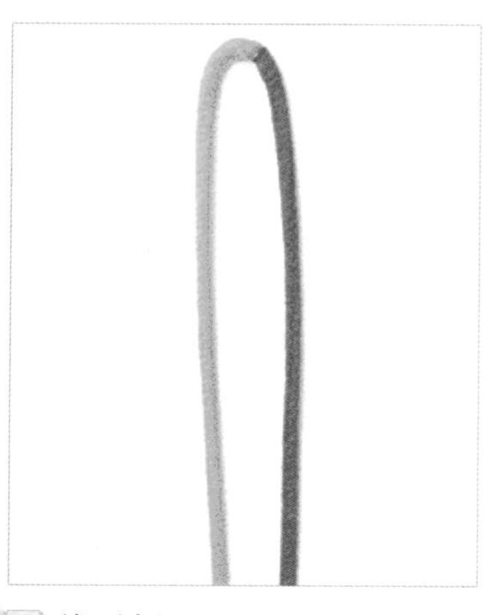

1. 线对折。

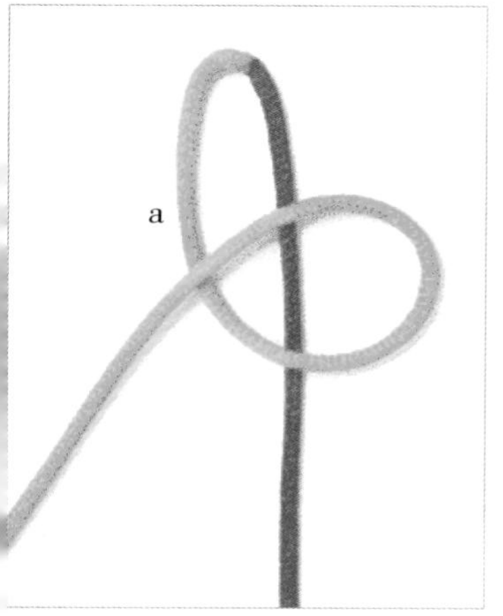


2. 将a以逆时针方向绕出右圈。

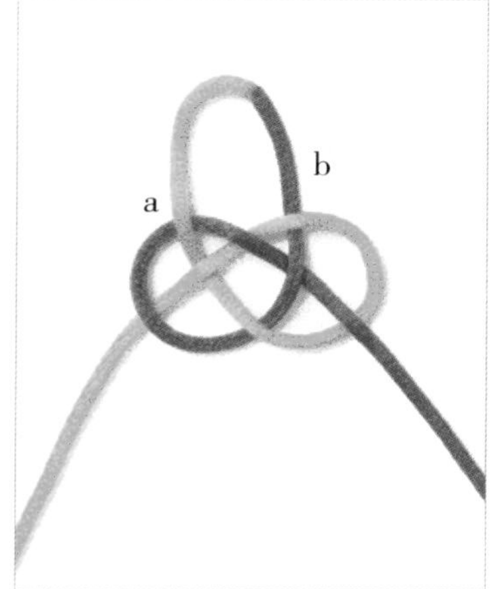


3. 将b以顺时针方向绕出左圈。

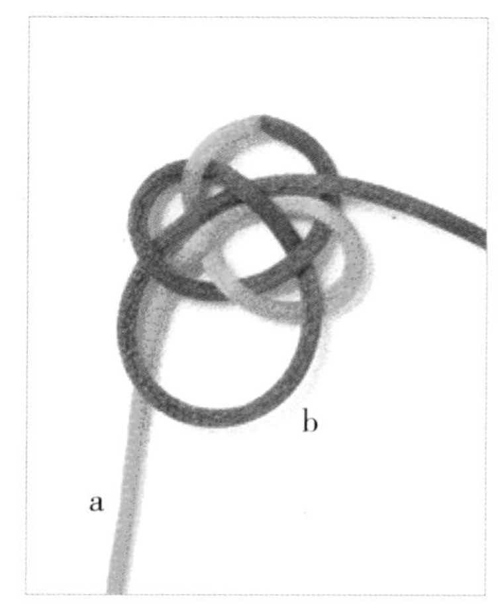


4. 将b线跟着原线再穿一次。

5. 继续沿着原线穿。

6. 形成一个双线双钱结。

7. 把双钱结向上轻轻推拉，即可做成一个四边菠萝结。

## 六边菠萝结

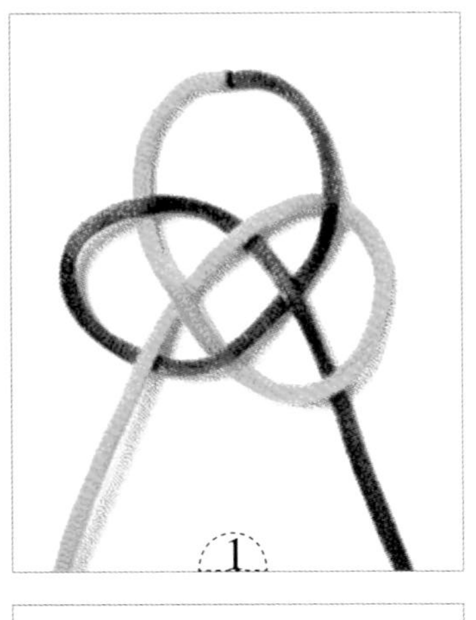

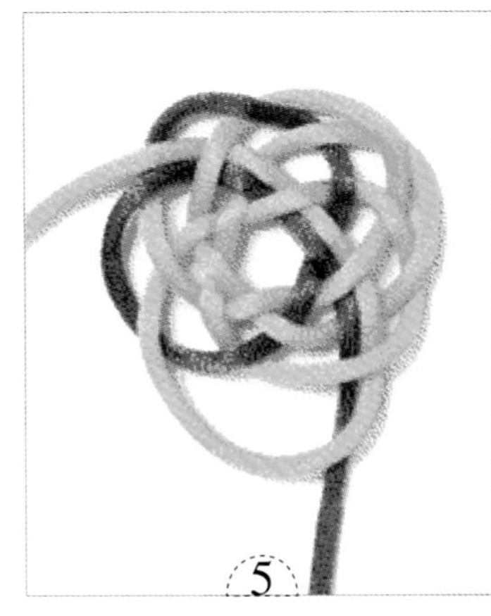

1. 先做一个双钱结（图 1）。
2. 如图走线，在双钱结的基础上做成一个六耳双钱结，注意线挑、压的方法（图 2 ～ 4）。
3. 用其中的一条线跟着六耳双钱结的走线再走一次（图 5 ～ 7）。
4. 将结体推拉成圆环状，即成六边菠萝结（图 8）。

# 变化结

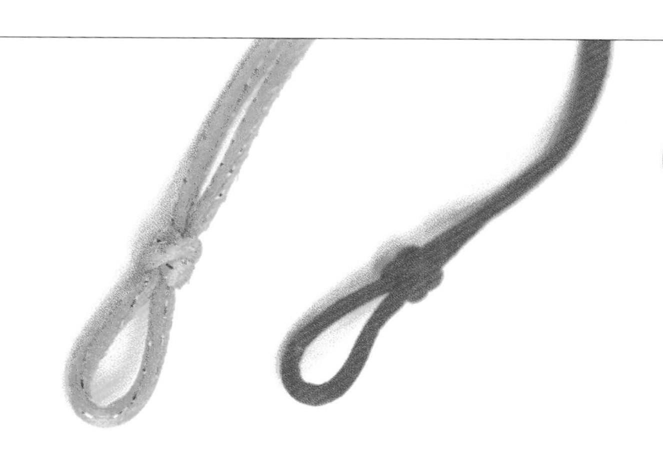

## 双联结

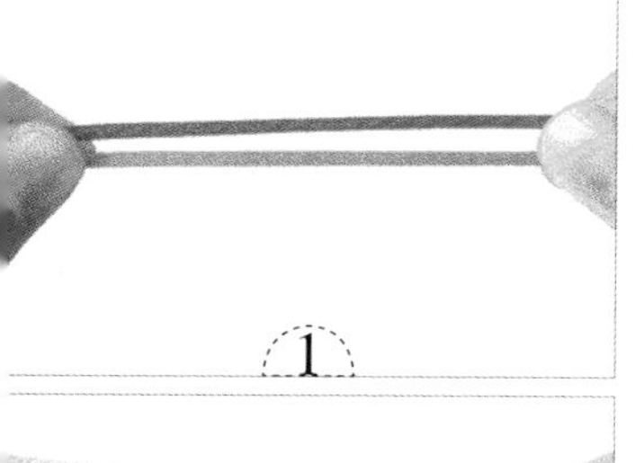
1

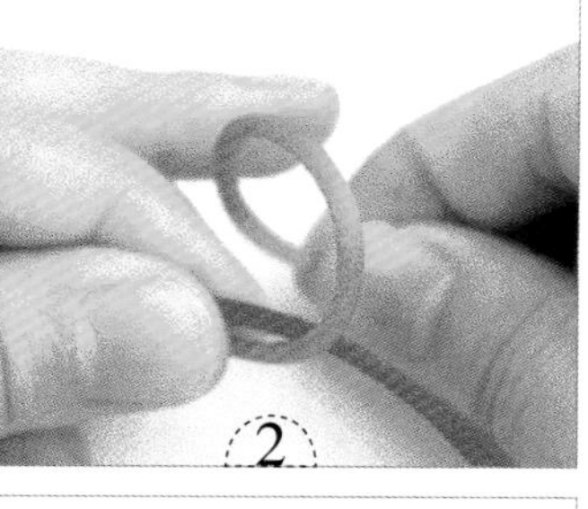
2

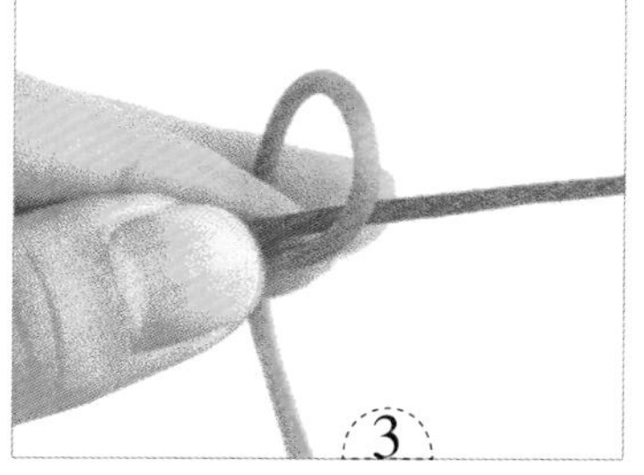
3

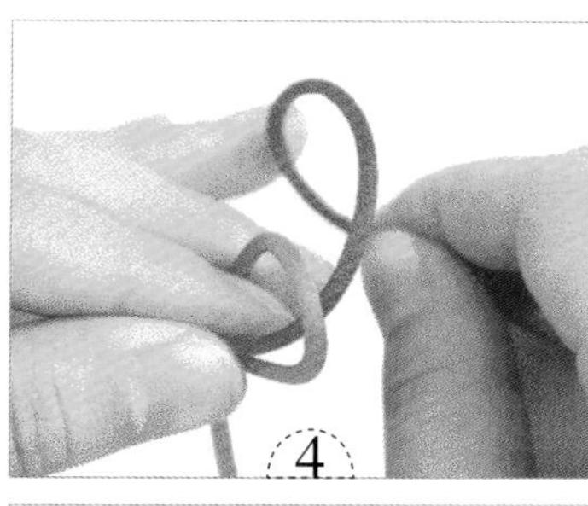
4

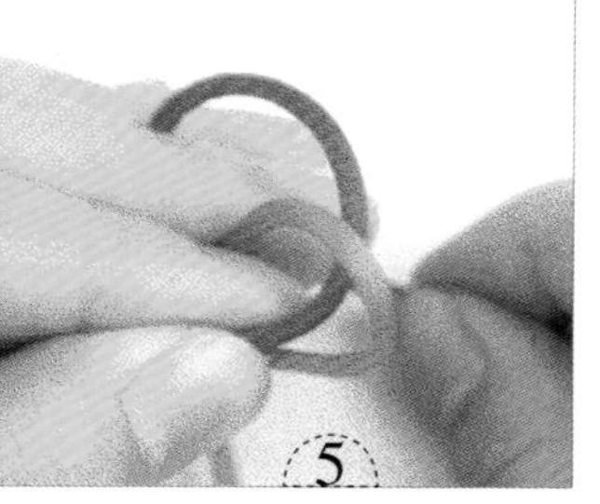
5

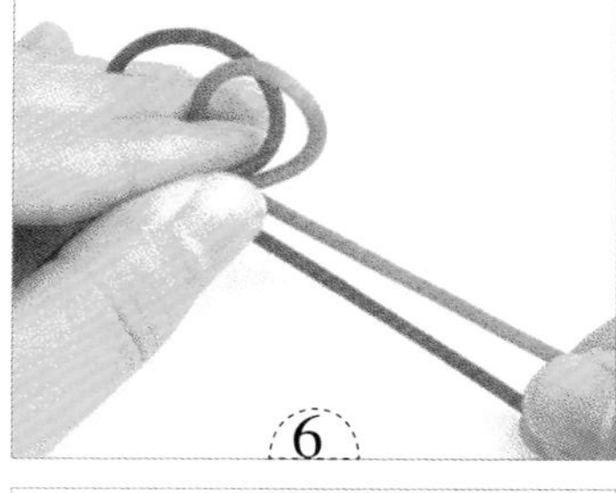
6

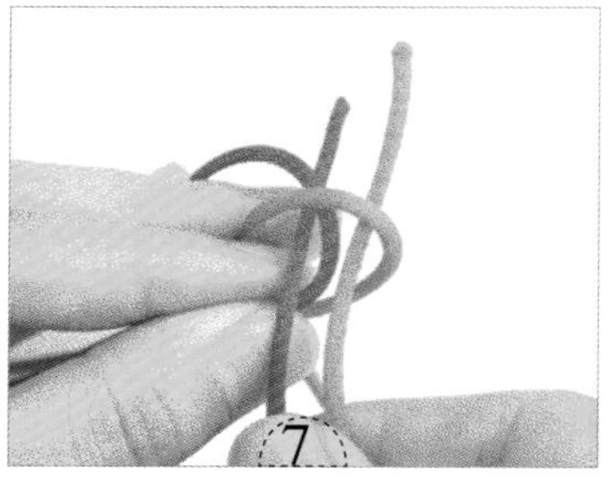
7

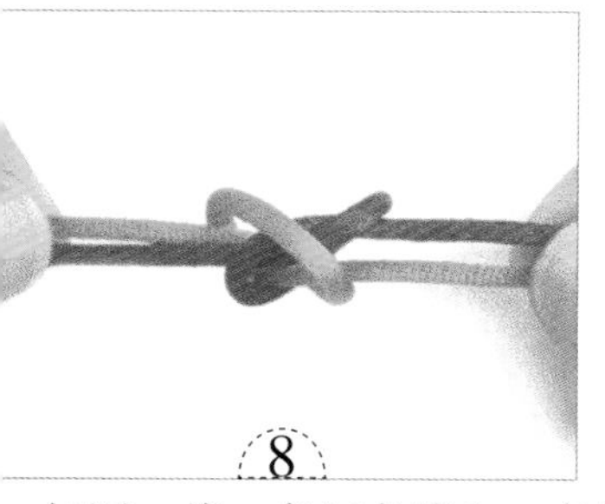
8

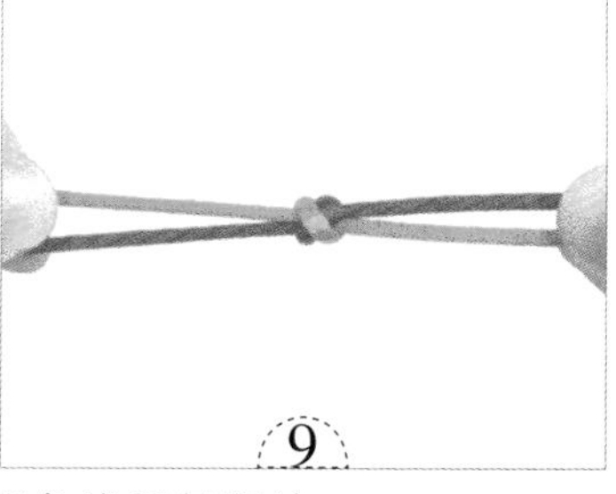
9

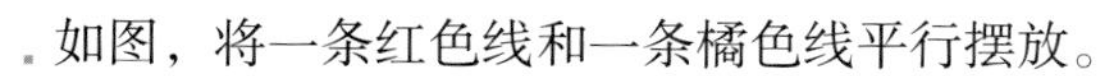

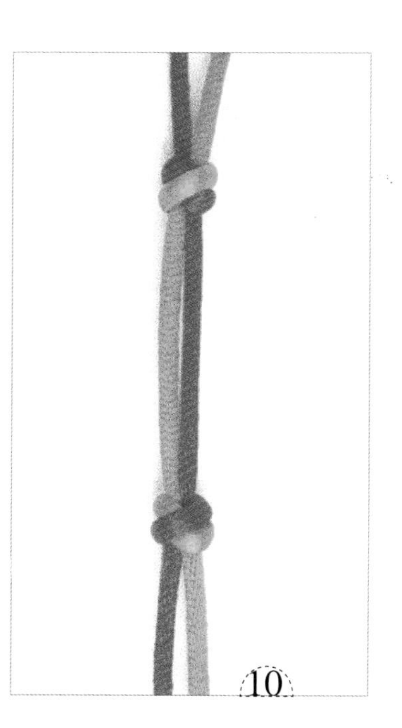
10

1. 如图，将一条红色线和一条橘色线平行摆放。
2. 用橘色线如图绕一个圈。
3. 将步骤2中做好的圈如图夹在左手的食指和中指之间固定。
4. 用红色线如图绕一个圈。
5. 将步骤4中做好的圈如图夹在左手的中指和无名指之间固定。
6. 用右手捏住橘色线和红色线的线尾。
7. 将线尾如图穿入前面做好的两个圈中。
8. 如图，拉紧两条线的两端。
9. 收紧线，调整好结体。
10. 用同样的方法可编出连续的双联结。

# 单向平结

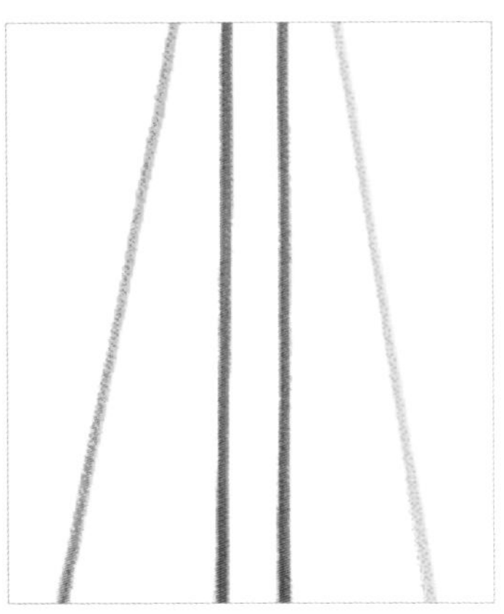

1. 准备4条线，以两红色线为中心线，置于其他两条线中间。

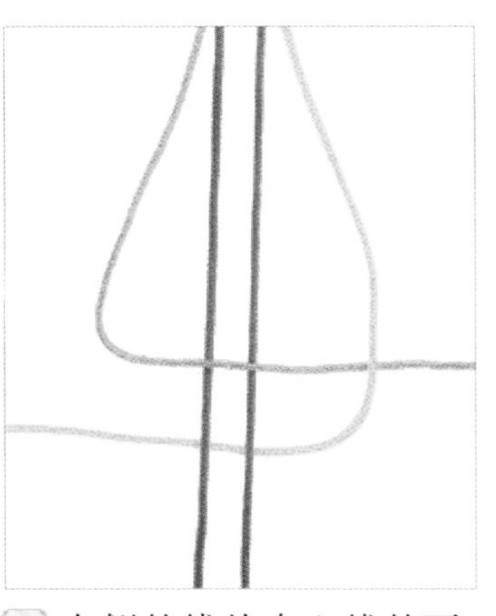

2. 如图，将左侧的线放在中心线的上面、右侧的线的下面。

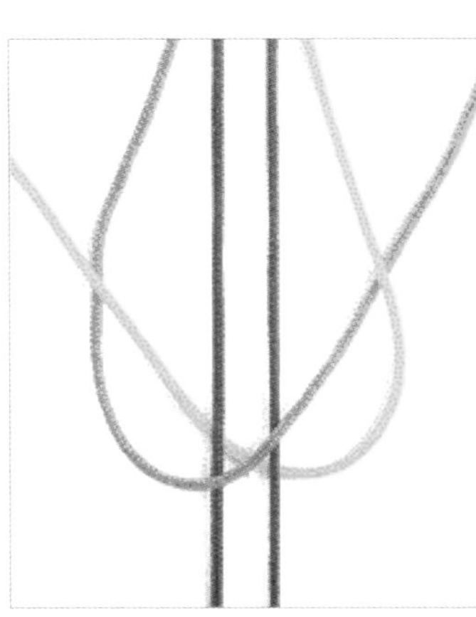

3. 右侧的线从中心线的下面穿过，拉向左侧。

4. 将右侧的线从左侧形成的圈中穿出。

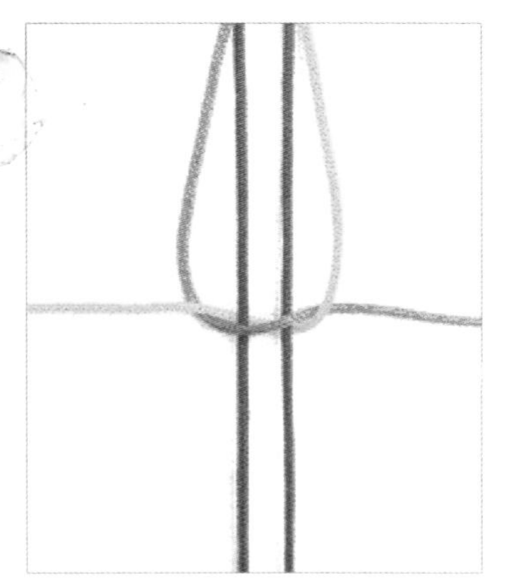

5. 拉紧左右两侧的线。

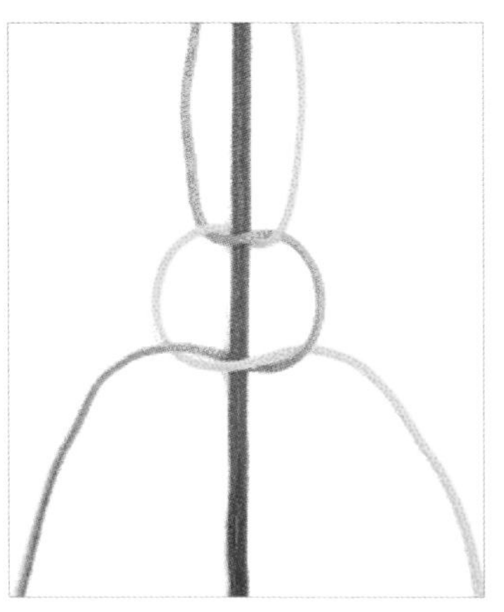

6. 重复步骤2～5的制作方法。

7. 重复步骤2～6的制作方法，即可形成连续的左上单向平结。

## 双向平结

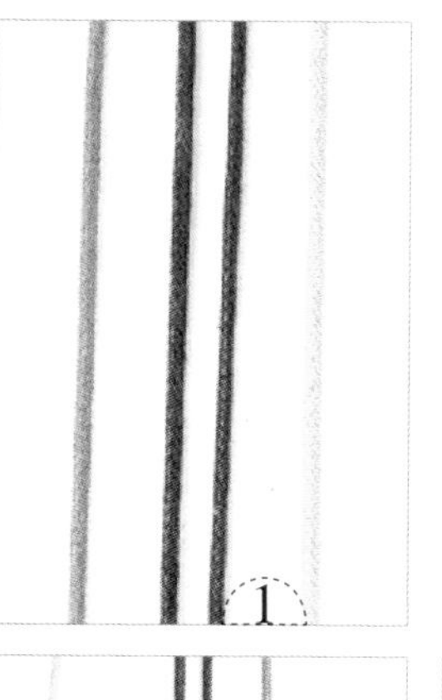

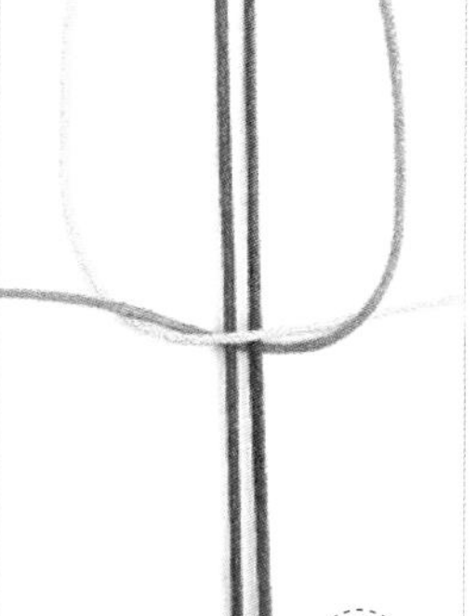


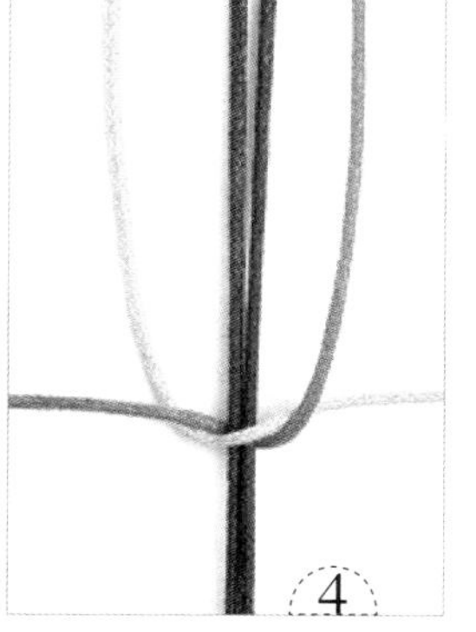


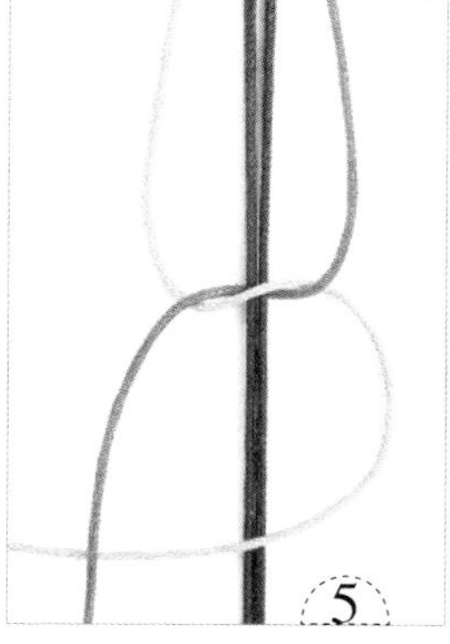


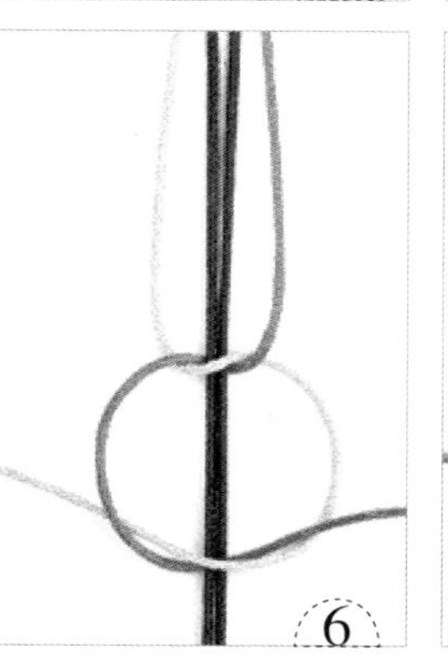


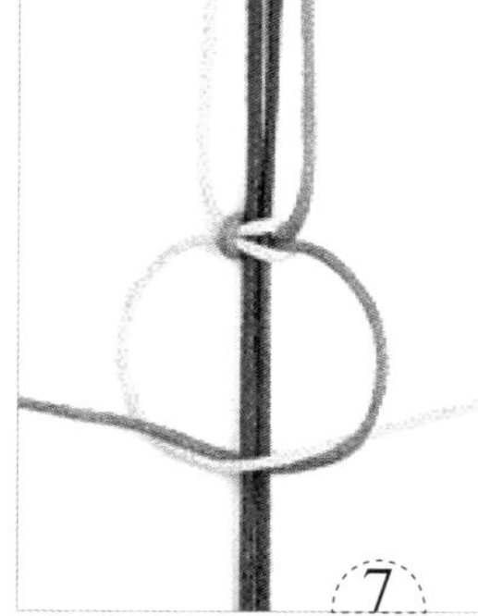


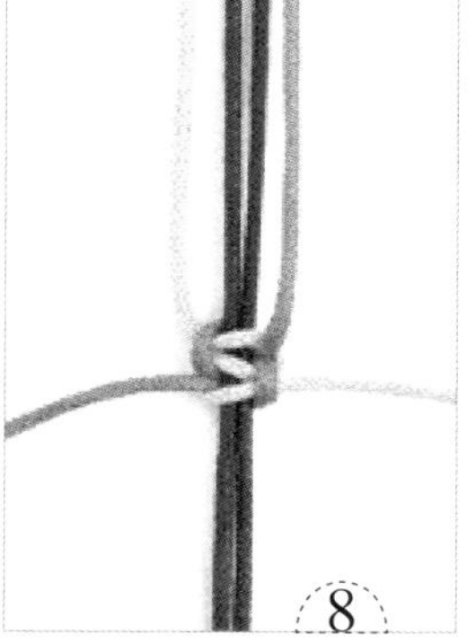


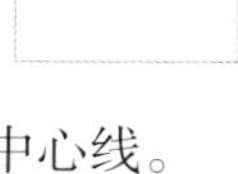

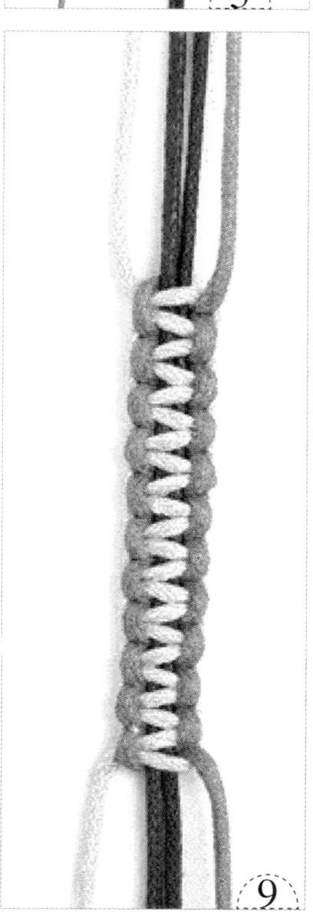


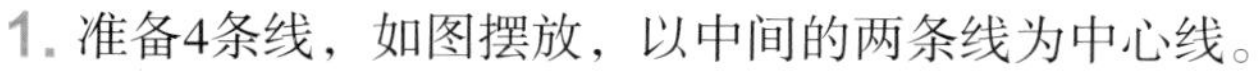

1. 准备4条线，如图摆放，以中间的两条线为中心线。
2. 如图，将左侧的线放在中心线的上面、右侧线的下面。
3. 右侧的线从中心线的下面穿过，从左侧形成的圈中穿出。
4. 拉紧左右两侧的线。
5. 将右侧的线放在中心线的上面、左侧线的下面。
6. 左侧的线从中心线的下面穿过，从右侧形成的圈中穿出。
7. 拉紧左右两侧的线，由此形成1个左上双向平结。然后依照步骤2、3的方法编结。
8. 拉紧左右两侧的线。
9. 重复编结，编至所需的长度即可。

## 单线双钱结

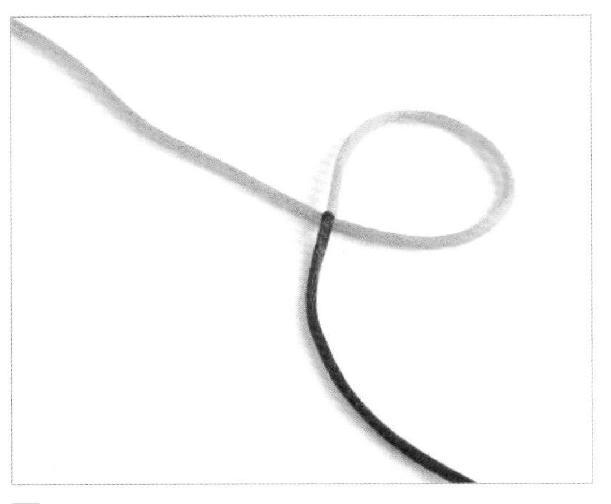

1. 单线揪出一个圈，蓝线交叉叠在黄线上。

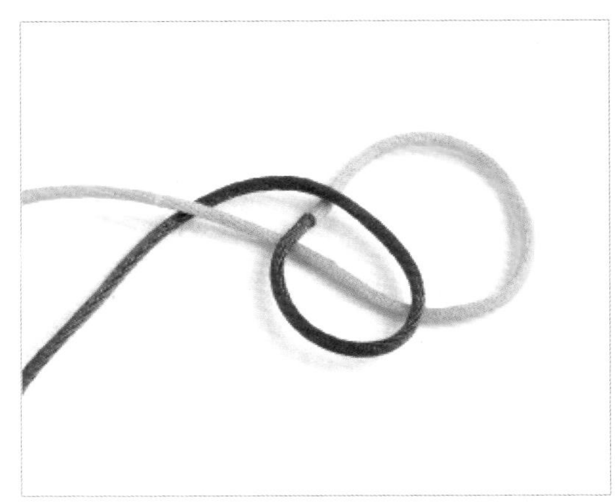

2. 蓝线向后绕出一个圈，搭在另一端上，然后穿过黄线下面。

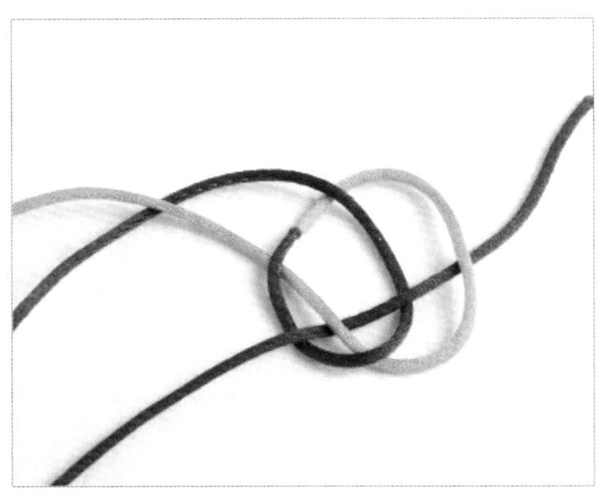

3. 蓝线从两个圈中压着蓝线，挑起黄线。

4. 慢慢拉出上图（图4）的形状。

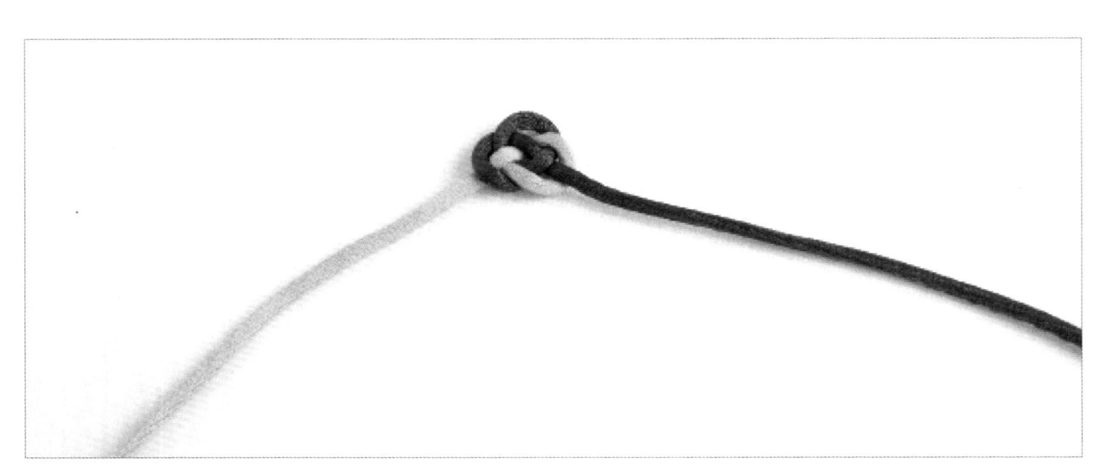

5. 拉紧，完成单线双钱结。

## 双线双钱结

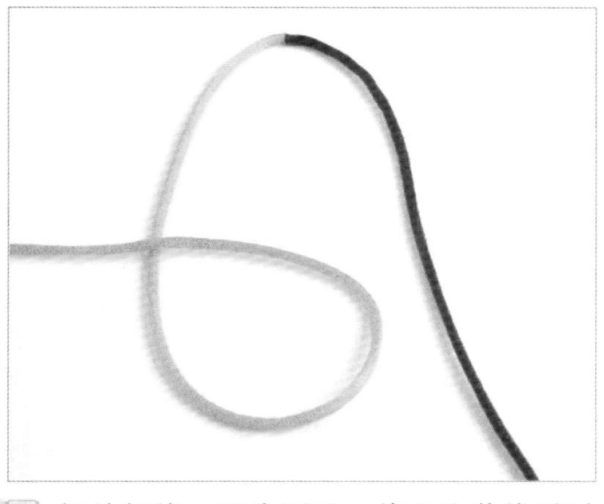

1. 摆放好线，两头下垂，将左边黄线逆时针绕一个圈，下部搭在上部上。

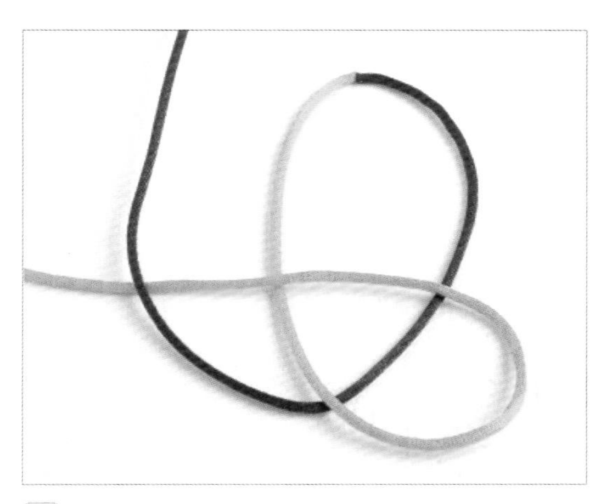

2. 蓝线从黄线圈下面穿过，然后搭在黄线线头那一端上面。

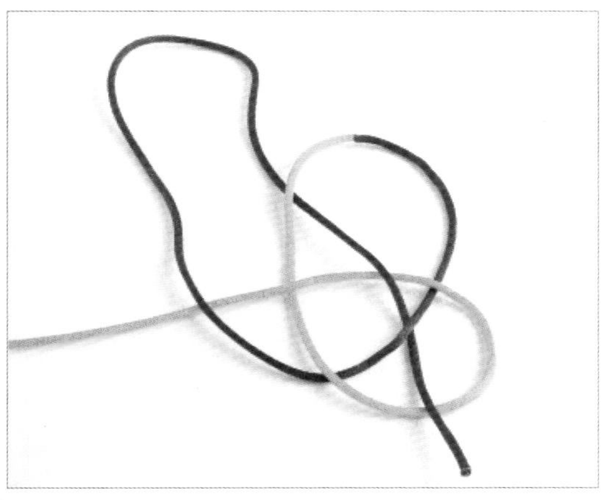

3. 挑起靠近蓝线线头的第一、三条线，压第二、四条线，然后从下面穿过。

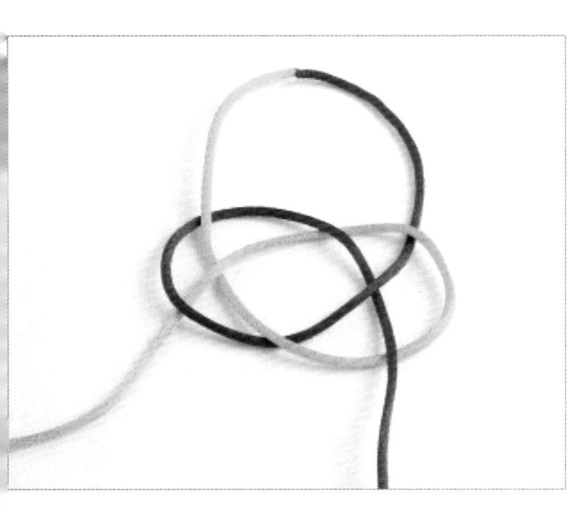

4. 慢慢拉出上图（图4）的形状。

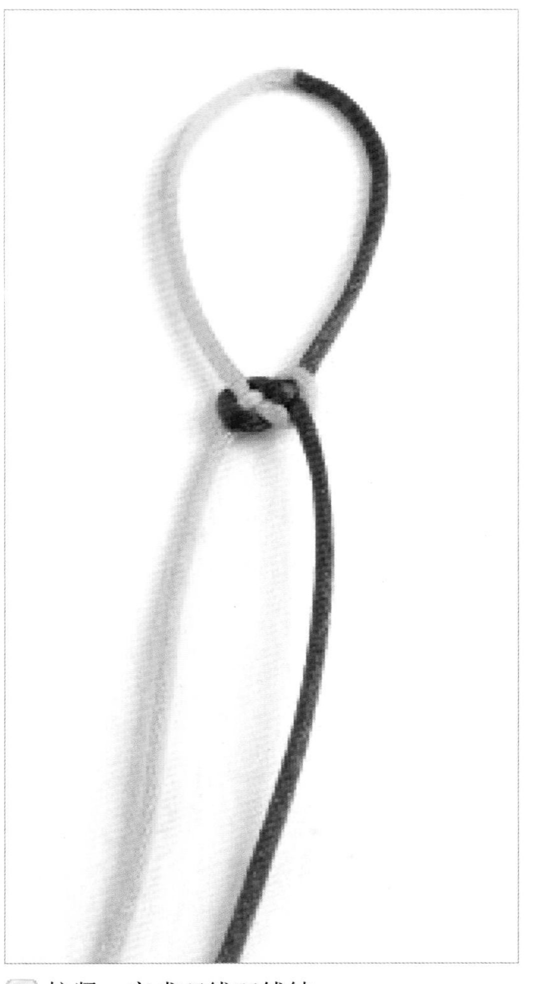

5. 拉紧，完成双线双钱结。

# 金刚结

1. 如图，将蓝色线和橘色线的一头用打火机略烧后对接起来。

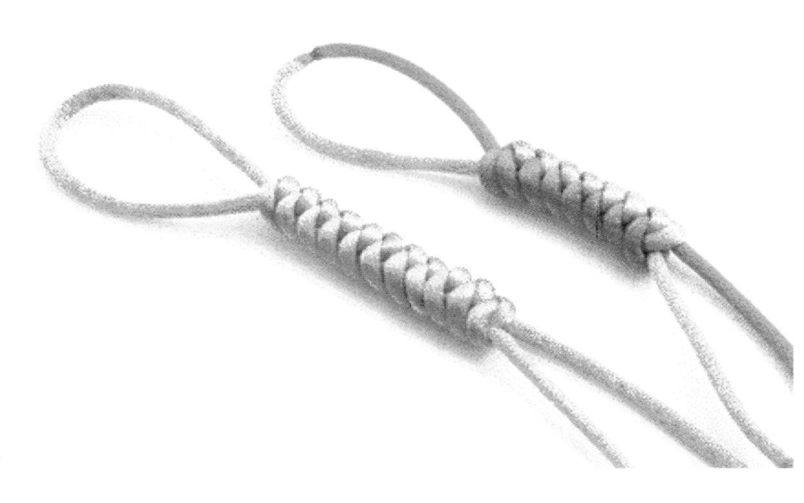

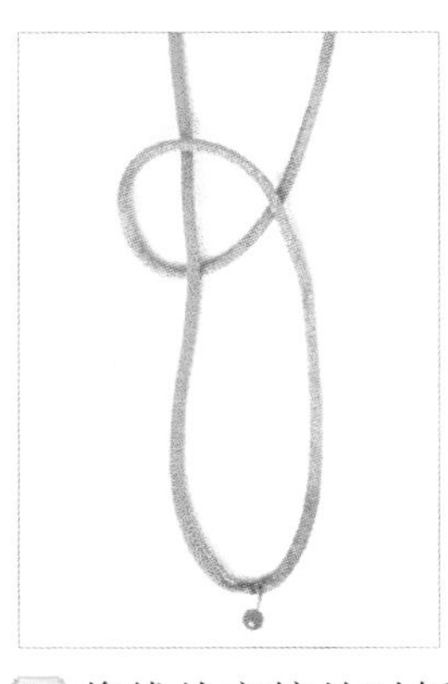

2. 将线从交接处对折后用大头针定位，用蓝色线如图绕一个圈。

3. 用橘色线如图绕1个圈，然后从蓝色线形成的圈中穿出来。

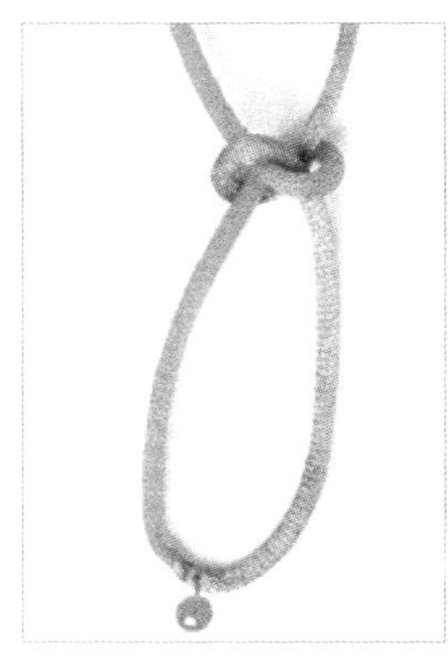

4. 将蓝色的圈和橘色的圈收小。

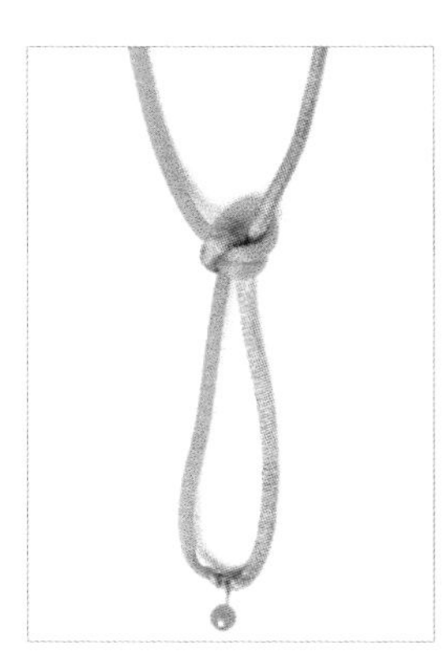

5. 将橘色线如图穿入蓝色的圈中。

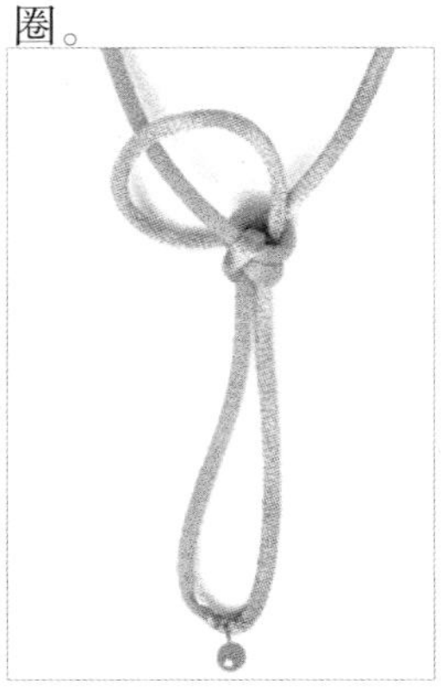

6. 将蓝色线如图穿入橘色的圈中。

7. 将前面形成的结体翻转过来并用大头针定位，再将橘色线如图穿入蓝色的圈中。

8. 将蓝色线如图穿入橘色的圈中。

9. 重复前面的制作步骤，编至合适的长度即可。

## 蛇 结

1. 准备1条线，将这条线对折，分a、b两段线，用左手捏住对折的一端。
2. b段如图绕过a段形成一个圈，将这个圈夹在左手食指与中指之间。
3. a段如图从b段的线圈穿过。
4. a段如图穿过步骤2中形成的圈。
5. a段同样形成了一个圈。
6. 拉紧线的两端即可形成一个蛇结。
7. 重复步骤2～5的制作方法。
8. 拉紧两条线，由此再形成一个蛇结。
9. 重复上面的制作步骤，即可编出连续的蛇结。

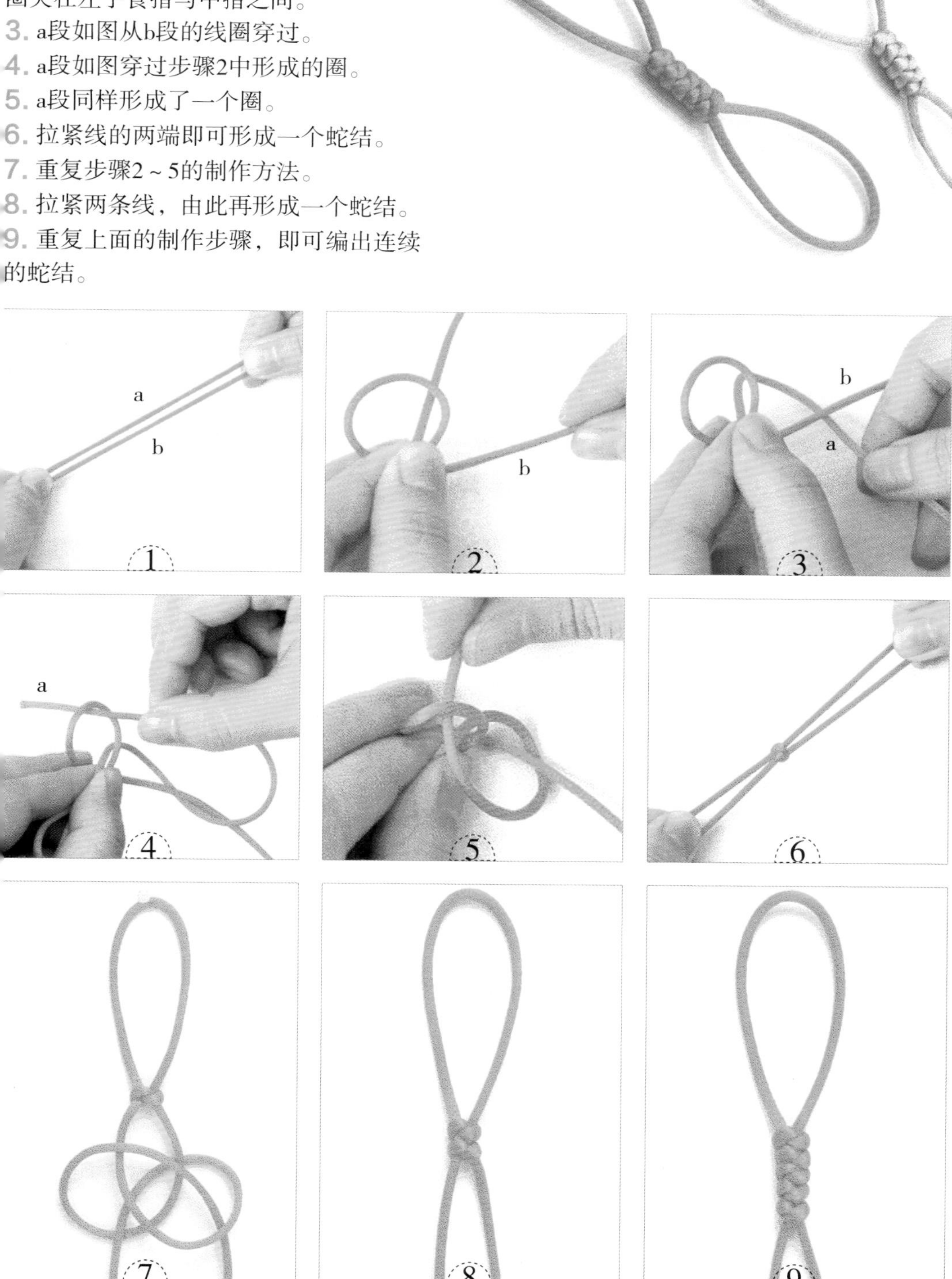

# 单线纽扣结

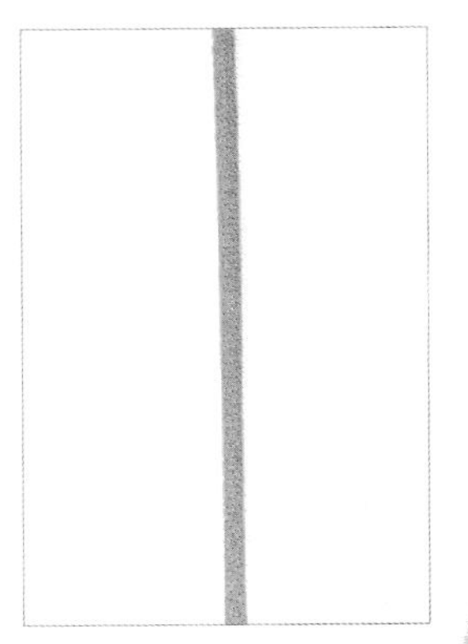

1. 准备一条线。

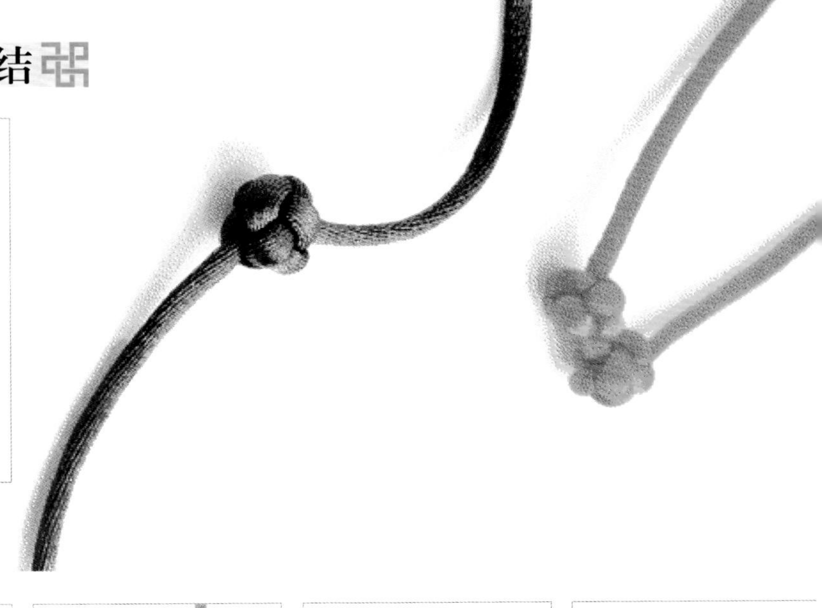

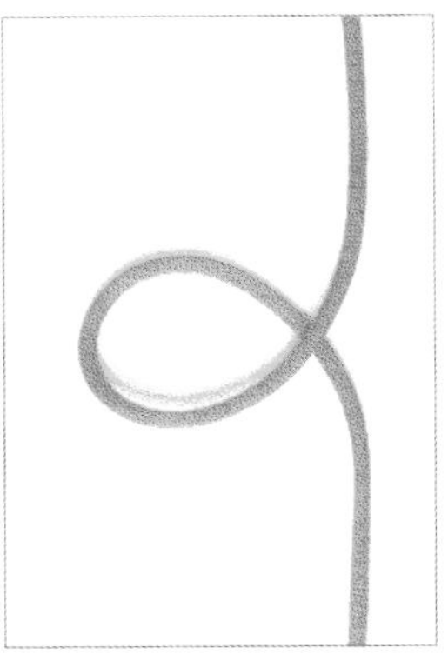

2. 用这条线按逆时针方向绕一个圈。

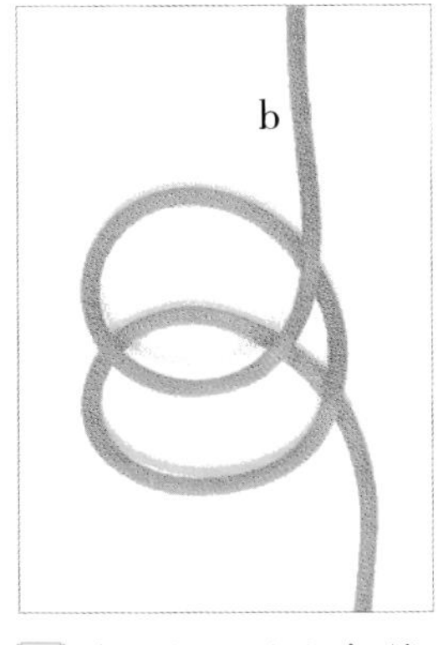


3. 如图，用这条线再绕一个圈，叠放在步骤2中形成的圈的上面。

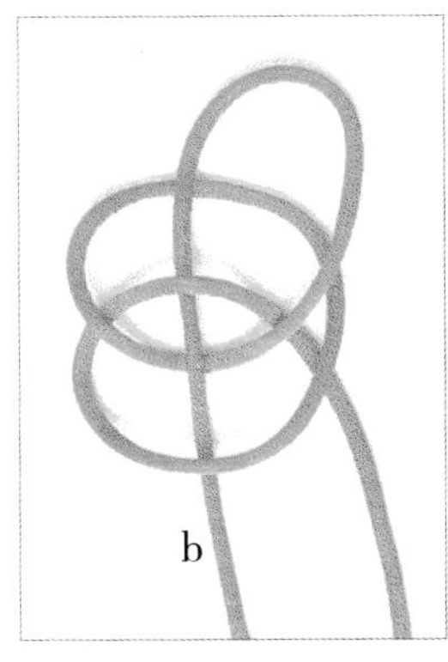


4. b段如图做挑、压，从中心的小圈中穿出来。

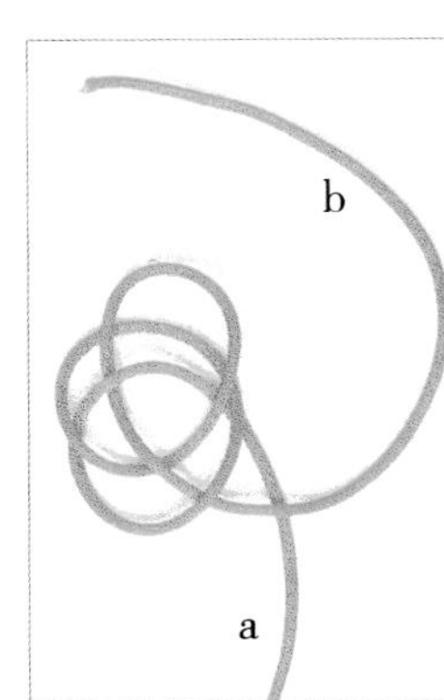


5. b段如图压住a段的线，然后拉向右方。

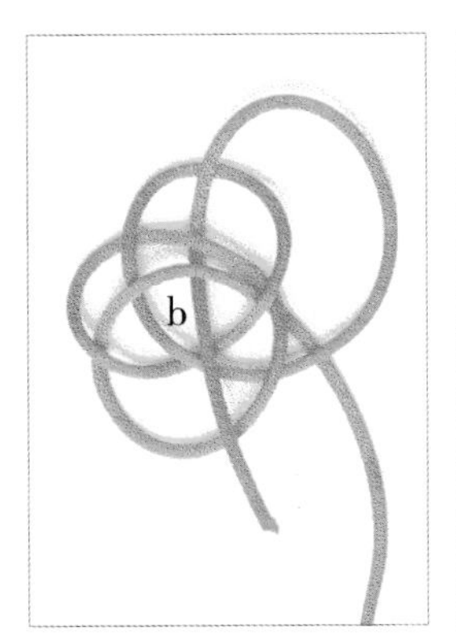


6. b段如图挑、压，穿过中心的小圈。

7. 轻轻拉动线的两端。

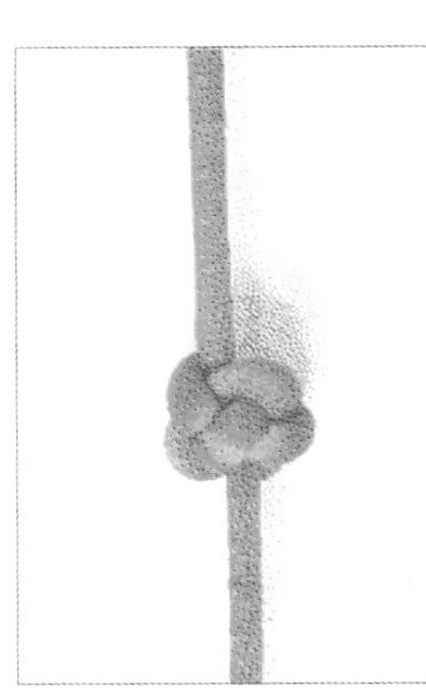

8. 按照线的走向将绳体调整好。

# 双线纽扣结

1. 准备一条线。

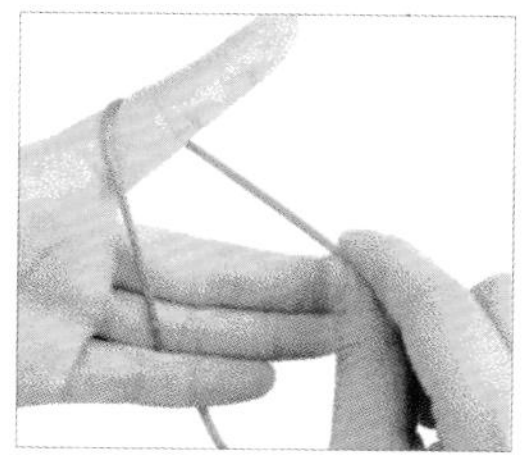

2. 如图，用这条线在左手食指上面绕一个圈。

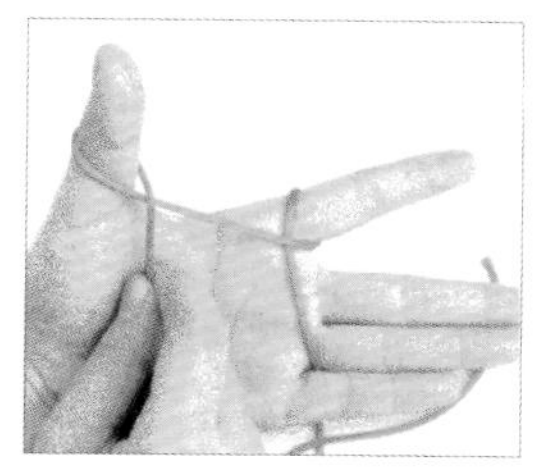

3. 如图，用这条线在左手大拇指上面绕一个圈。

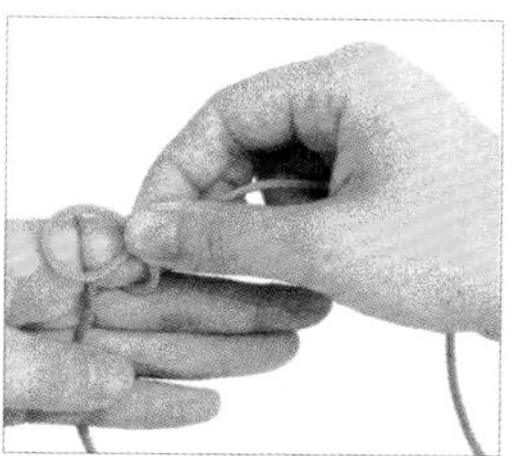

4. 取出大拇指上面的圈。

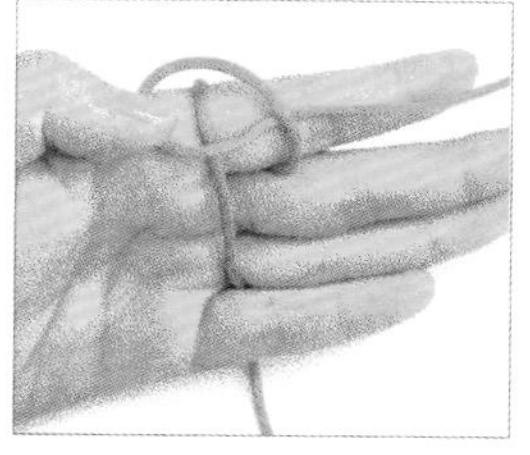

5. 将取出的圈如图翻转，然后盖在左手食指的线的上方。

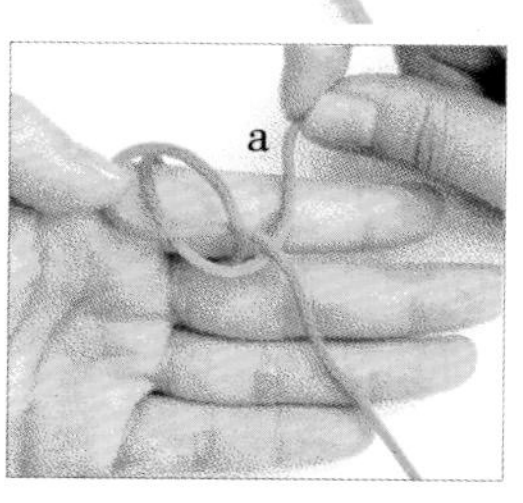

6. 用左手的大拇指压住取下的圈。

7. 用右手将a段拉向上方。

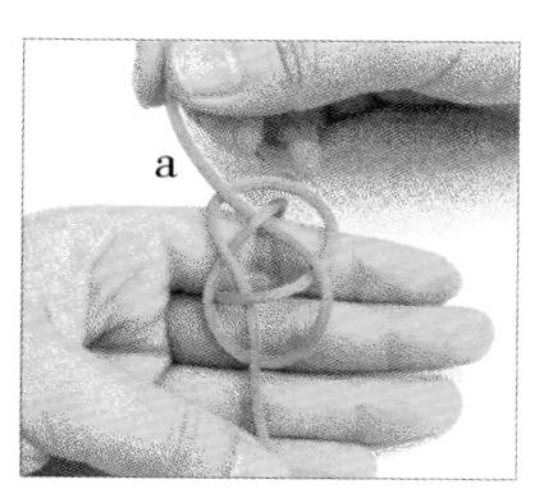

8. a段如图挑、压，从圈中间的线的下方穿过。

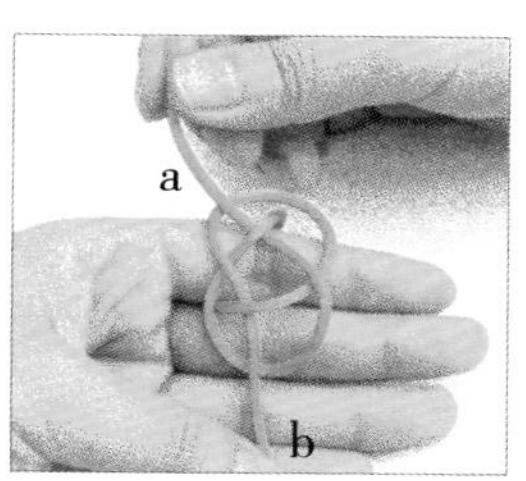

9. 轻轻拉动a、b段。

10.将结体稍微缩小，由此形成一个立体的双线结。

11.从食指上取出步骤10中做好的双线结，结形呈现出“小花篮”的形状。

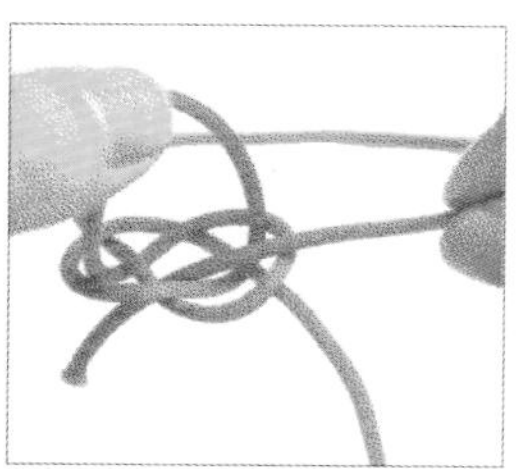

12.将其中的一段线如图按顺时针的方向绕过“小花篮”右侧的“提手”，然后朝下穿过“小花篮”的中心。

13. 将另外的一段线如图按顺时针的方向绕过“小花篮”左侧的“提手”，然后朝下穿过“小花篮”的中心。

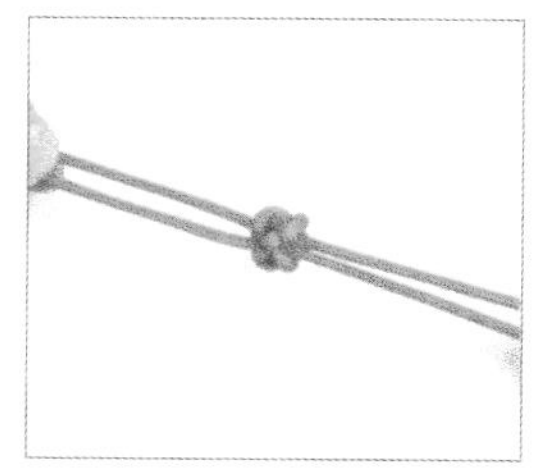

14.拉紧两端的线，根据线的走向将结体调整好。

15.这样就做好了一个双线纽扣结。

## 圆形玉米结

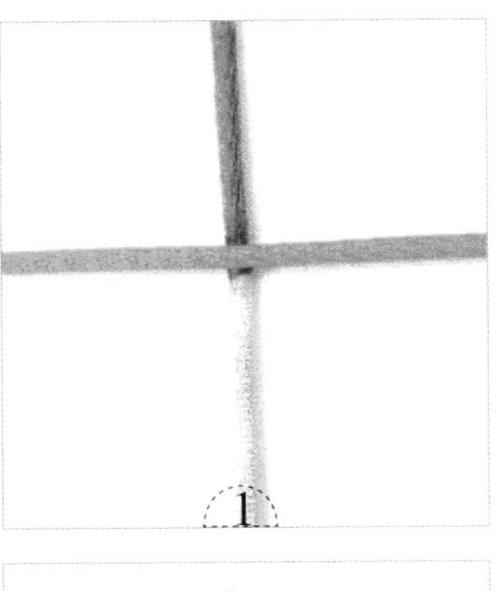


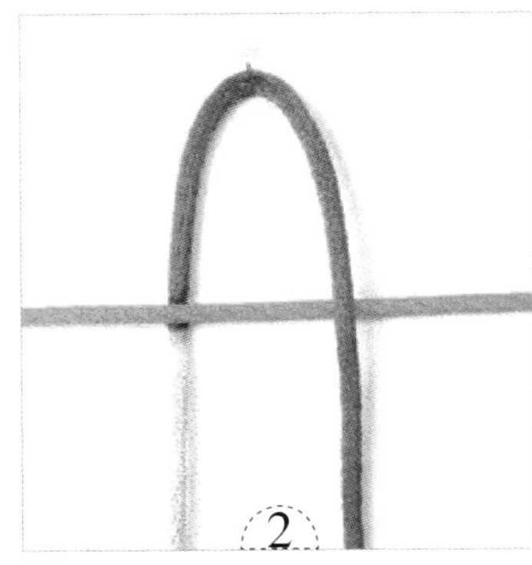

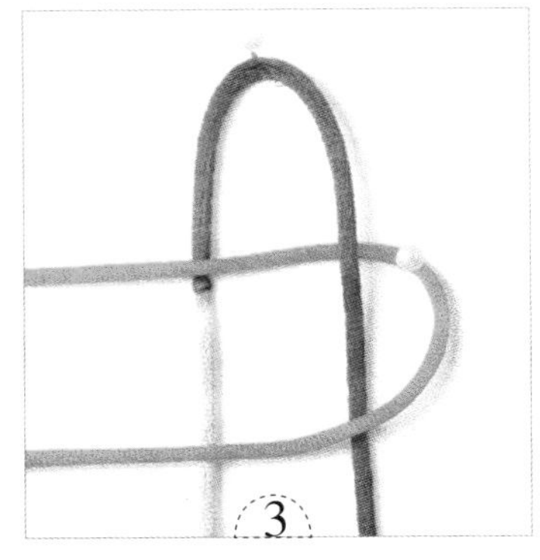


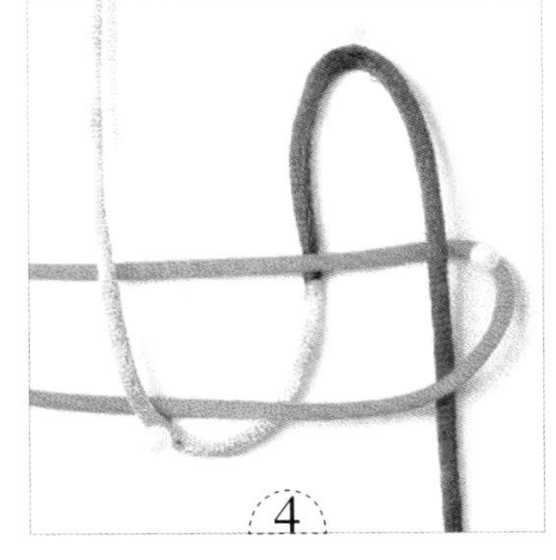


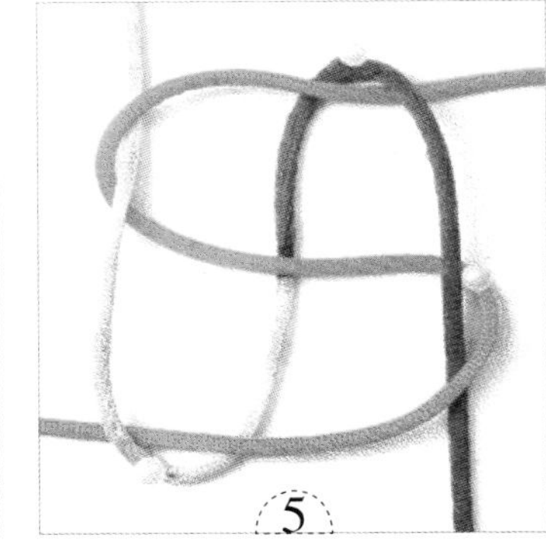


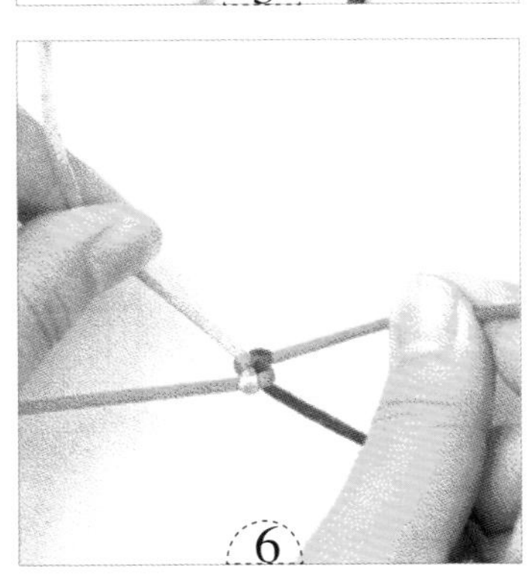


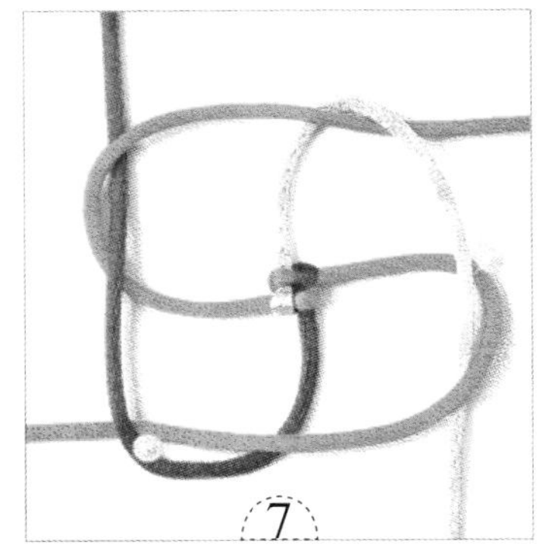

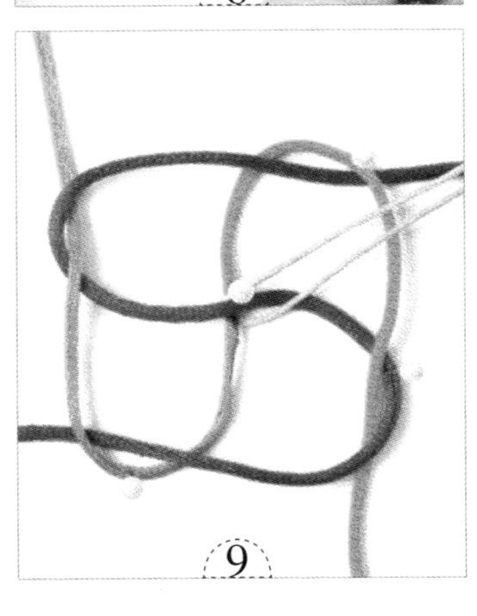


1. 用打火机将红色线和蓝色线的一头略烧后，对接成一条线。另取一条橘色线，如图呈十字交叉叠放。
2. 如图，将红蓝对接形成的线对折，用大头针定位，并将橘色线放在红色线的上面。
3. 将橘色线放在蓝色线的上面，用大头针定位。
4. 将蓝色线放在两段橘色线的上面，用大头针定位。
5. 将橘色线如图压、挑，穿过红色线形成的圈。
6. 取出大头针，均匀用力拉紧 4 个方向的线。
7. 如图，将 4 个方向的线按顺时针的方向挑、压。
8. 重复编结，即可形成圆形玉米结。
9. 若需加入中心线，则四个方向的线绕着中心线用同样的方法编结即可。

## 方形玉米结

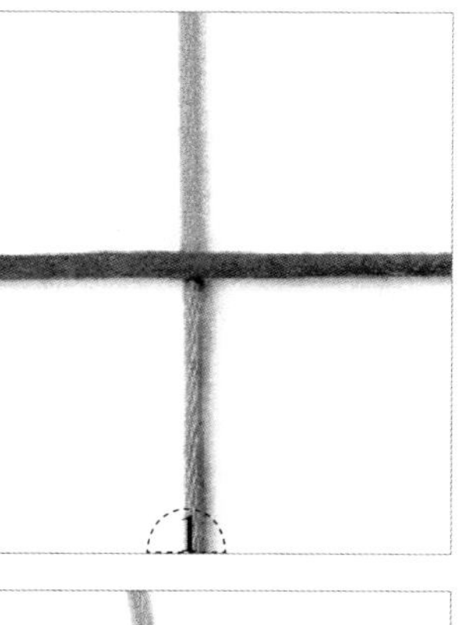


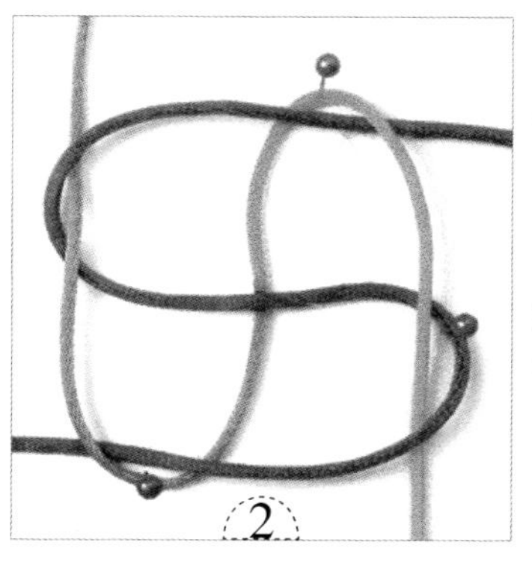

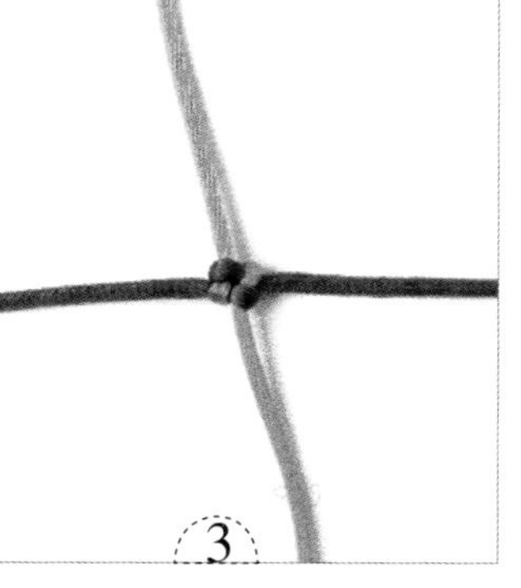


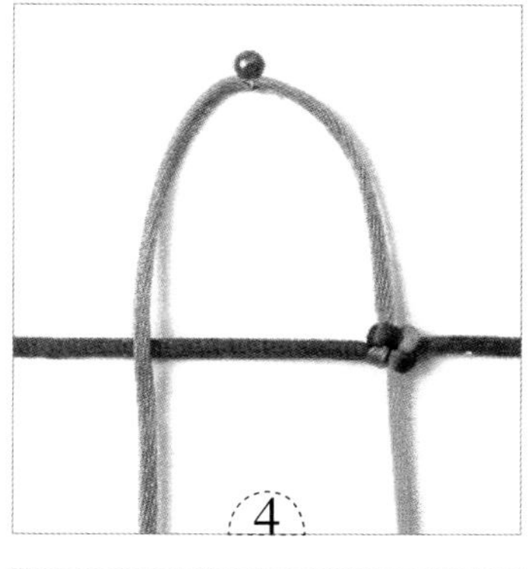


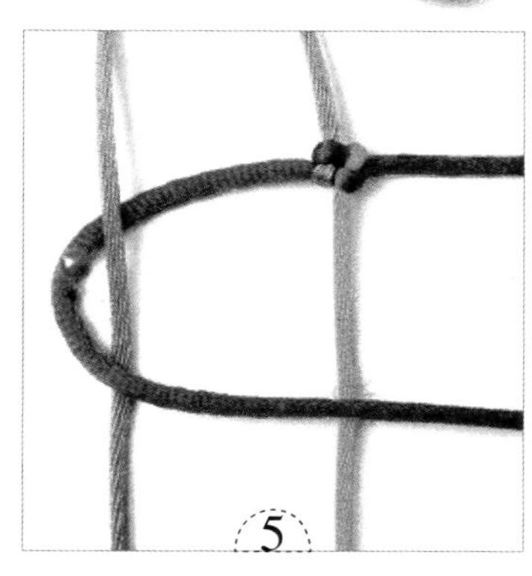


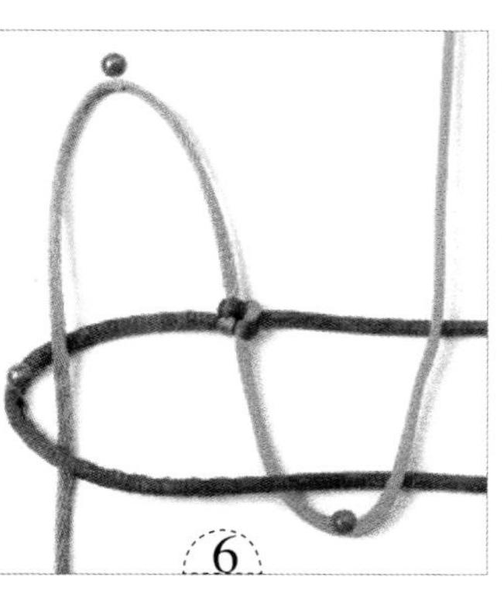


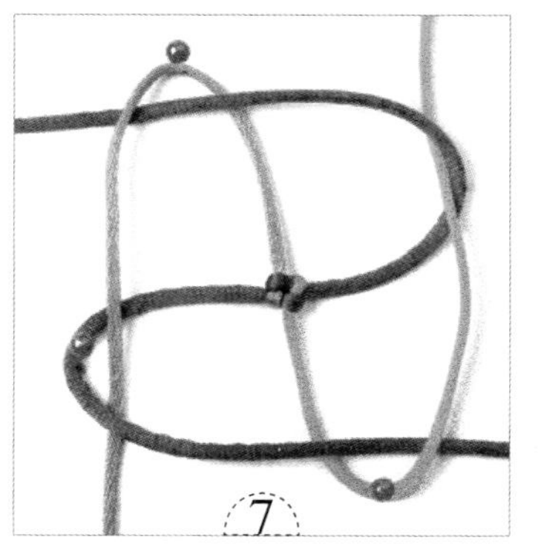

1. 用打火机将棕色线与橘色线的一头略烧后，对接成一条线。另取一条红色线，如图呈十字交叉叠放。
2. 如图，将 4 个方向的线按顺时针方向挑、压。
3. 均匀用力拉紧 4 个方向的线。
4. 如图，将棕色线放在红色线的上面。
5. 如图，将红色线放在橘色线的上面。
6. 如图，将橘色线放在红色线的上面。
7. 将红色线如图压、挑，穿过棕色线形成的圈。
8. 均匀用力拉紧 4 个方向的线。
9. 重复步骤 2 ~ 8 的制作方法，即可形成方形玉米结。

## 四股辫

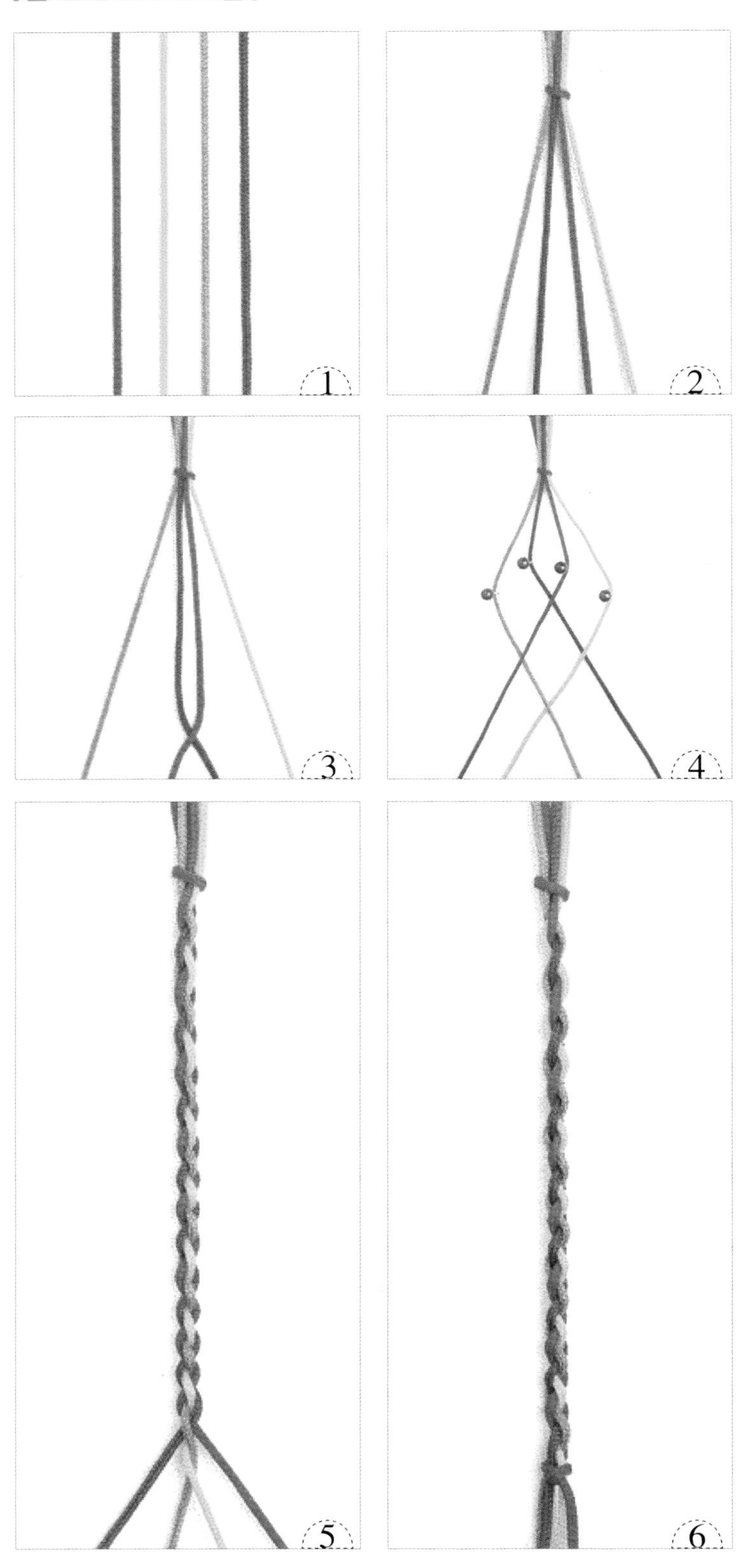

1. 准备4条线。
2. 用其中的一条线包住其他的3条线打一个单结，以固定4条线。
3. 如图，用红色线以左线下、右线上的方式交叉。
4. 如图，用黄色线在第一个交叉的下面，以左线上、右线下的方式交叉，并用大头针定位4条线。
5. 重复步骤3、4的制作方法，边编边把线收紧。
6. 编至合适的长度，用一条线包住其余3条线打一个单结，以防止四股辫松散即可。

## 八股辫

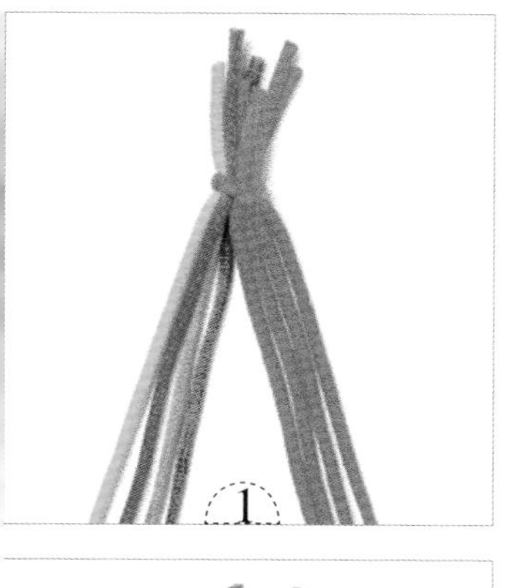
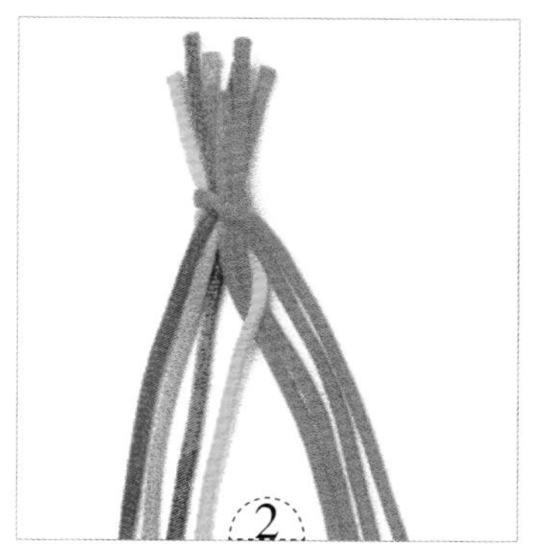

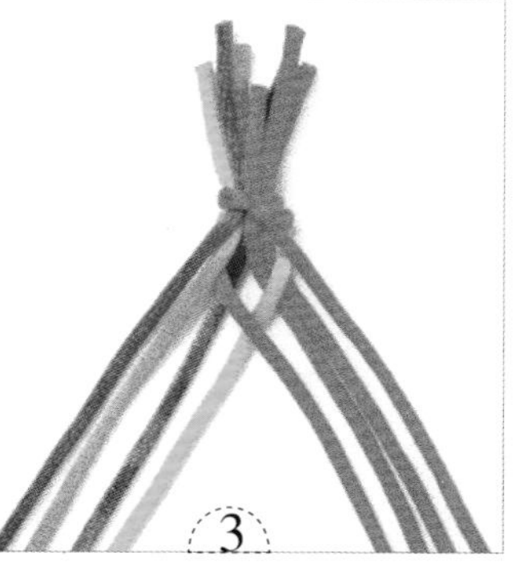
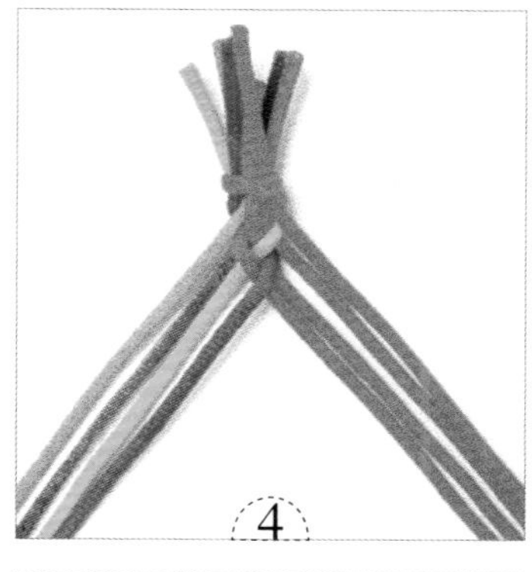

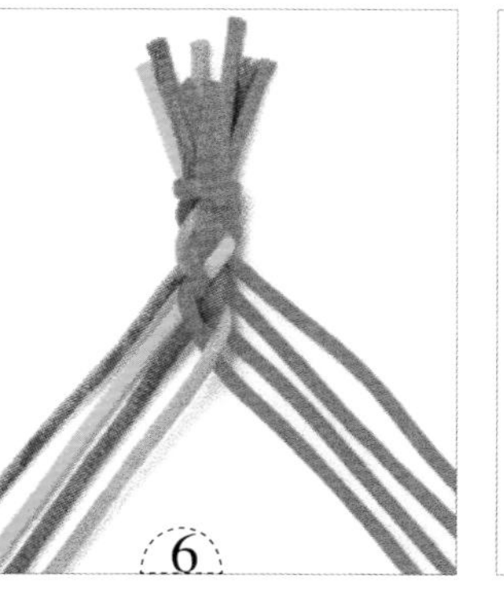
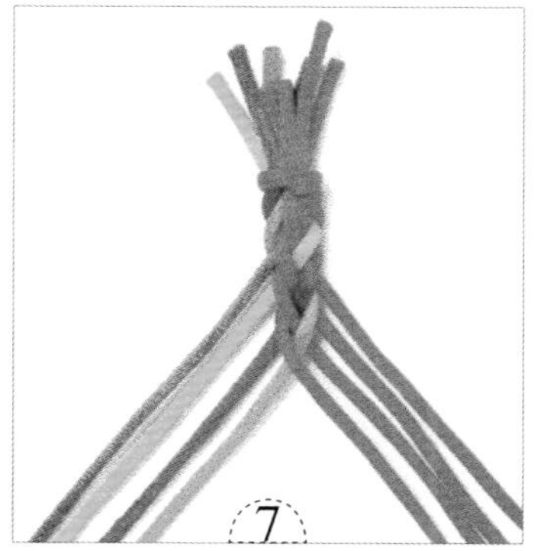

1. 准备8条线，平均分为两组，用其中的一条线如图编一个单结。
2. 用最左侧的线如图从后往前压着右边的两条线。
3. 用左右侧的线如图从后往前压着左边的两条线，与原最左侧线在中间做一个交叉。
4. 重复步骤2的制作方法。
5. 重复步骤3的制作方法 。
6. 拉紧线，重复步骤2的制作方法。
7. 重复步骤3的制作方法。
8. 重复编结，一边编结一边拉紧线。
9. 编八股辫至合适的长度，用1条线包着其他的线编一个单结，以防止八股辫松散即可。

## 左斜卷结

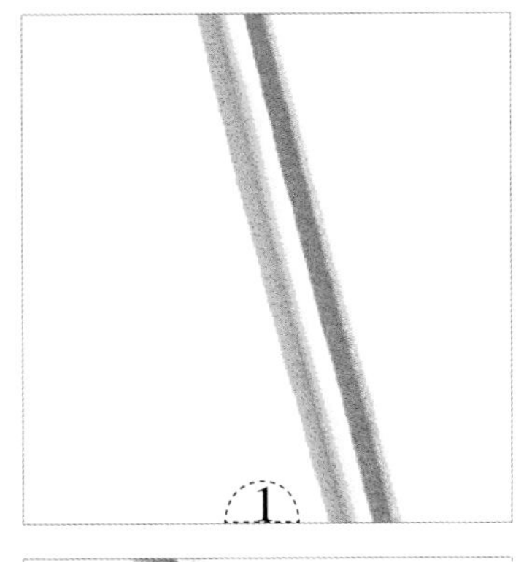


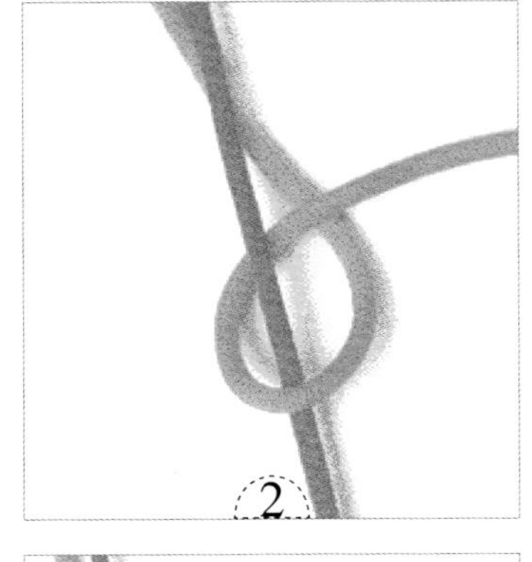

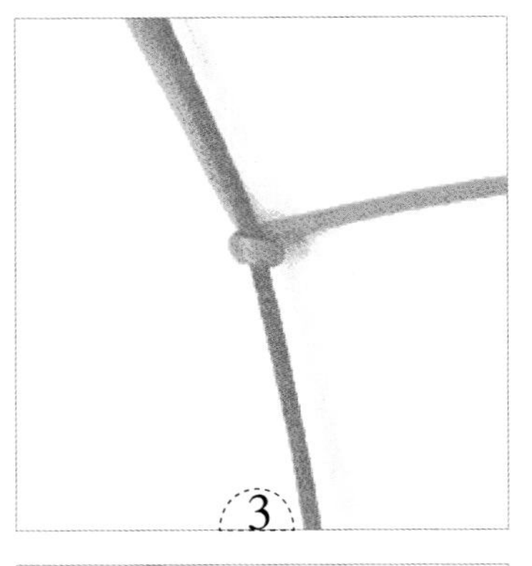


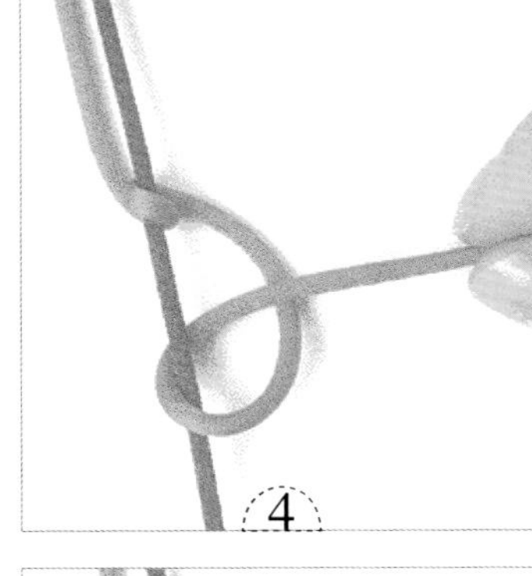


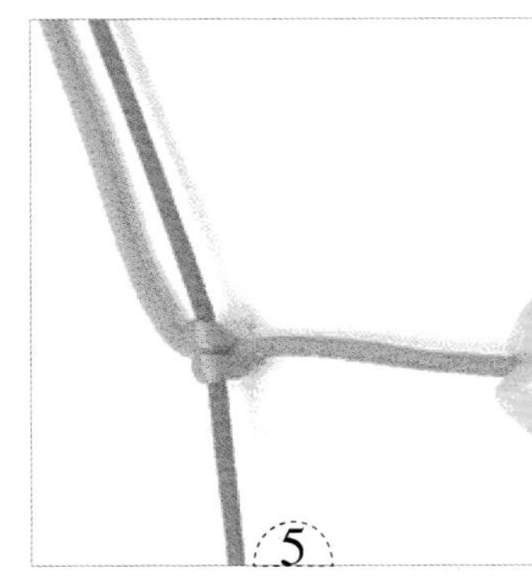


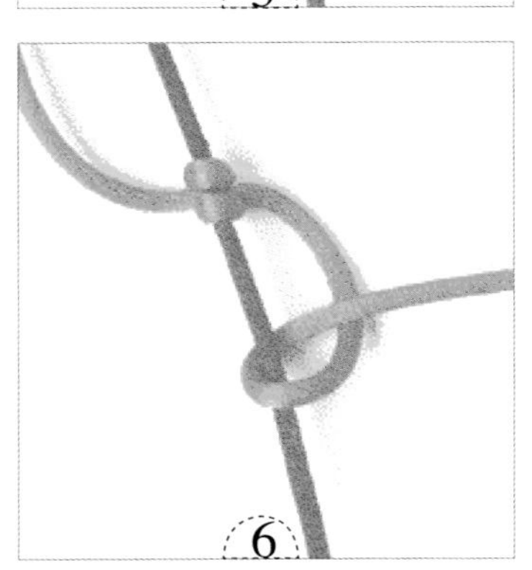


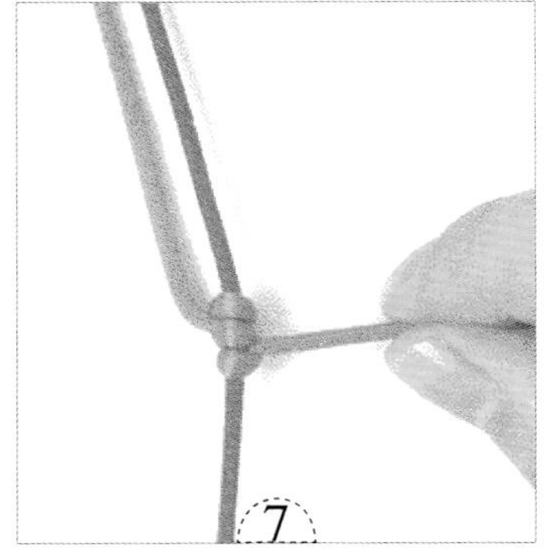


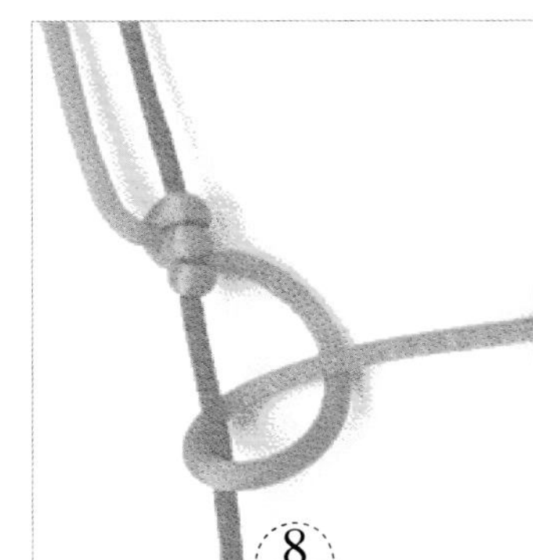


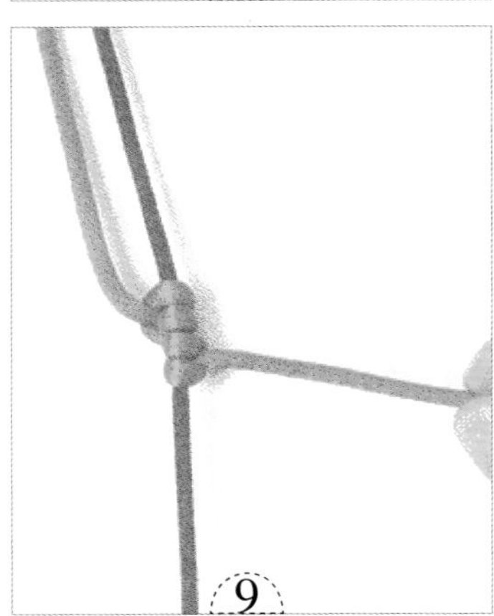


1. 准备两条线。
2. 以红色线为中心线，橘色线如图在中心线的上面绕一个
3. 拉紧两条线。
4. 橘色线如图在中心线的上面再绕一个圈。
5. 再次拉紧两条线，由此完成一个左斜卷结。
6. 橘色线如图绕一个圈。
7. 拉紧两条线。
8. 橘色线如图再次绕一个圈。
9. 拉紧两条线，由此又完成一个左斜卷结。

## 右斜卷结

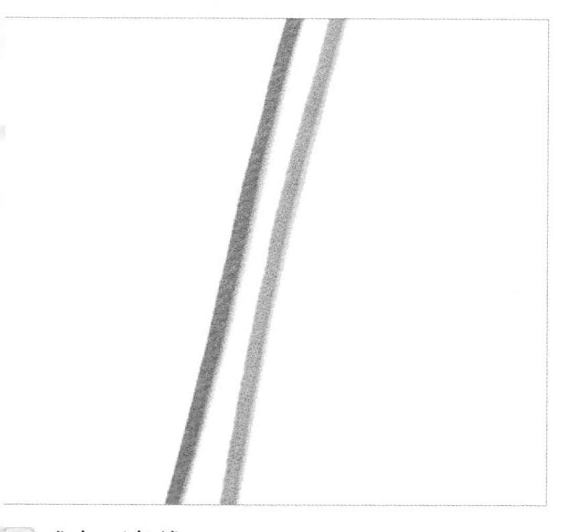

1. 准备两条线。

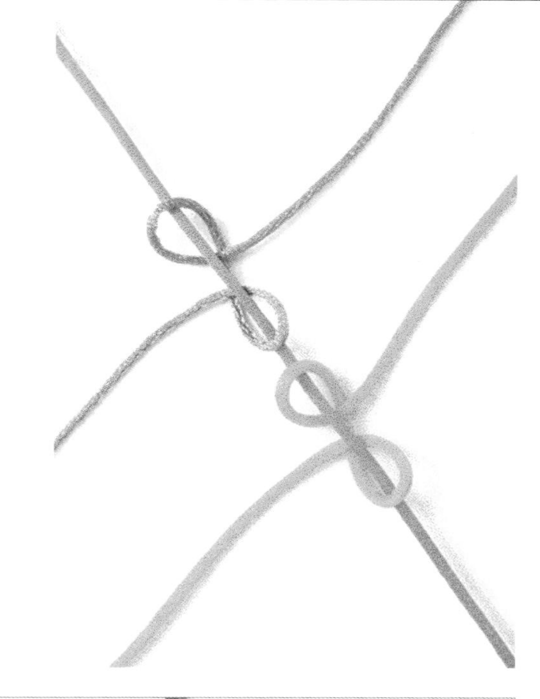

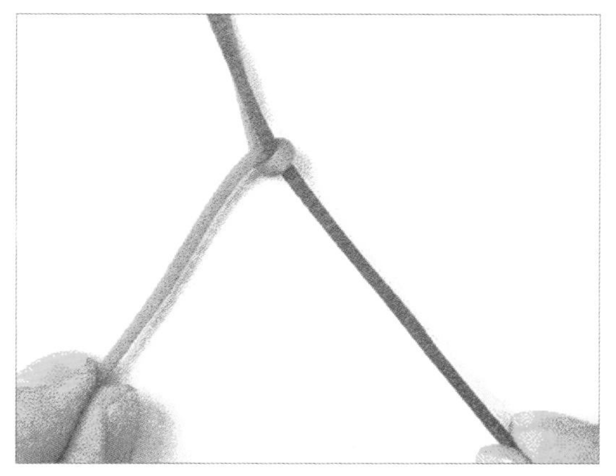

2. 以红色线为中心线，橘色线如图在中心线的上面绕一个圈。

3. 拉紧两条线。

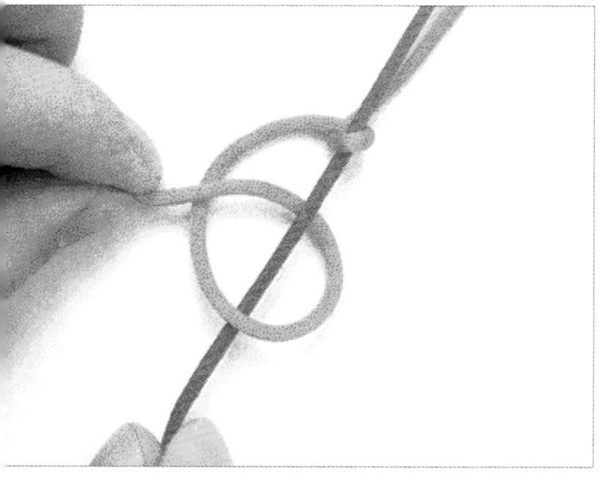

4. 橘色线如图在中心线的上面再绕一个圈。

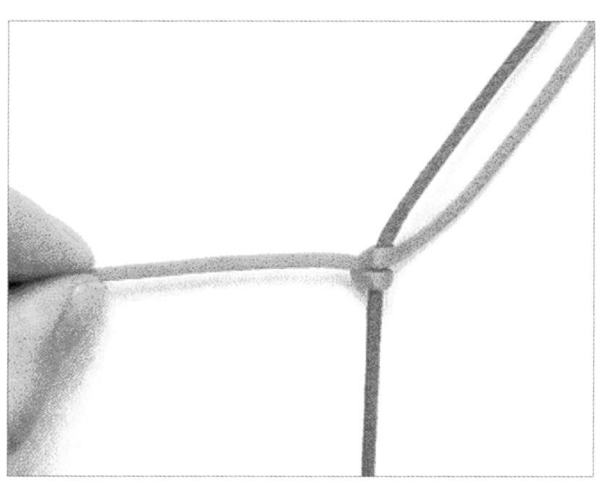

5. 拉紧两条线，由此完成一个右斜卷结。

## 万字结

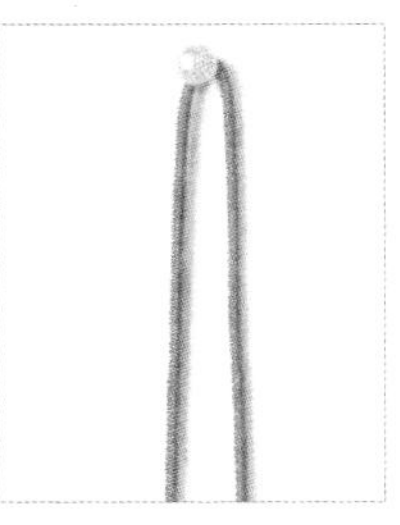

1. 准备一条线并对折，用大头针定位。

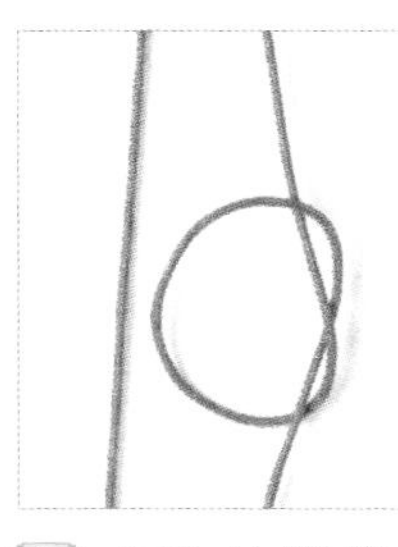

2. 右边的线按顺时针方向绕一个圈。

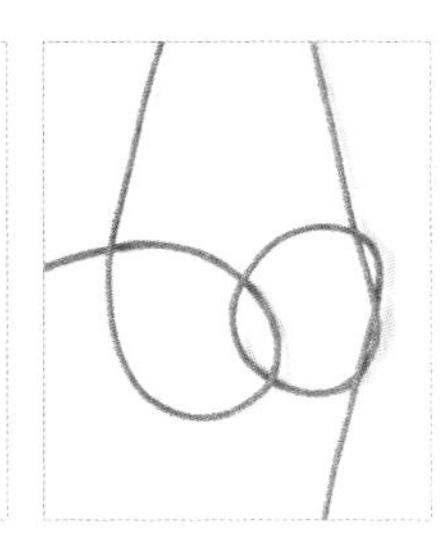

3. 左边的线如图穿过右边形成的圈。

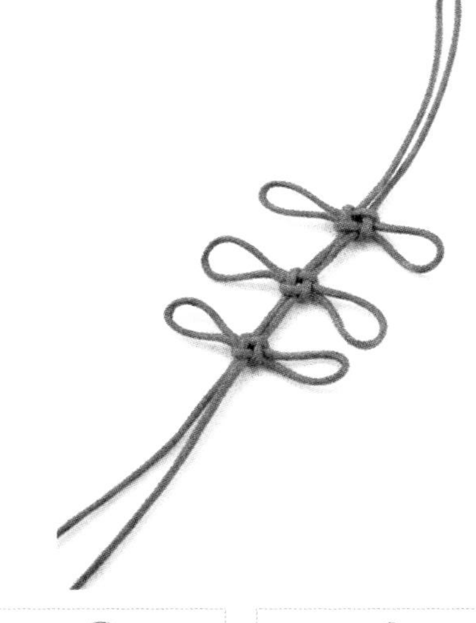

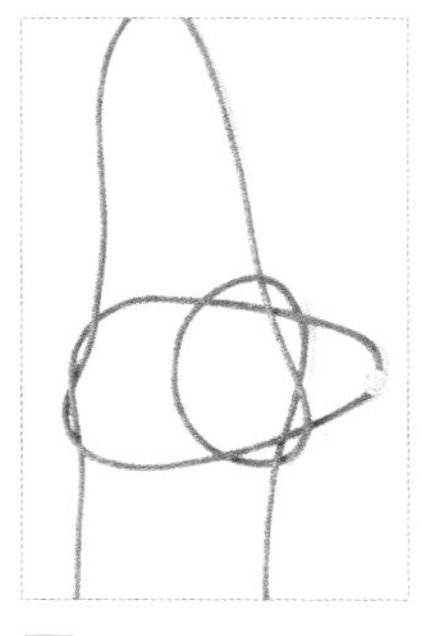

4. 左边的线按逆时针方向绕一个圈。

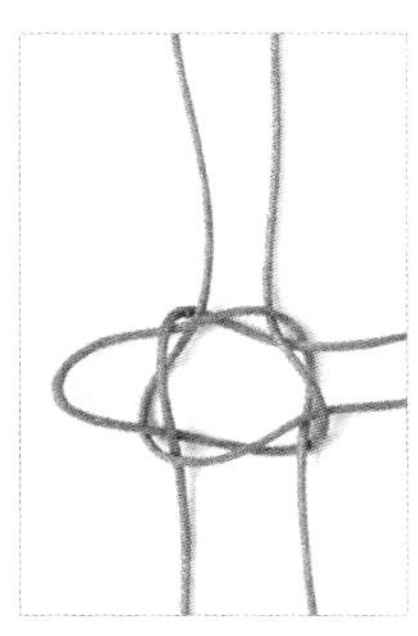

5. 如图，将左边的圈从右边的圈中拉出来。

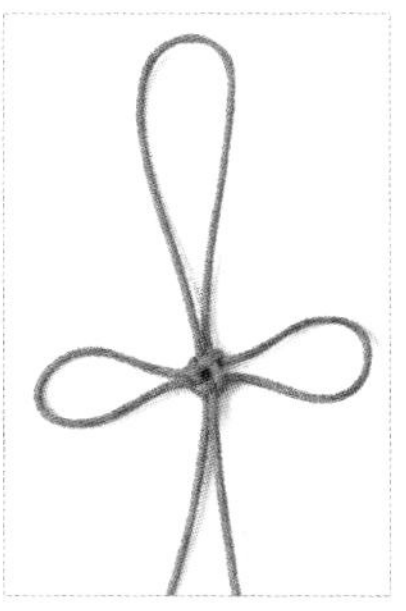

6. 如图，将右边的圈从左边的圈中拉出来。

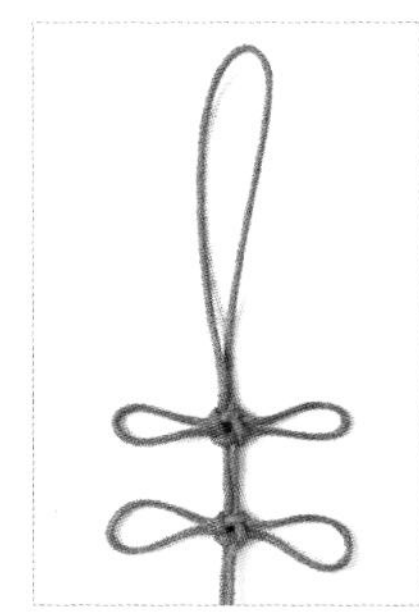

7. 拉紧左右的2个耳翼。由此完成一个万字结。

8. 重复步骤2～7的制作方法，即可编出连续的万字结。

## 十字结

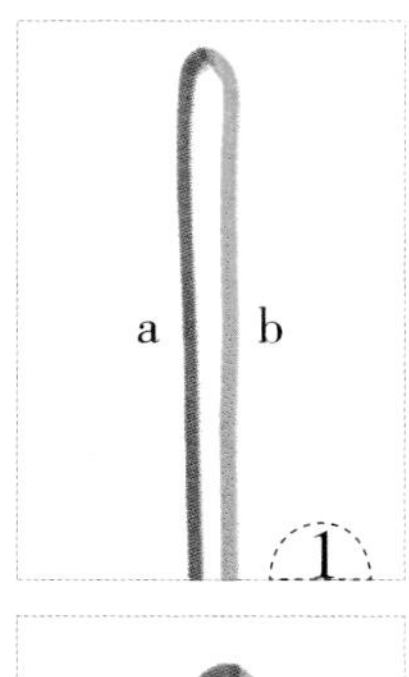


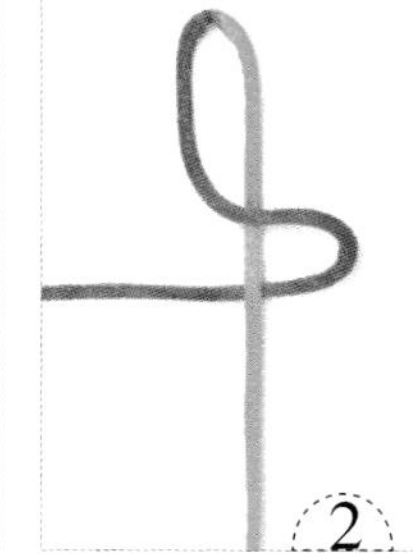


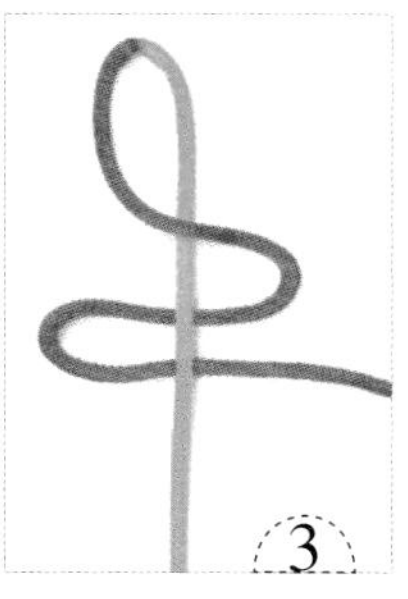

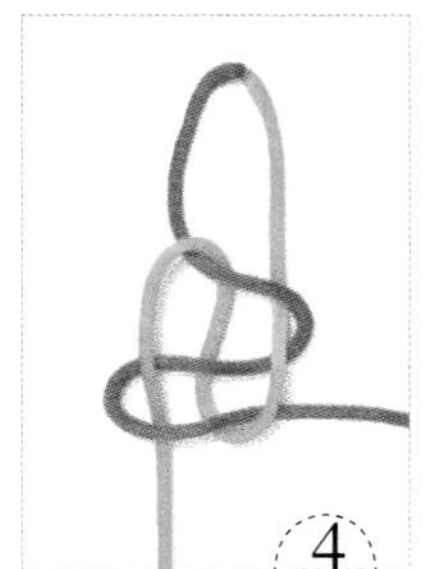


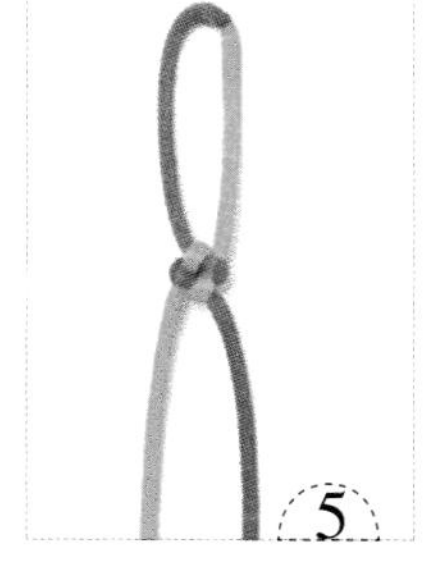


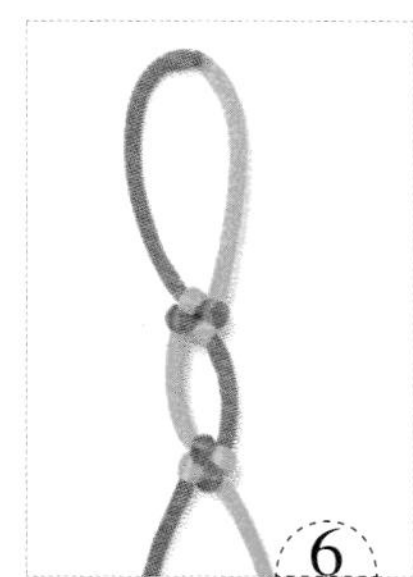


1. 准备一条线并对折。
2. a段如图压挑b段，绕出右圈。
3. a段在b段下方再绕出左圈。
4. b段如图压挑左右圈，穿出左圈。
5. 拉紧线。完成一个十字结。
6. 重复前面的制作步骤来编结，即可编出连续的十字结。

# 藻井结

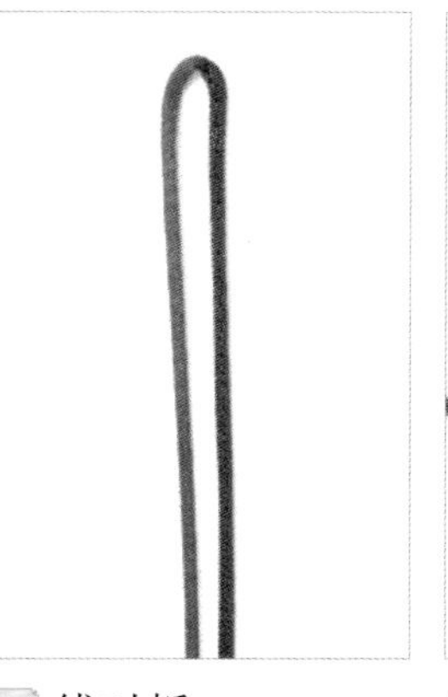

1. 线对折。

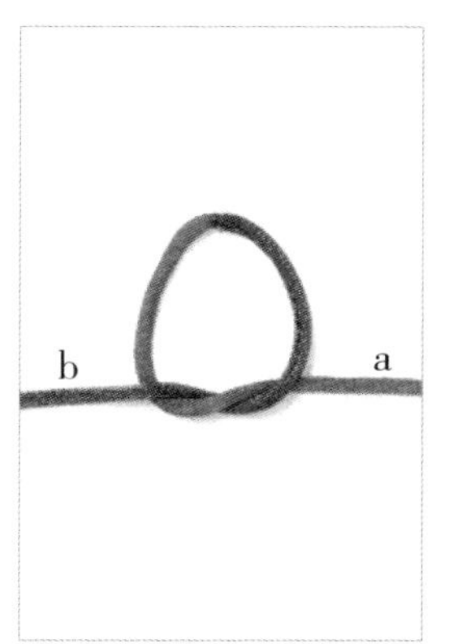


2. a、b打一个松松的结。

3. 在下面再连续打3个结。

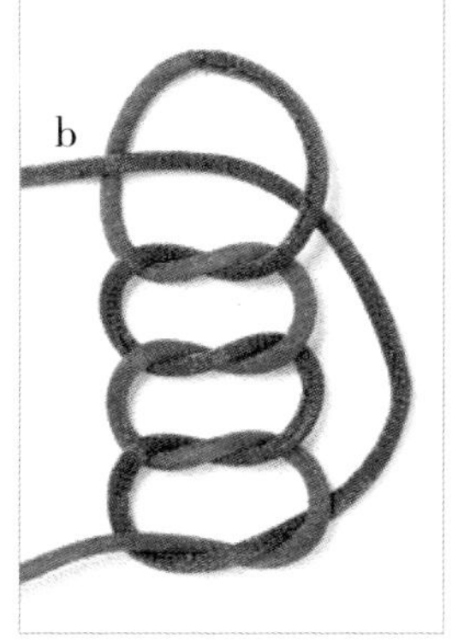


4. b向上穿过上面的一个圈。

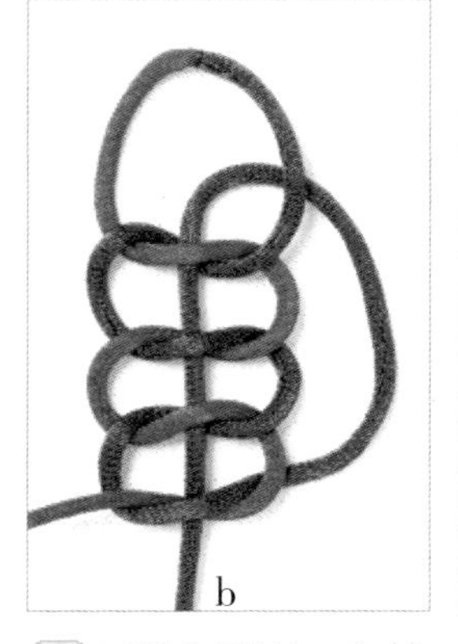


5. b再向下从4个结的中间穿过。

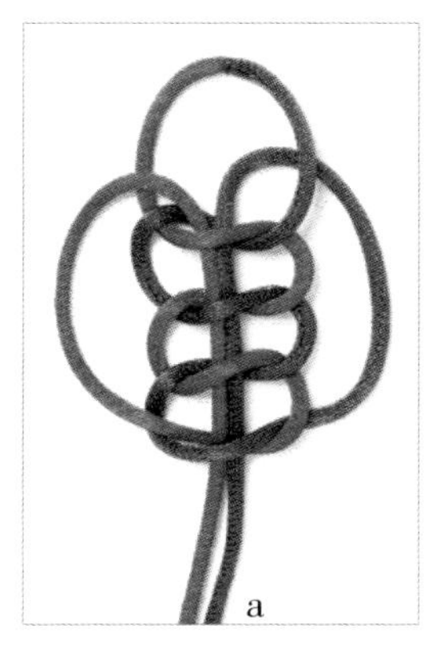


6. a同样从4个结的中间穿过。

7. 最下面的左圈从前面往上翻，最下面的右圈从后面往上翻。

8. 把上面的线收紧，留出下面的两个圈。

9. 最下面的左圈和最下面的右圈仿照步骤7的方法如图向上翻。

10. 收紧结体。

## 锁结

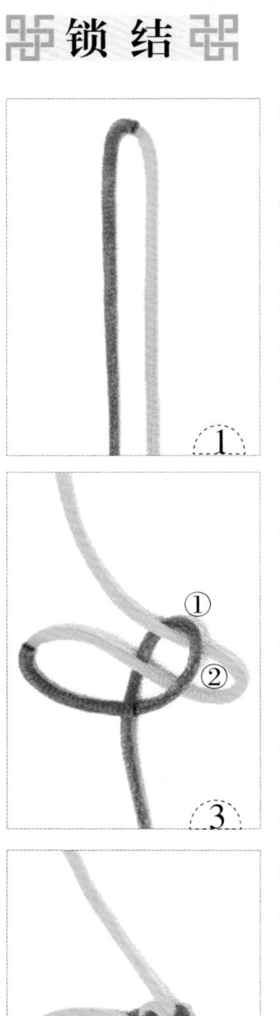

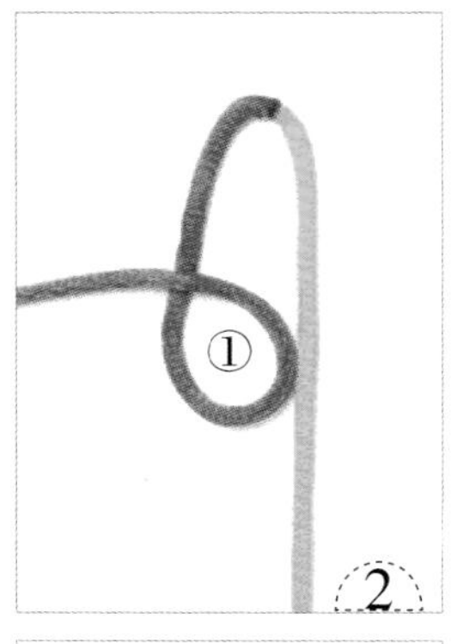

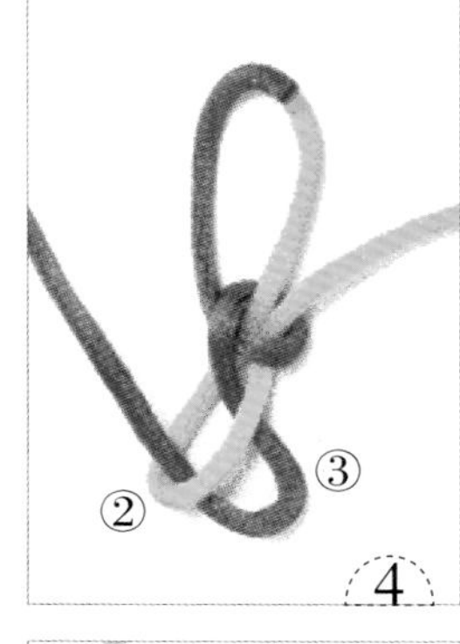

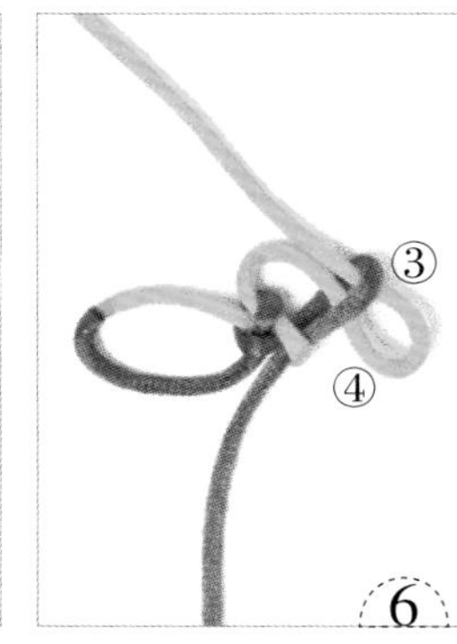

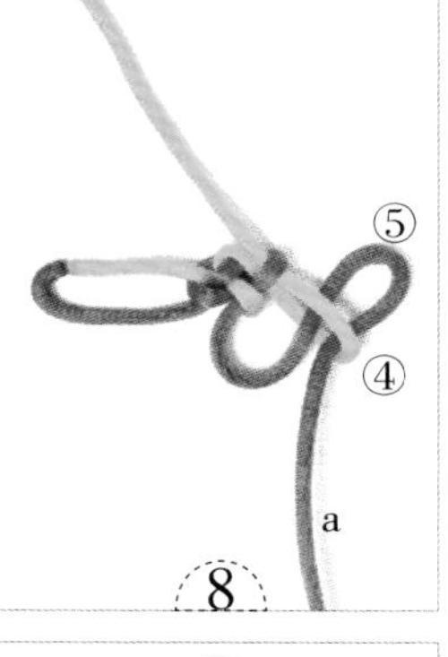


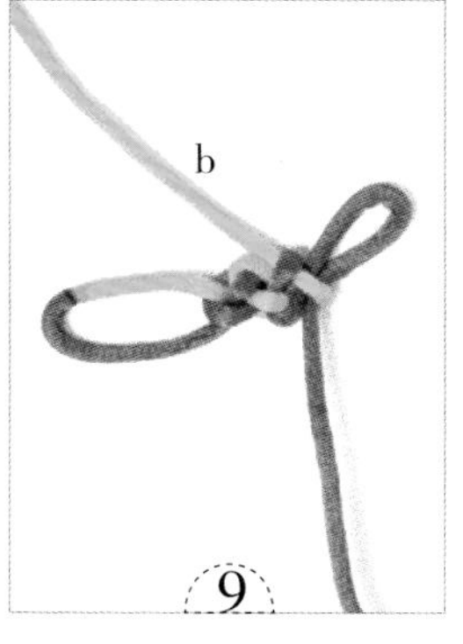


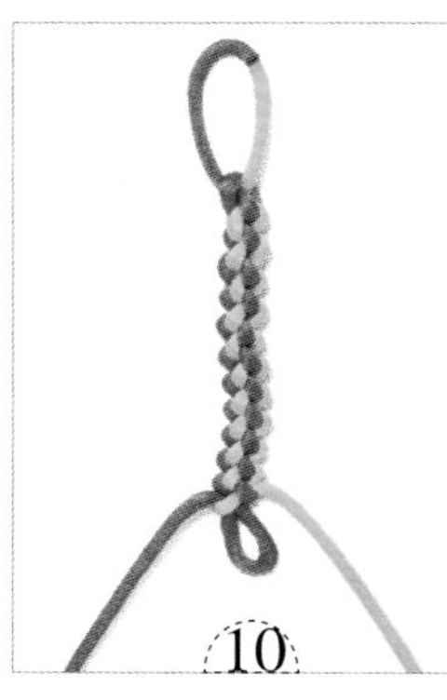


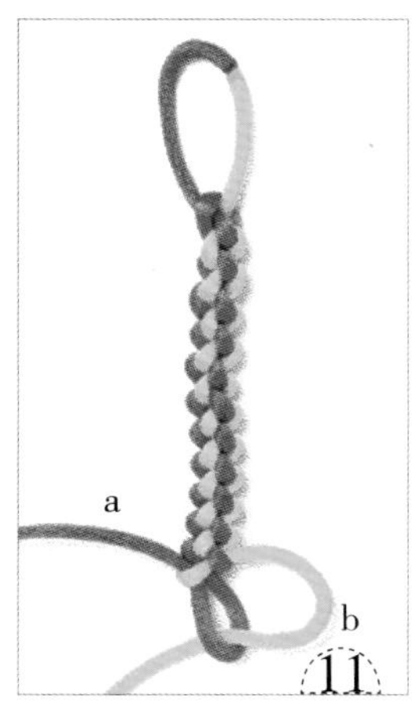


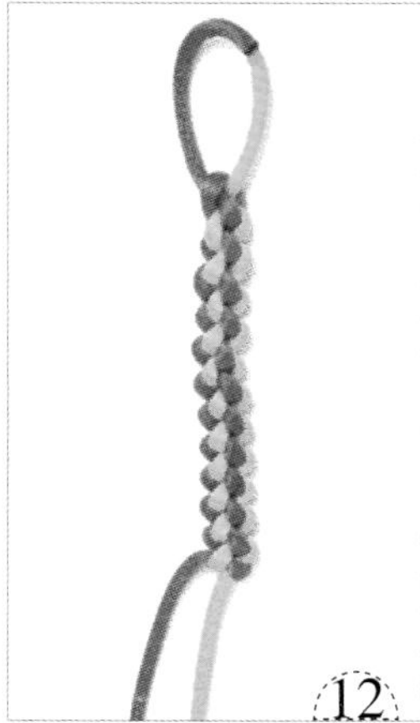


1. 将红色线和黄色线的一头用打火机略烧后，对接起来。
2. 用红色线绕出圈①。
3. 黄色线绕出圈②，进到前面做好的圈①中。
4. 拉紧红色线，然后用红色线做圈③，进到圈②中。
5. 拉紧黄色线。
6. 用黄色线做圈④，进到圈③中。
7. 拉紧a。
8. 用a做圈⑤，进到圈④中。
9. 拉紧b。
10. 重复编结，编至合适的长度。
11. 最后将b线穿入最后一个圈中。
12. 拉紧a线即可。

## 轮 结

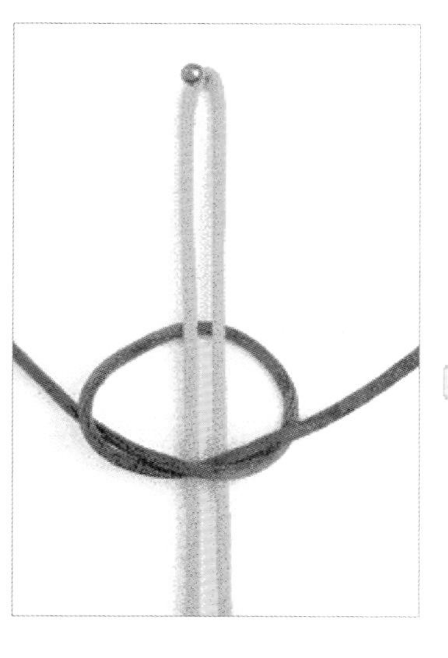

1. 如图，将橘色线对折作为中心线并用大头针定位，将红色线绕着中心线编一个单结。

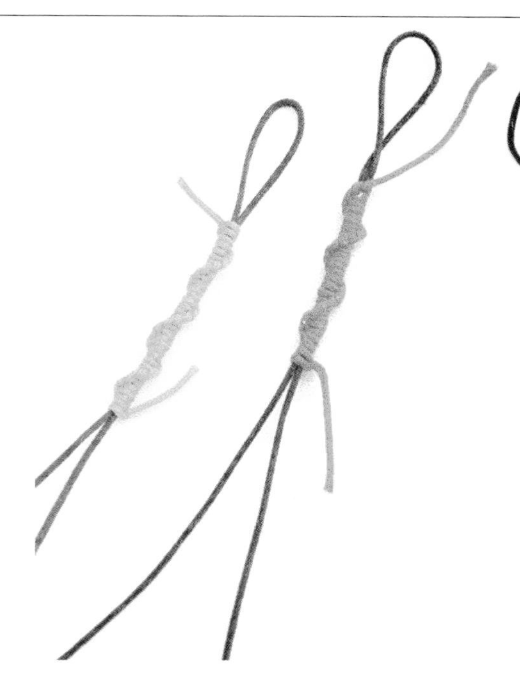

2. 拉紧单结。

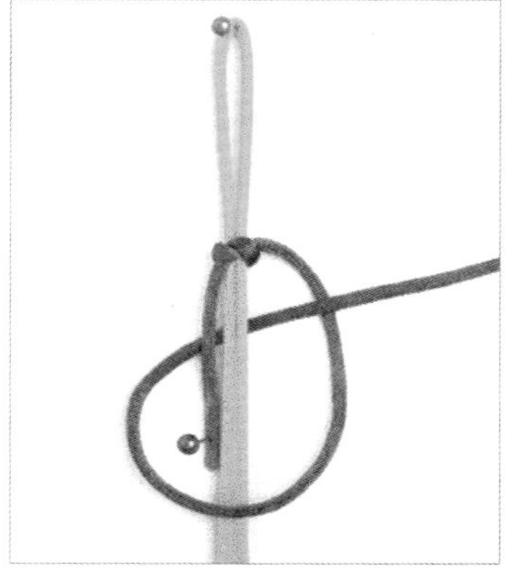

3. 如图将红色线按顺时针方向绕着中心线及线头一圈，然后，如图穿出。

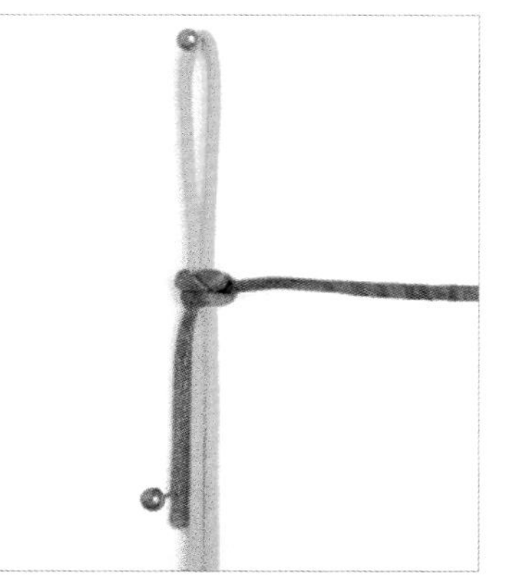

4. 向右拉紧红色线。

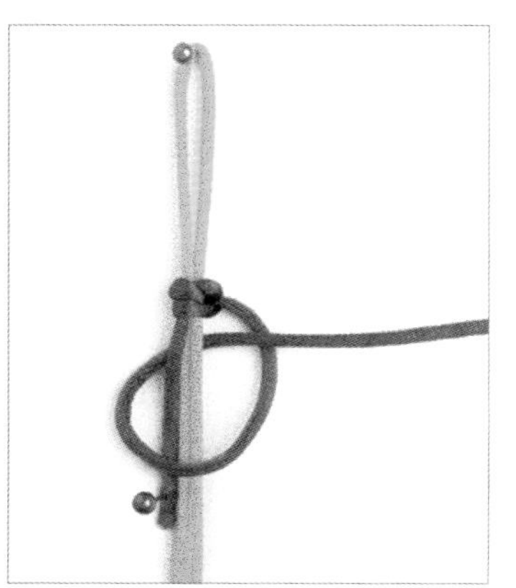

5. 重复步骤3的制作方法。

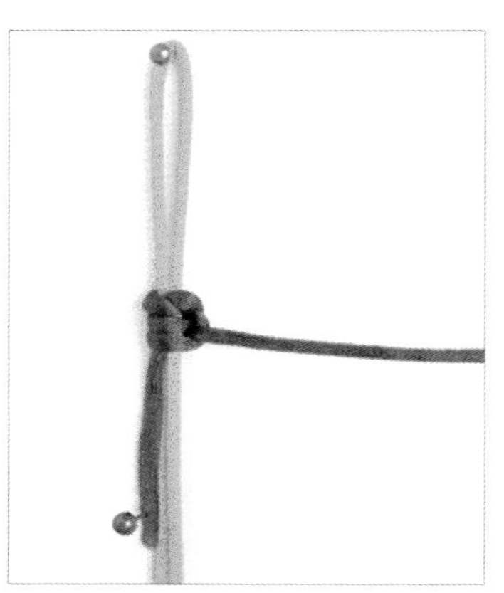

6. 向右拉紧红色线。

7. 重复编结，即可编出螺旋状的轮结。

# 双耳酢浆草结

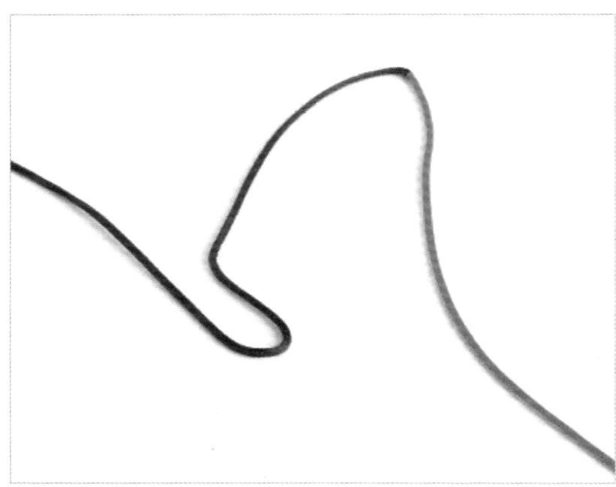

1. 摆放好线，蓝线向左揪出一个耳翼。

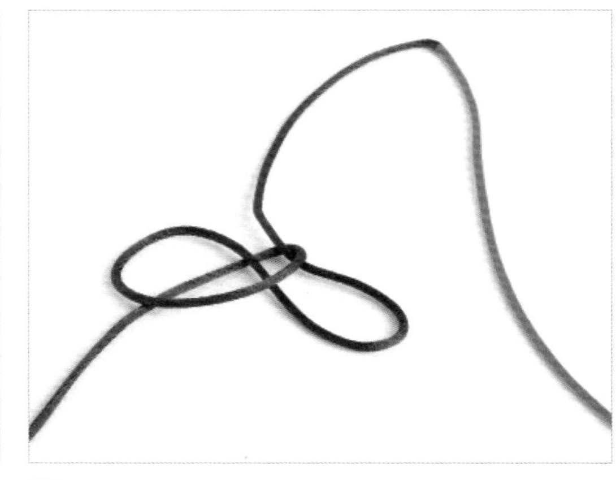

2. 蓝线反方向做出同样的耳翼，然后用蓝线线头端从上绕过第一个耳翼再从下面穿出。

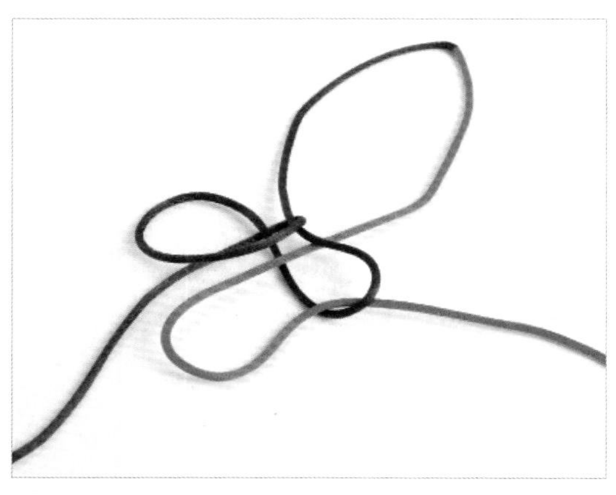

3. 红线揪出一个耳翼插进蓝线右边的圈里。

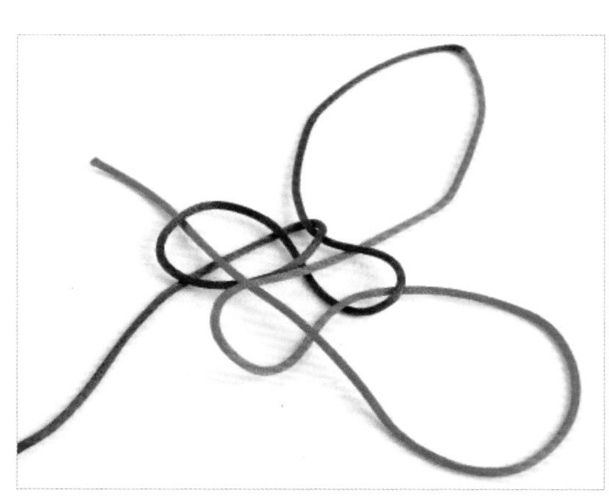

4. 红线线头按压红线、挑红线、压蓝线两次、挑蓝线的顺序分别穿过红线耳翼和蓝线左边的圈。

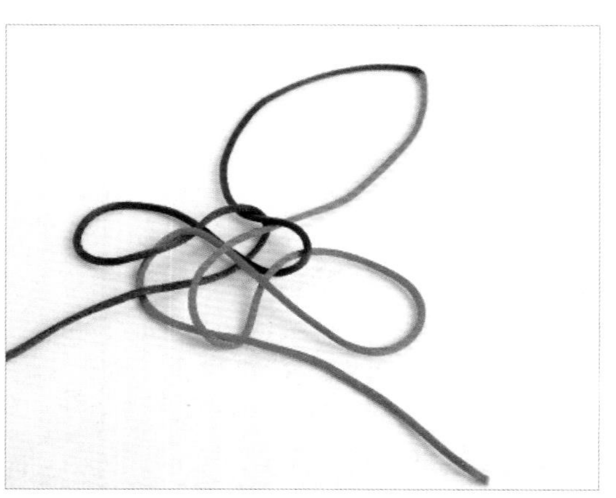

5. 红线再从蓝线线头端下面穿过，然后，从下面穿进红线耳翼。

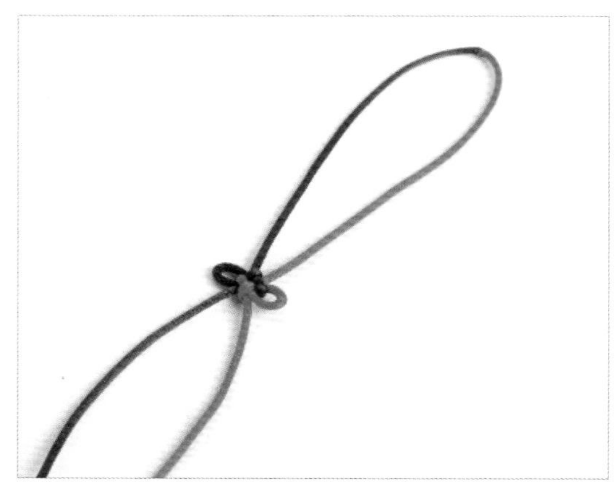

6. 拉紧成结，调整好耳翼大小。

# 三耳酢浆草结

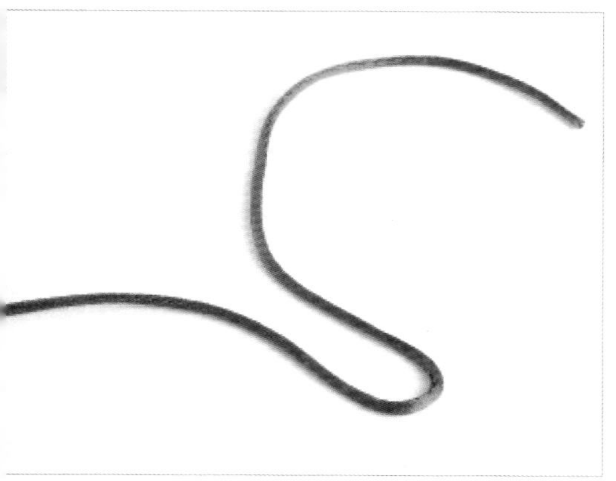

1. 取一条线，上端做出一个耳翼。

2. 然后将线穿过耳翼下面，然后，做出第二个耳翼，并将线放在上方。

3. 继续揪出第三个耳翼，然后插进第二个耳翼里面。

4. 线头从上穿入第三个耳翼和左上方线圈。

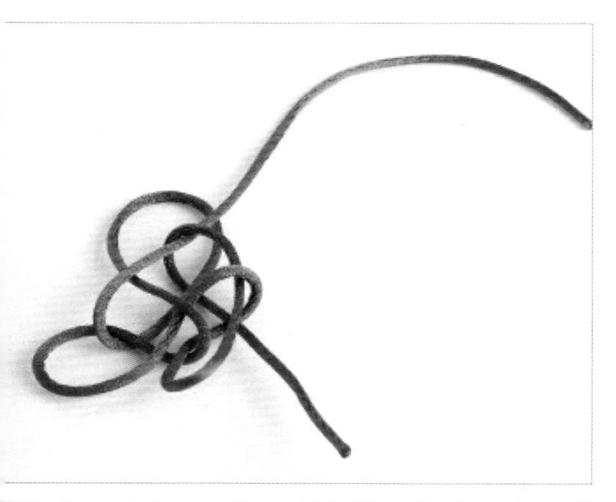

5. 线头再从下面绕过所有线，从第三个耳翼右边的线上面穿出来。

6. 拉紧成结。

# 一字盘长结

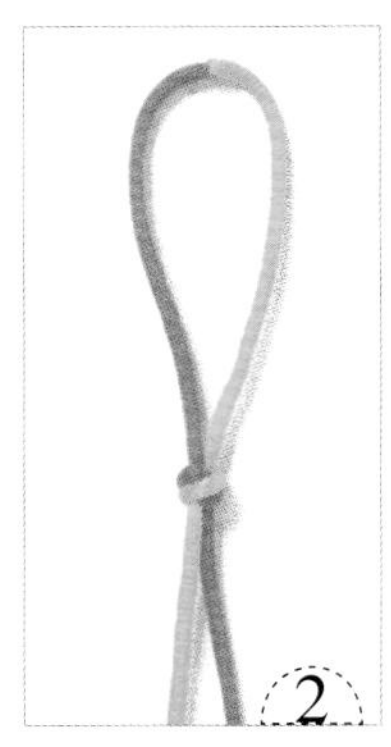


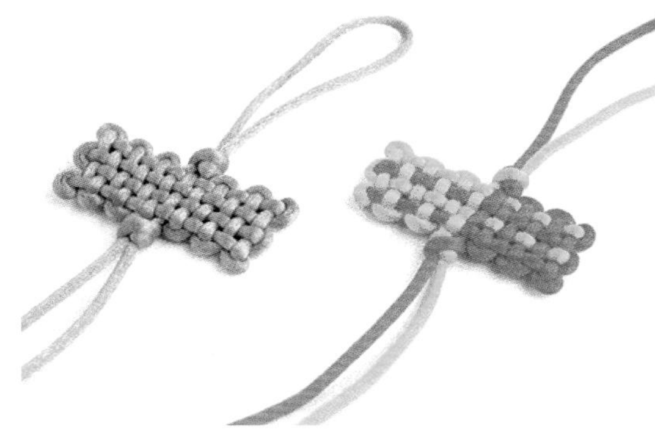

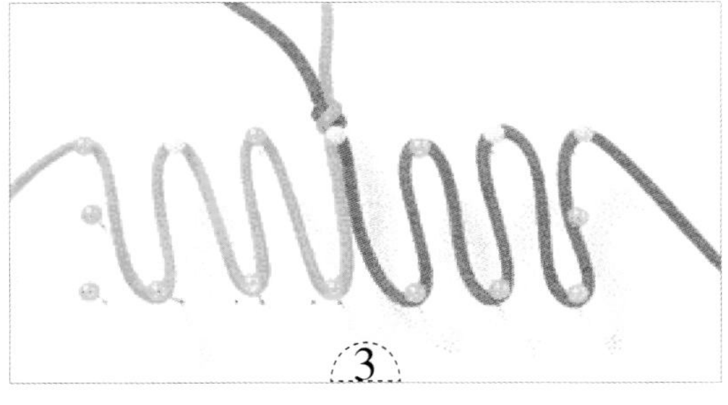


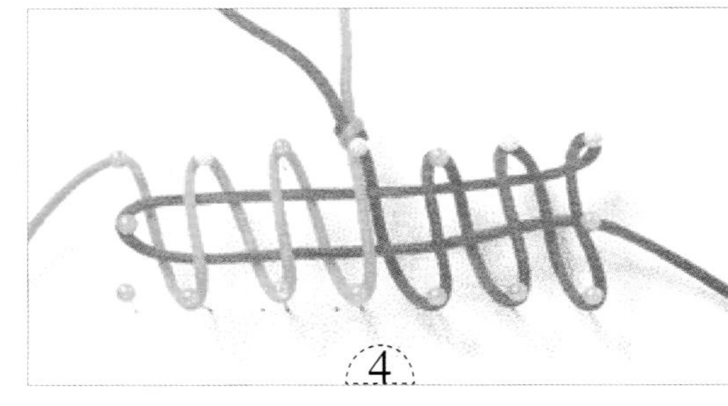


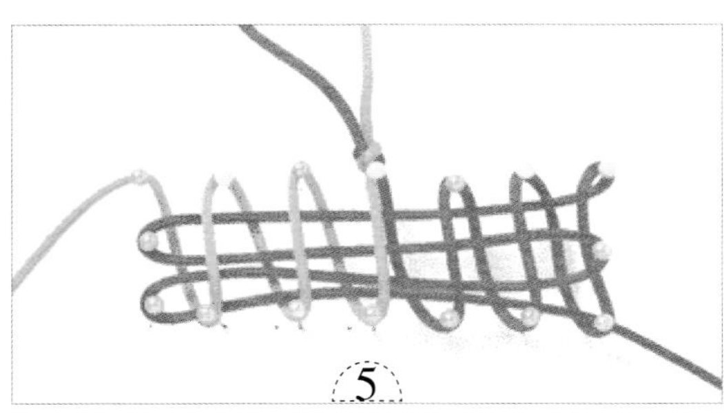


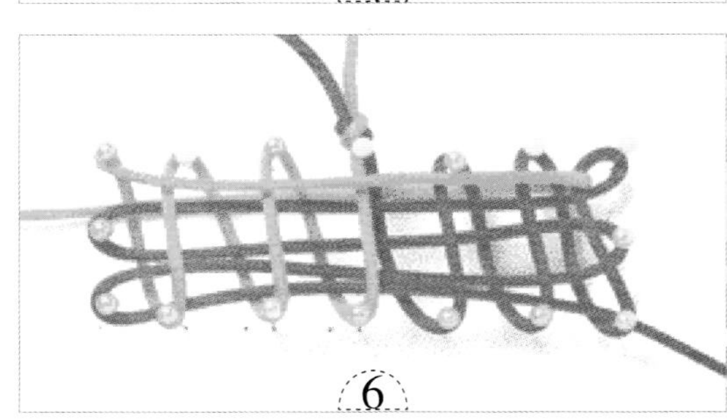


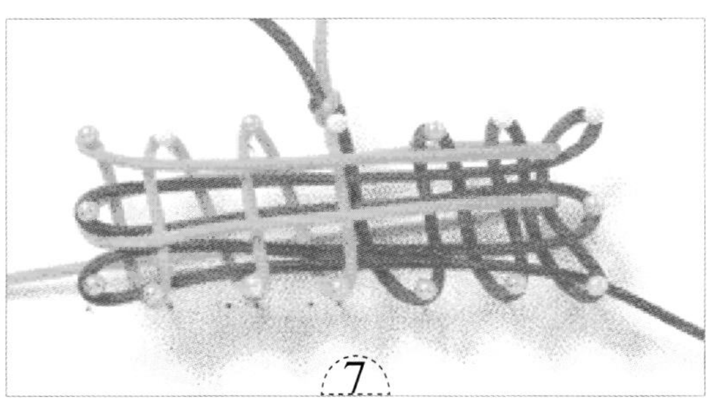


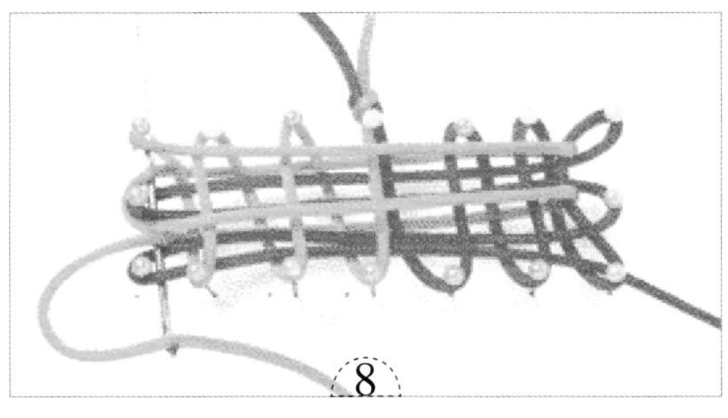


1. 在插垫上插上16枚大头针，形成一个“一”字形（图1）。

2. 用一条线打一个双联结作为开头（图2）。

3. a、b如图分别走六行竖线（图3）。

4. b线挑第二、第四、第六、第八、第十、第十二行竖线，如图一来一回走两行横线（图4）。

5. b线重复步骤4的制作方法，一来一回再走两行横线（图5）。

6. a线如图一来一回走两行横线（图6，图7）。

7. 钩针挑2线，压1线，挑3线，压1线，挑1线，钩住a线，然后，把a线钩向上方（图8，图9）。

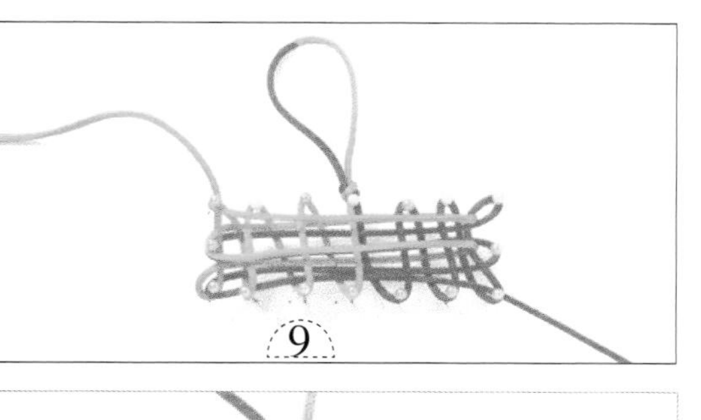
9

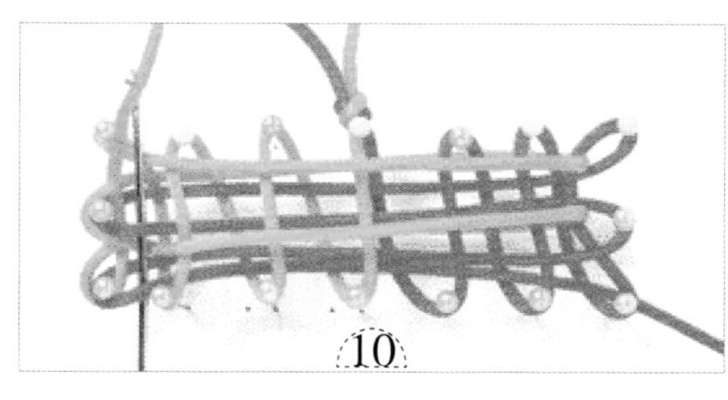
10

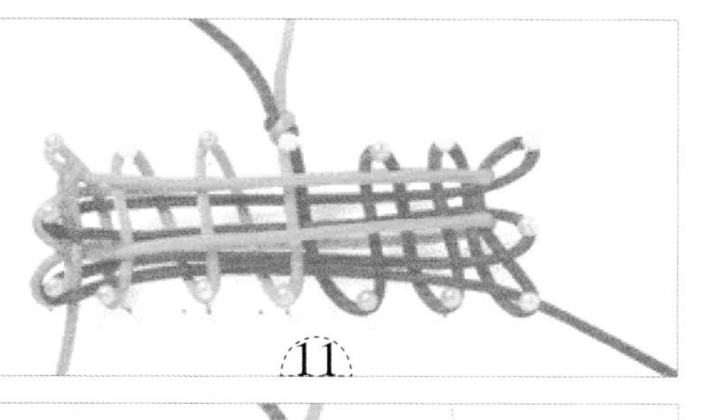
11

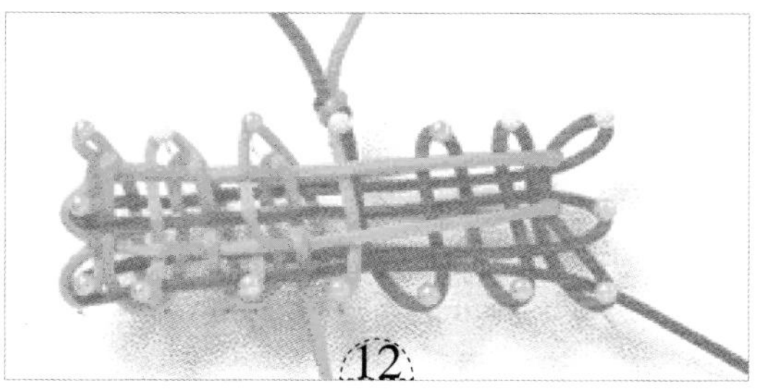
12

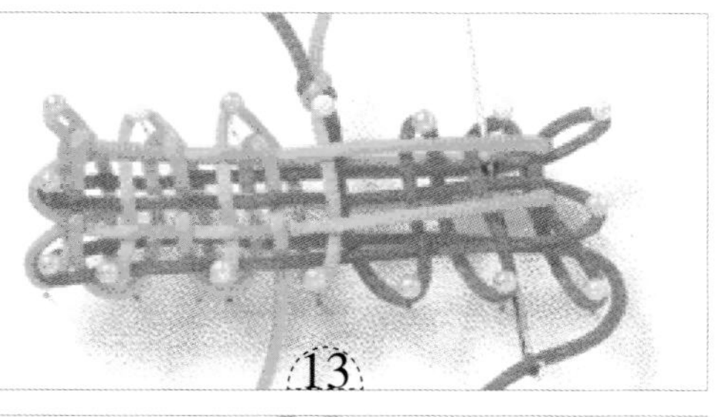
13

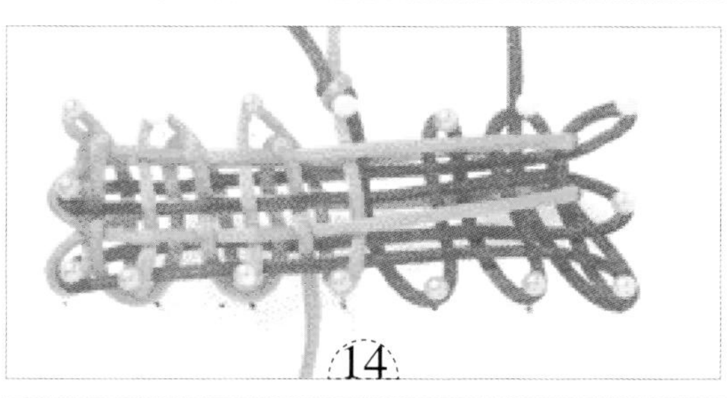
14

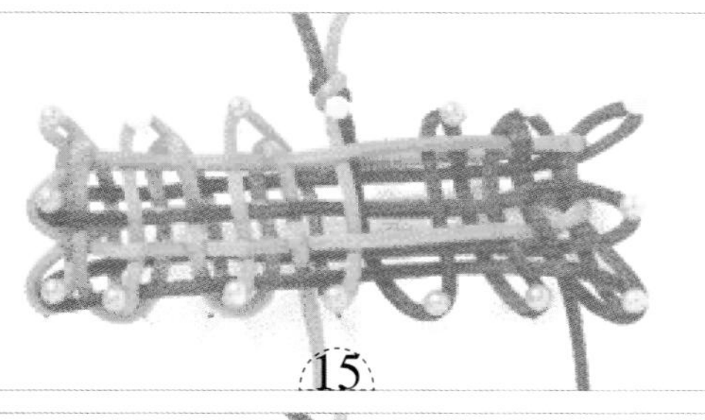
15

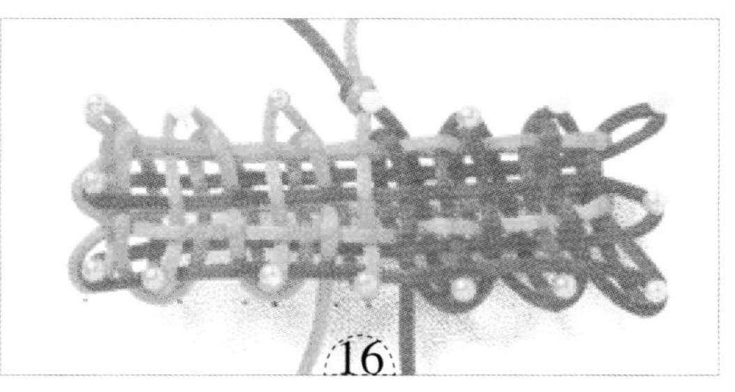
16

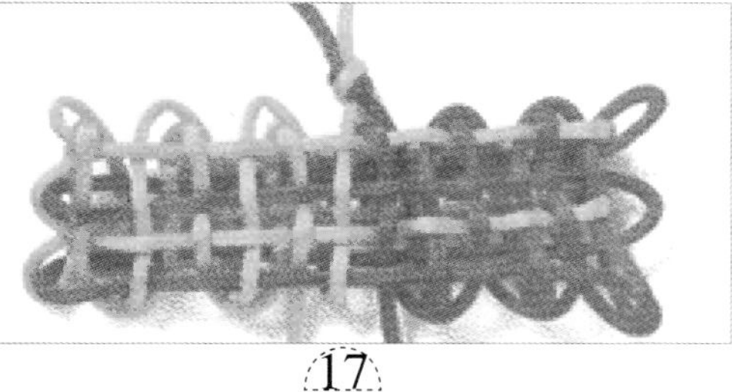
17

18

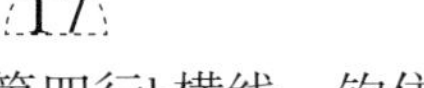

8. 用钩针挑第二、第四行b横线，钩住a线，然后把a线钩向下方（图10、图11）。

9. a线重复步骤7、步骤8的制作方法，再走4行竖线（图12）。

10. b线仿照a线的走线方法，同样走6行竖线（图13～图16）。

11. 取出结体（图17）。

12. 收紧线，把结体调整好（图18）。

# 二回盘长结

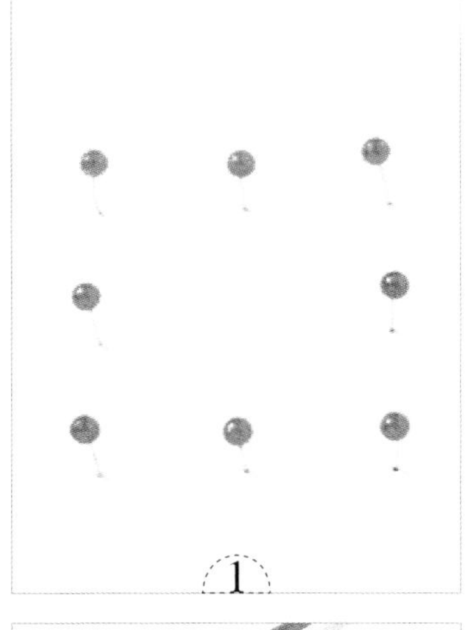

1

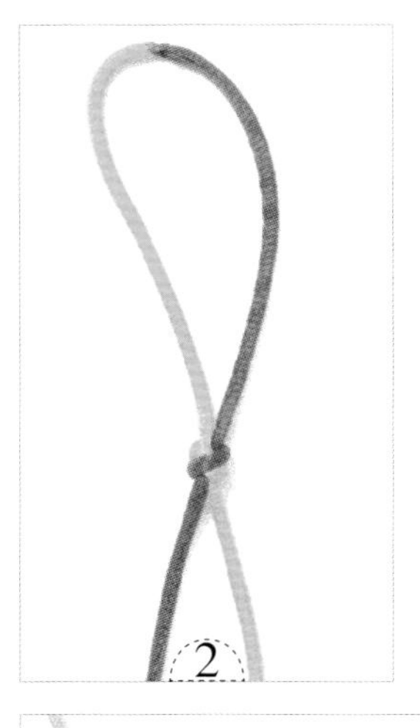

2

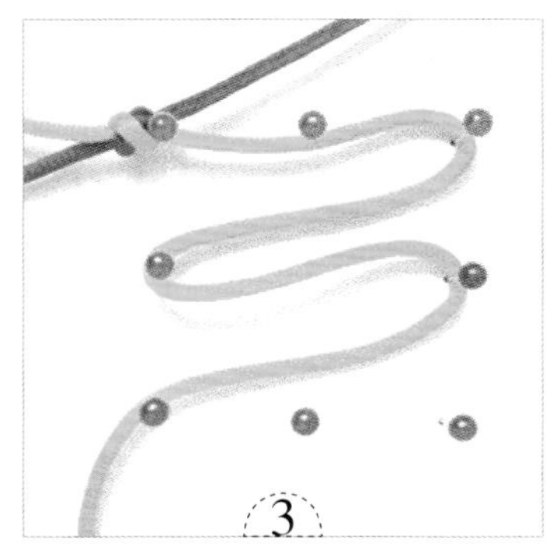

3

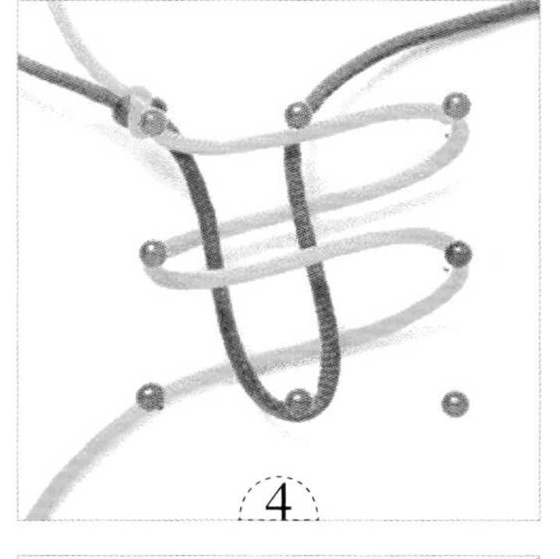

4

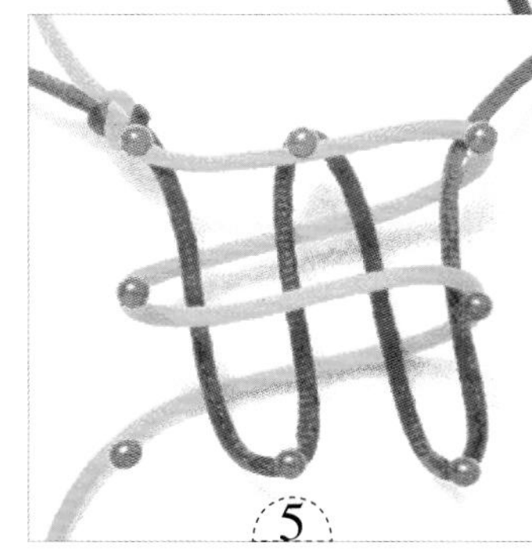

5

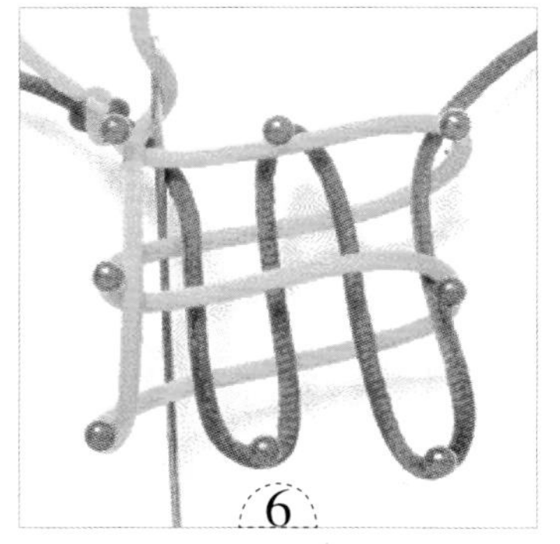

6

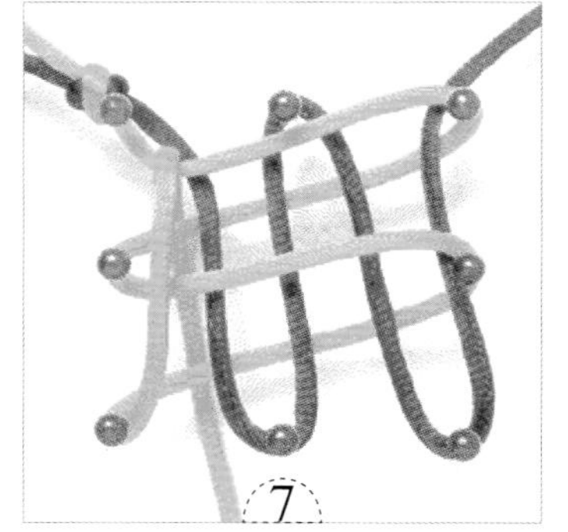

7

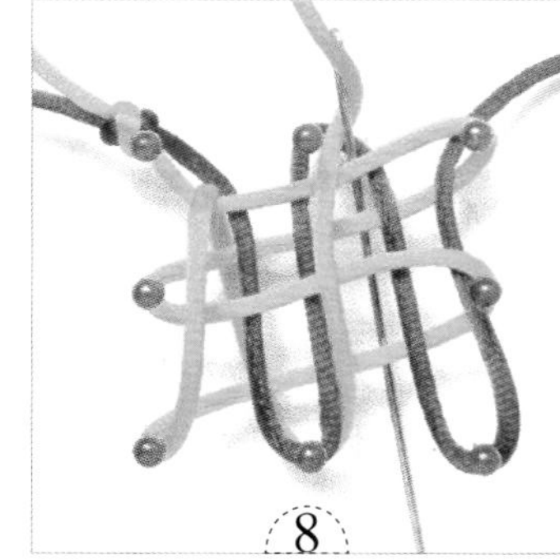

8

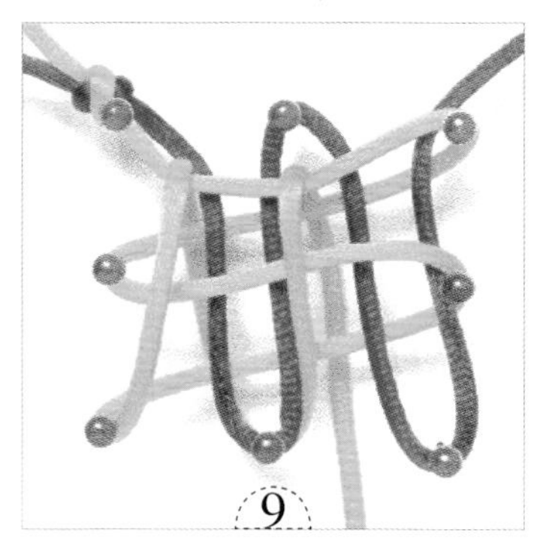

9

1. 用8枚大头针在插垫上插成一个方形（图1）。
2. 先用线打一个双联结作为开头（图2）。
3. 用a线走四行横线（图3）。
4. b线挑第一、第三行a横线，走两行竖线（图4）。
5. b线仿照步骤4的方法，再走两行竖线（图5）。
6. 钩针从四行a横线的下面伸过去，钩住a线（图6）。
7. 把a线钩向下（图7）。
8. a线仿照步骤6、7的制作方法，一来一回走两行竖线（图8、图9）。

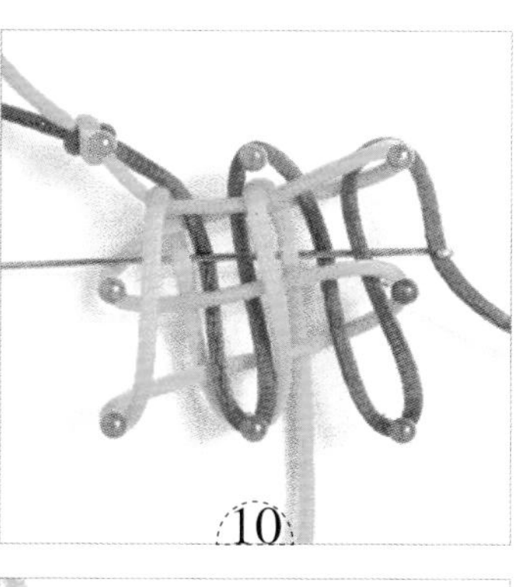
10

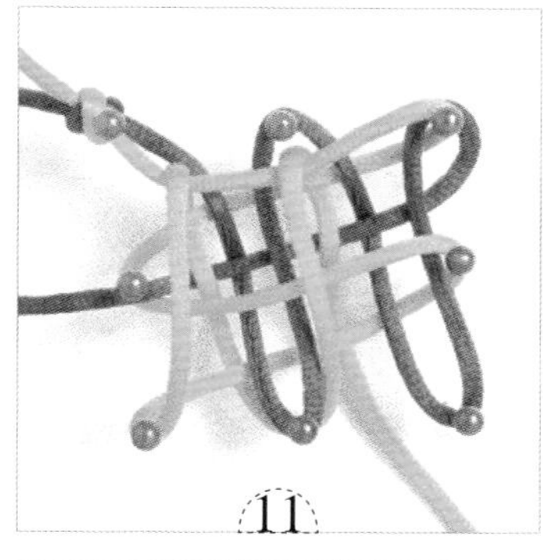
11

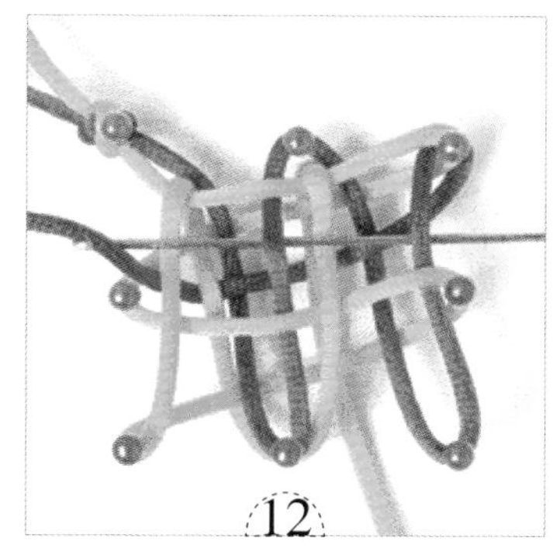
12

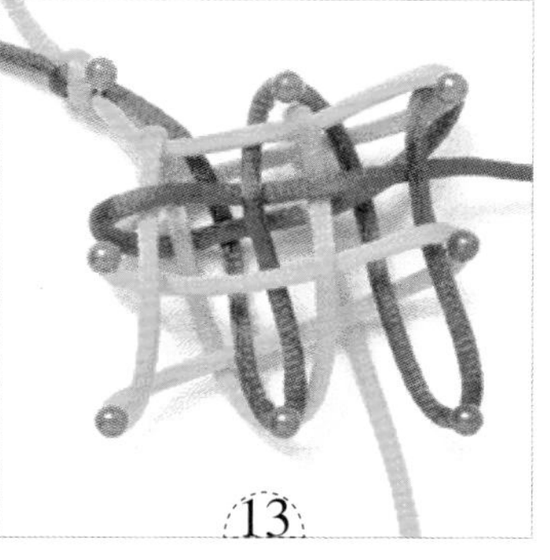
13

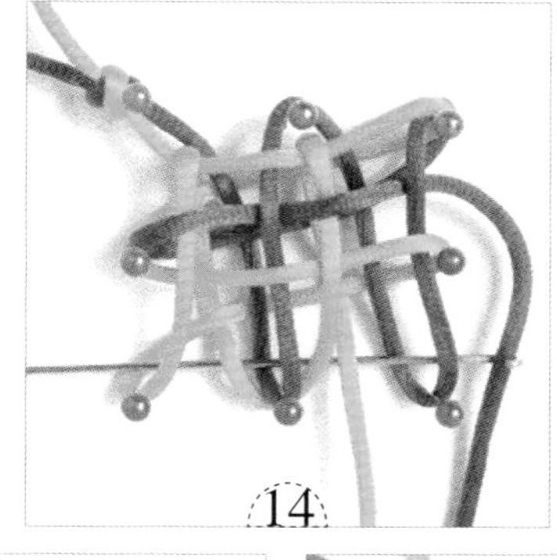
14

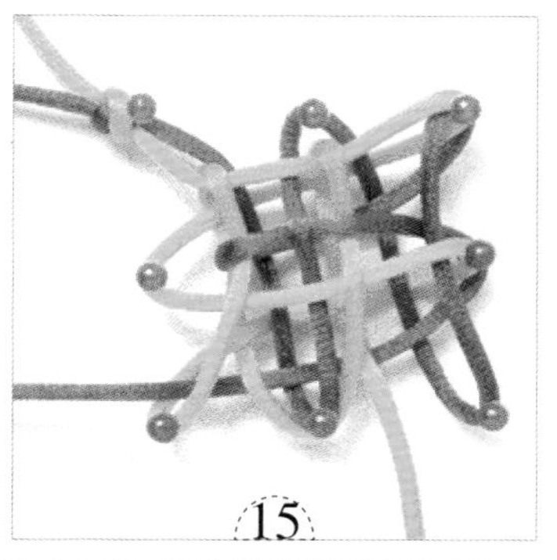
15

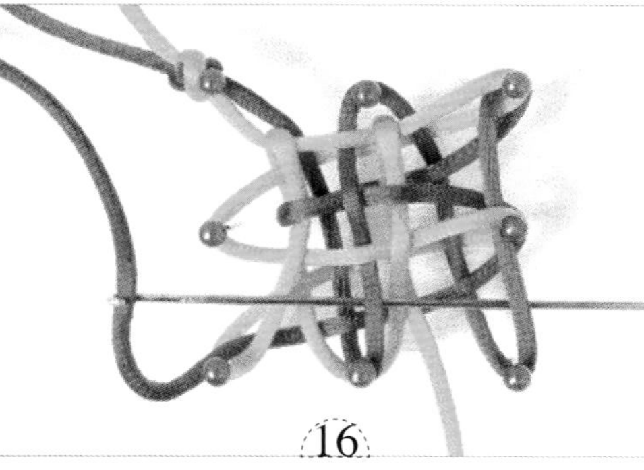
16

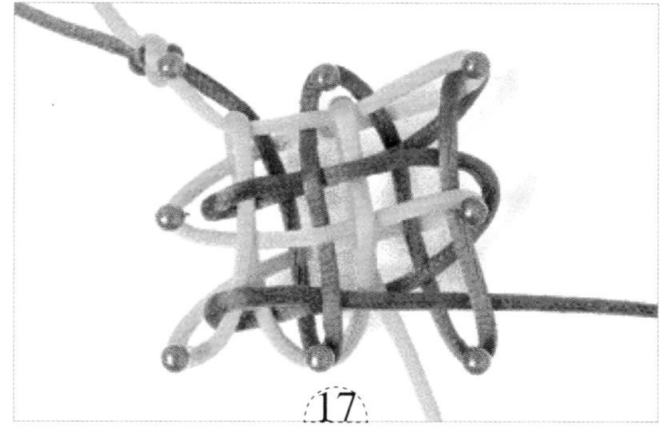
17

18

19

9. 钩针挑2线，压1线，挑3线，压1线，挑1线，钩住b线（图10）。

注意：图中的“挑2线，压1线，挑3线，压1线，挑1线”，指的是用钩针挑住两条线，然后压住一条线，再挑起三条线，压住一条线，挑起一条线。

10. 把b线钩向左（图11）。

11. 钩针挑第二、第四行b竖线，钩住b线（图12）。

12. 把b线钩向右（图13）。

13. b线仿照步骤9~12的制作方法，一来一回走两行横线（图14~17）。

14. 从大头针上取出结体（图18）。

15. 确定并拉出6个耳翼，把结体调整好，在下面打一个双联结固定（图19）。

# 四耳吉祥结

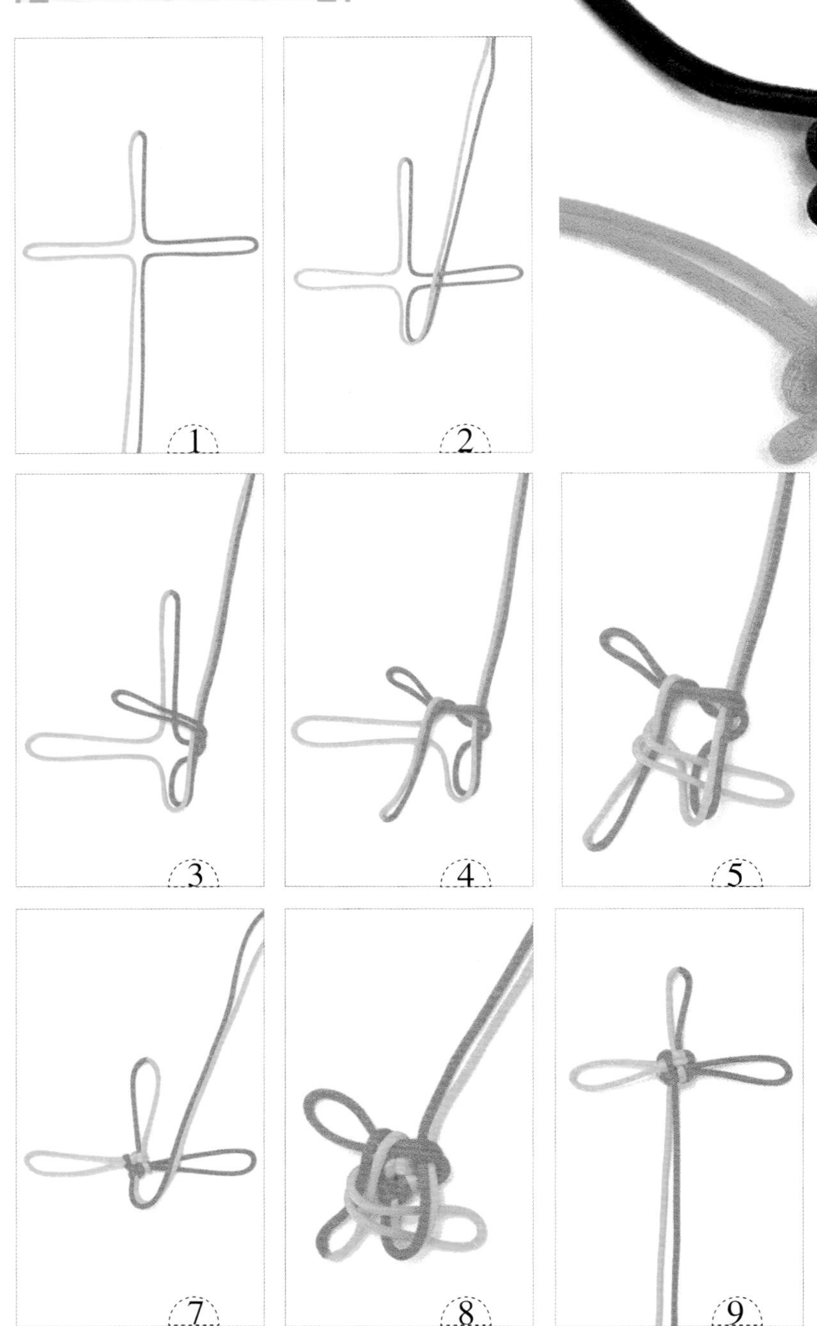


1. 取一条线对折摆放好，左右各拉成一个耳翼。
2. 从线头端开始取一耳翼逆时针方向压着相邻的耳翼（图2～5）。

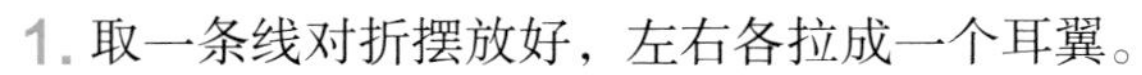

3. 拉紧4个方向的线，调整好结体（图6）。
4. 重复步骤2的制作方法，然后拉紧成结（图7～9）。
5. 拉出耳翼，调整形状即成（图10）。

## 六耳吉祥结

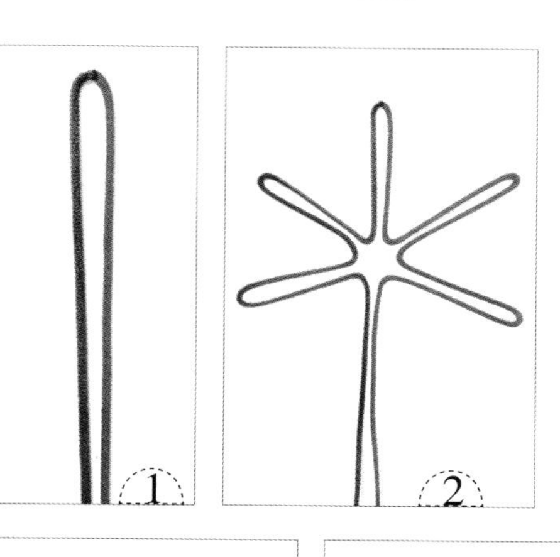


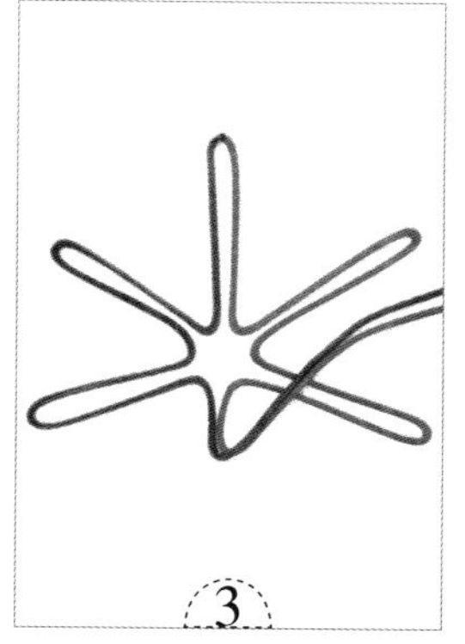

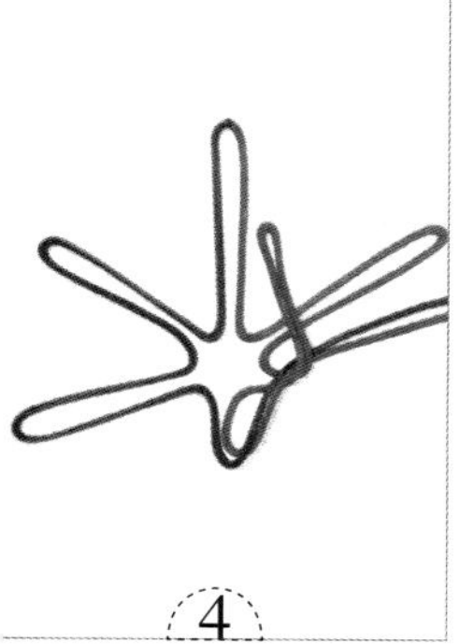


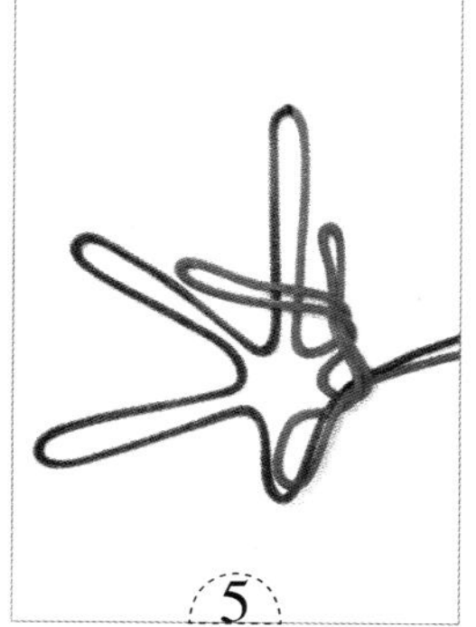


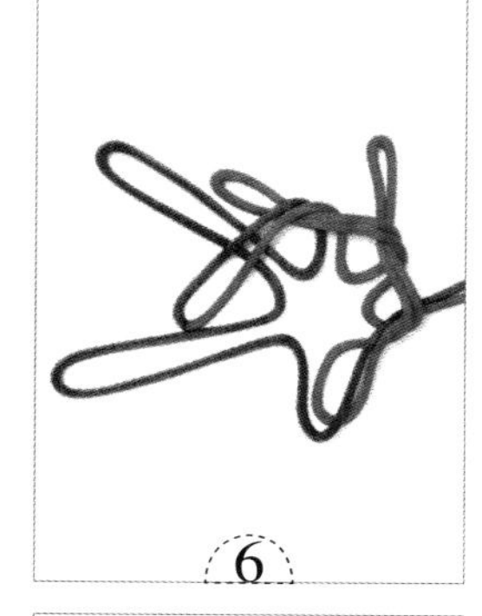


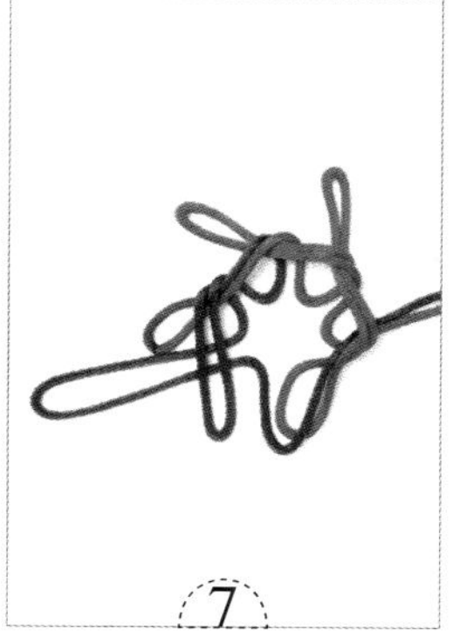

1. 准备一条线（图1）。
2. 左右各拉成4个耳翼，如图形成6个耳翼（图2）。
3. 6个耳翼以逆时针方向相互挑压（图3~8）。
4. 拉紧结体，将大耳留出来（图9）。
5. 以同样的方法逆时针方向再挑压一次（图10，图11）。
6. 将线调紧拉好（图12）。
7. 将所有的耳翼调整好（图13）。

## 六耳团锦结

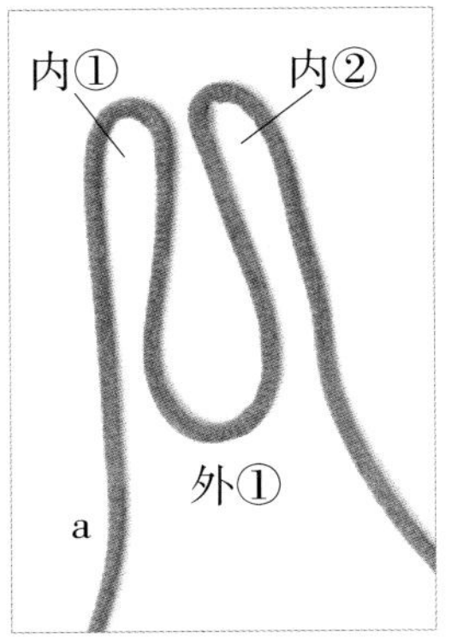


1. 先用a线绕出内①和内②，形成外①。

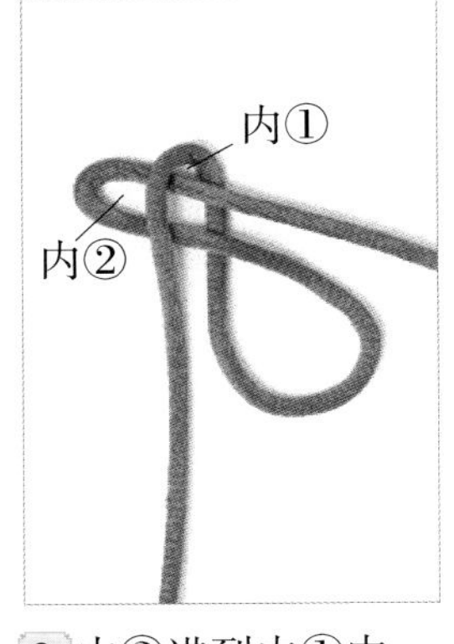


2. 内②进到内①中。

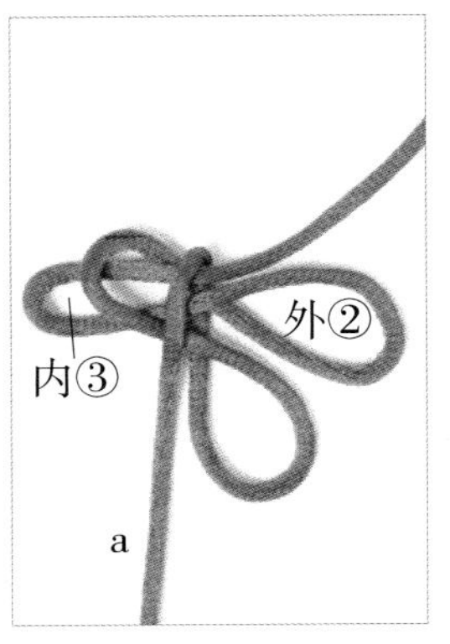


3. 再用a线绕出内③，套进前面做好的内①和内②，形成外②。

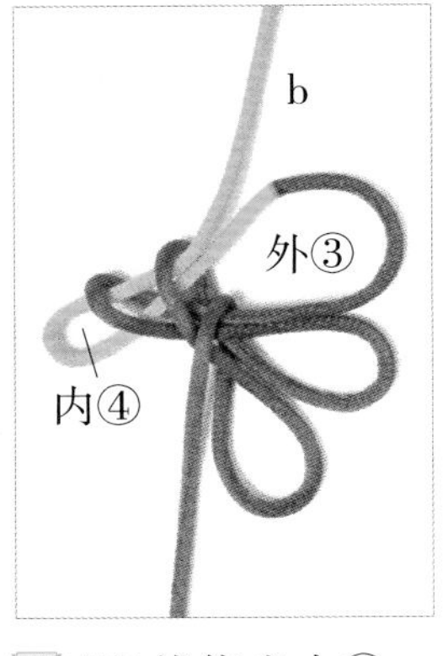


4. 用b线绕出内④，进到内②和内③中，形成外③。

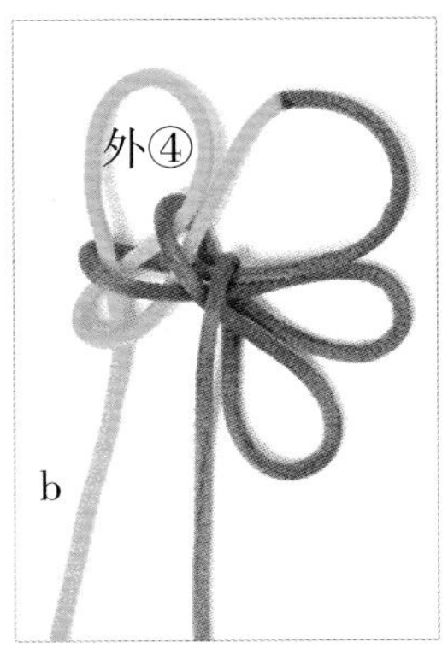


5. b线穿过内③和内④，形成外④。

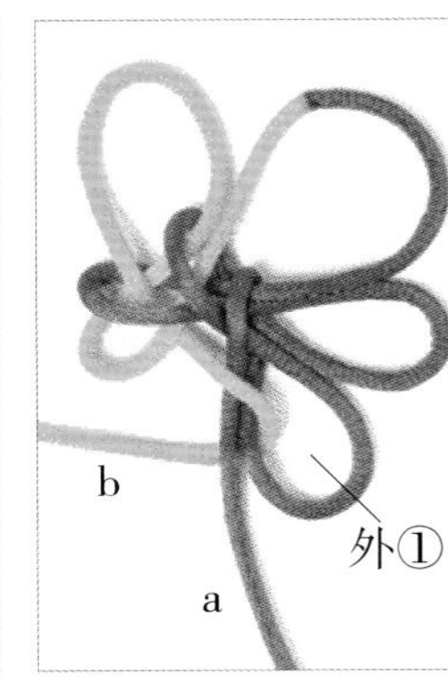


6. b压a，再穿过外①

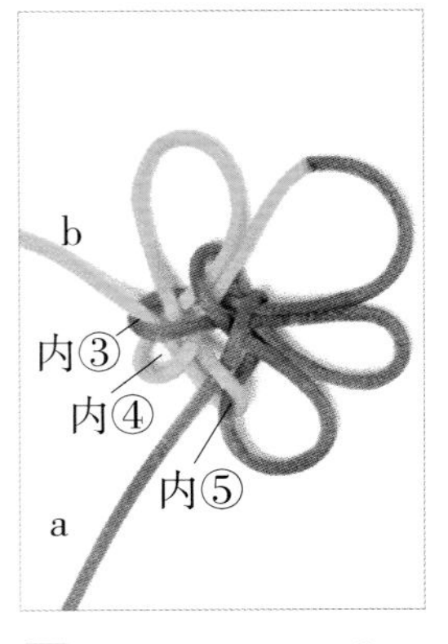


7. b挑a，穿过内③和内④，形成内⑤。

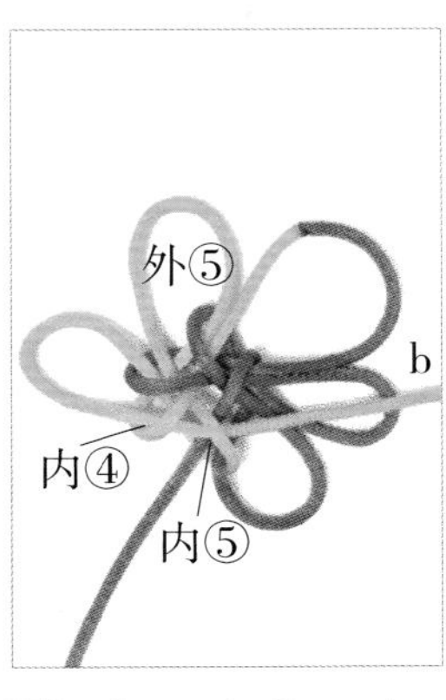


8. b穿过内④和内⑤，形成外⑤。

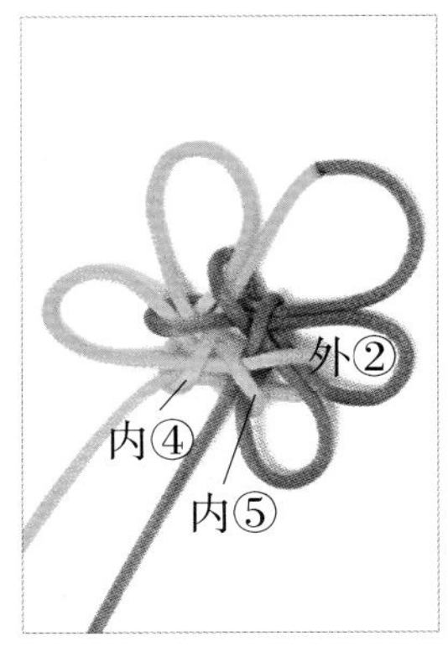


9. b压a，再穿过外②，穿过内⑤、内④。

10. 调整耳翼，收紧内耳，调整好结体。

# 空心八耳团锦结

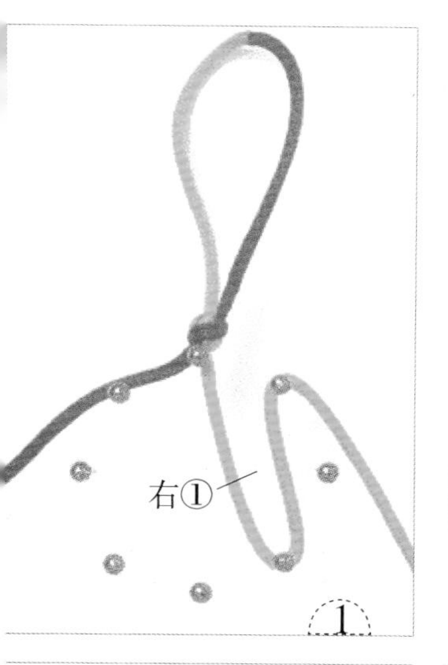

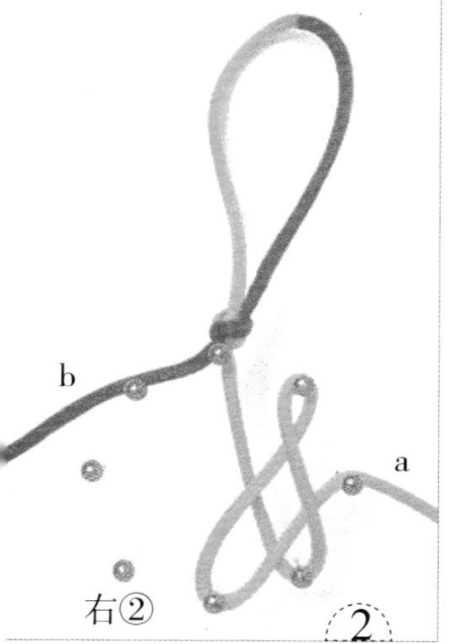


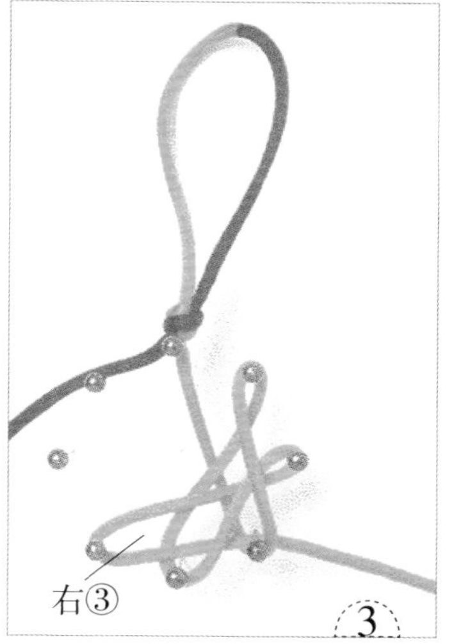


1. 先走b线，如图在大头针上绕出右①（图1）。
2. 钩出右②（图2）。
3. 钩出右③（图3）。
4. 钩出右④（图4）。
5. 接下来走a线，用钩针如图钩出左①（图5）。
6. 钩出左②（图6）。

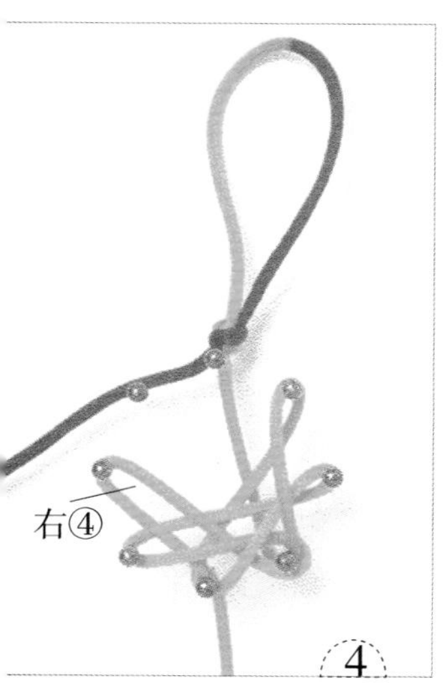


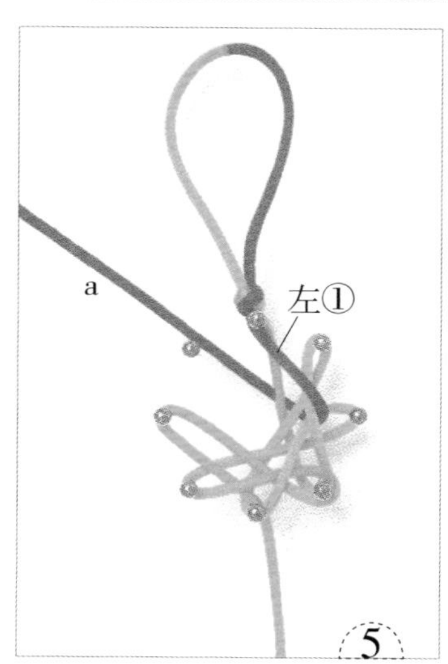


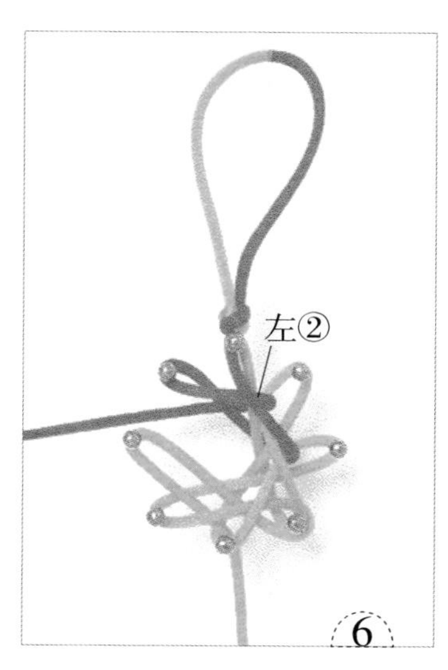

**7.** 钩出左③（图7，图8）。

**8.** 钩出左④（图9，图10）。

**9.** 从大头针上取出结体，拉出6个耳翼，调整好结体。最后在团锦结的下端打一个双联结，使结形固定（图11）。

## 磐结

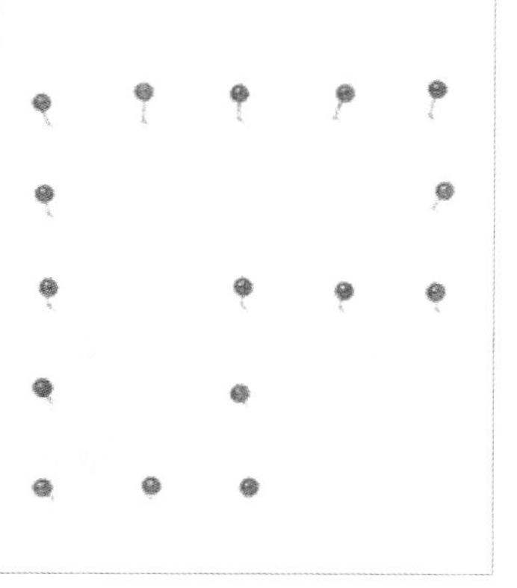

1. 如图所示插好大头针。

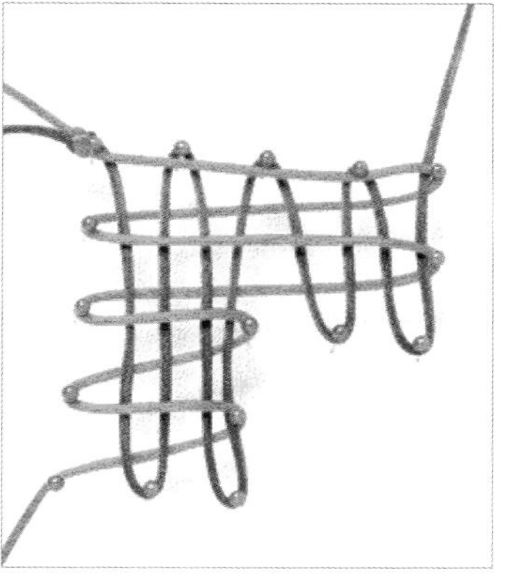

2. 先用一条线打一个双联结，然后用a线走四行长线和四行短线。

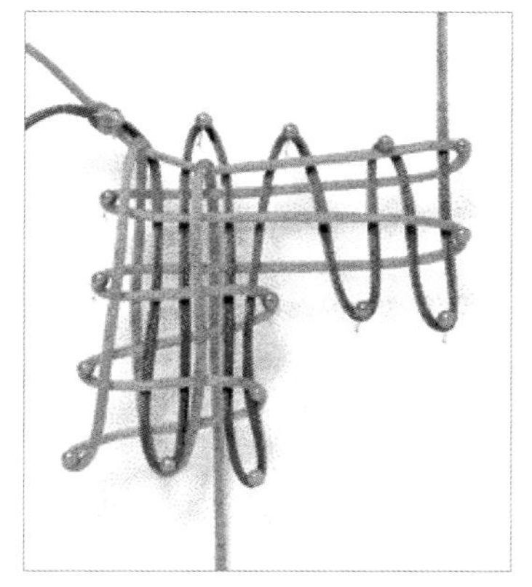

3. b线仿照a线的方法绕四行长线和四行短线，注意挑、压的方法。

4. a线上下各走四行竖线，包住前面走的8条a横线。

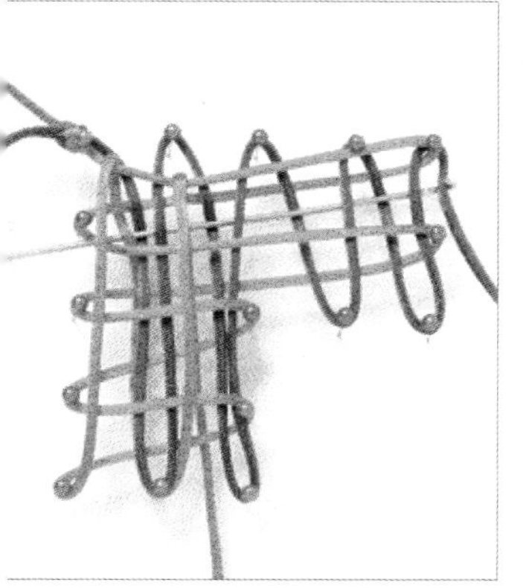

5. 钩针挑2线，压1线，挑3线，压1线，挑1线，压1线，挑1线，压1线，挑1线，钩住b线。

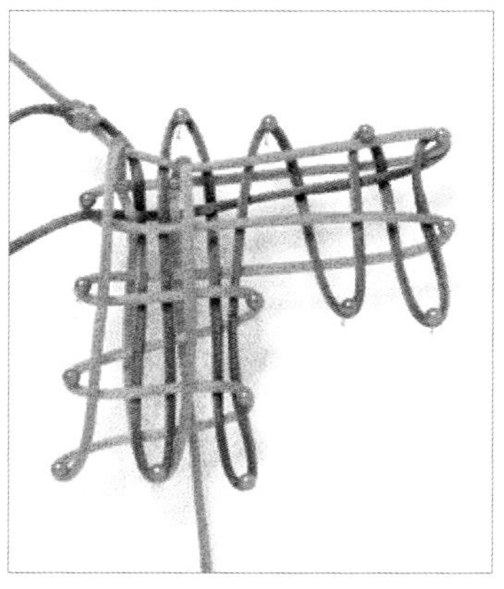

6. 把b线钩向左方。

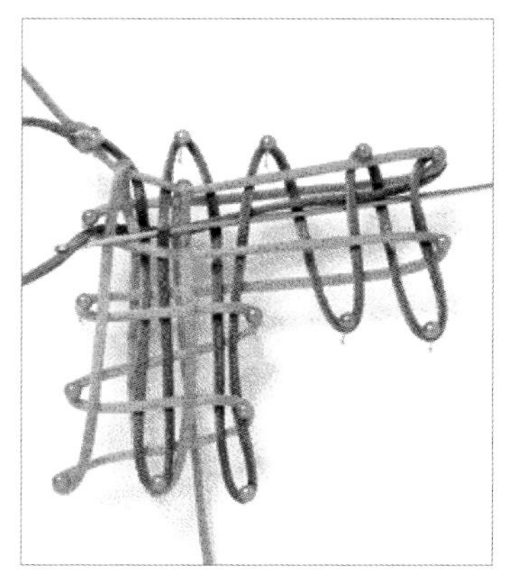

7. 钩针挑第二、第四、第六、第八条b竖线，钩住b线。

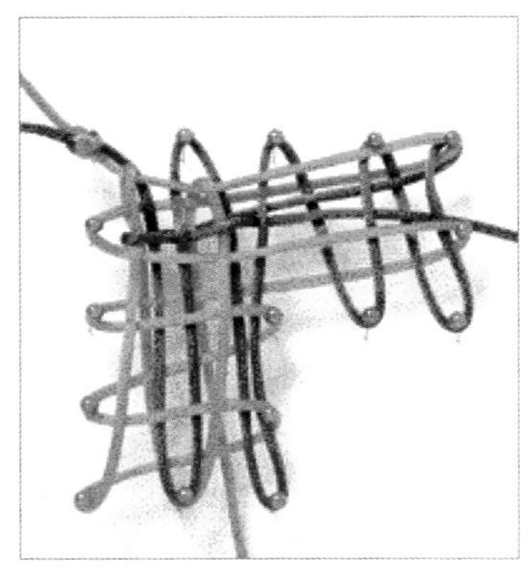

8. 把b线钩向右。

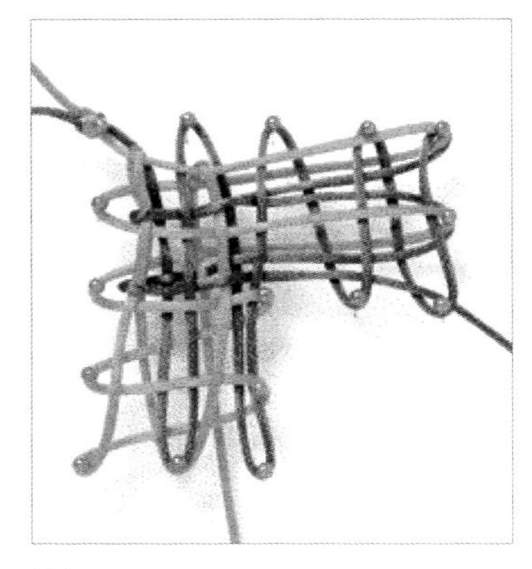

9. b线仿照步骤5 ~ 8的方法，再走两行横线。

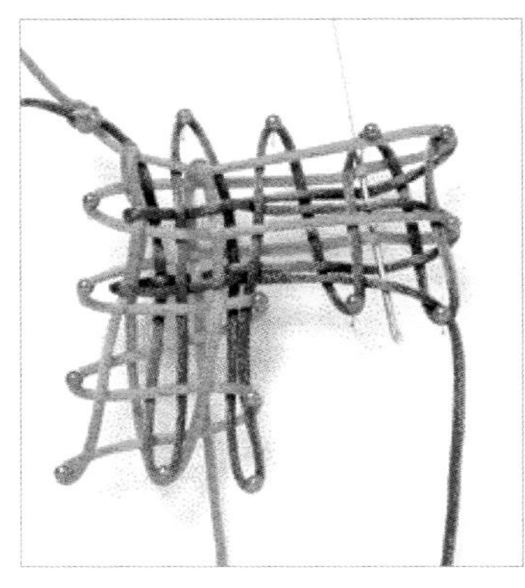

10. 钩针线挑2线，压1线，挑3线，压1线，挑1线。

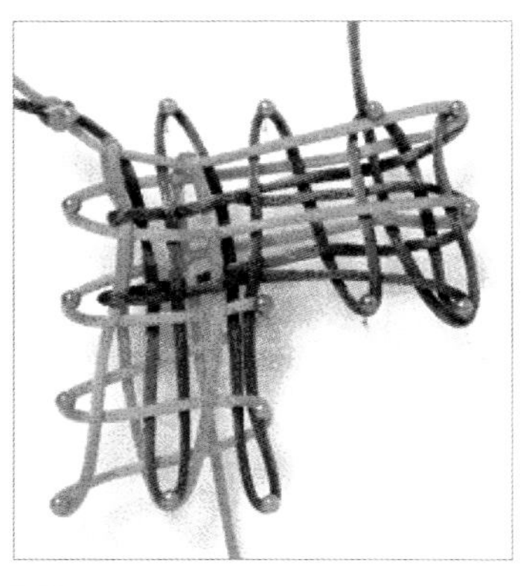

11. 勾住b 如图向上走一行竖线。

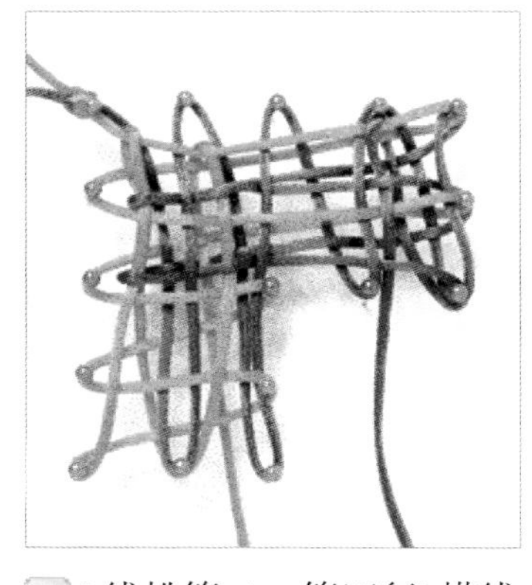

12. b线挑第二、第四行b横线，向下走一行竖线。

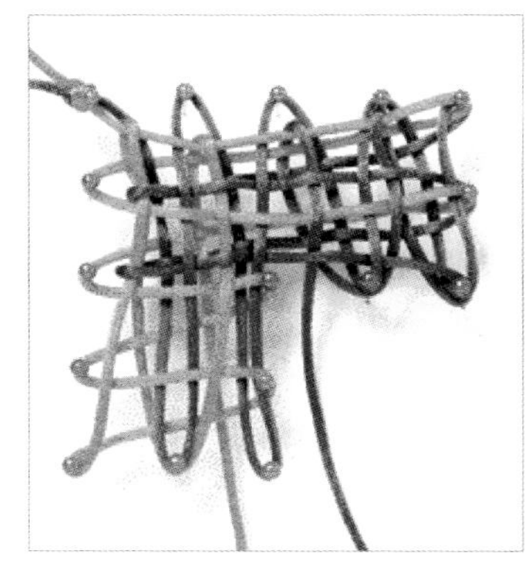

13. b线仿照步骤10 ~ 12的方法，再走两行竖线。

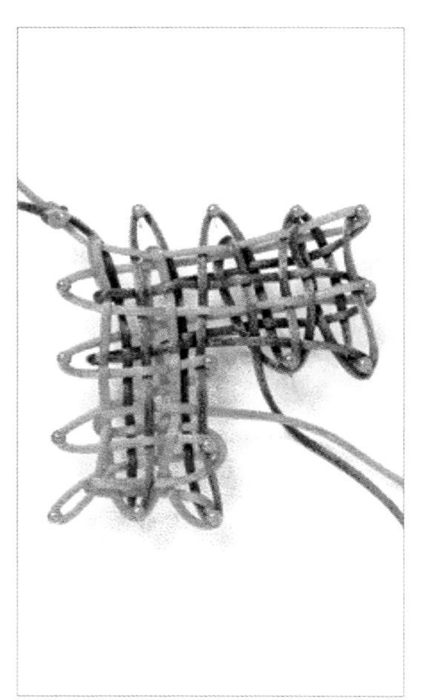

14. a 仿照以上的方法走四行横线。

15. 取出结体。

16. 把线收紧，调整好结体。

# 组合结

## 复翼一字盘长结

1

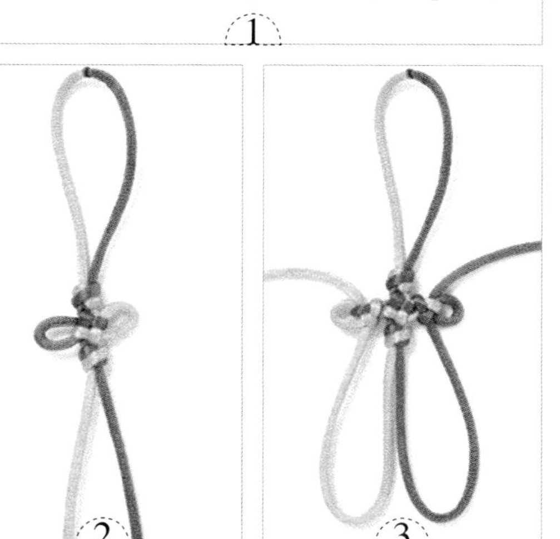


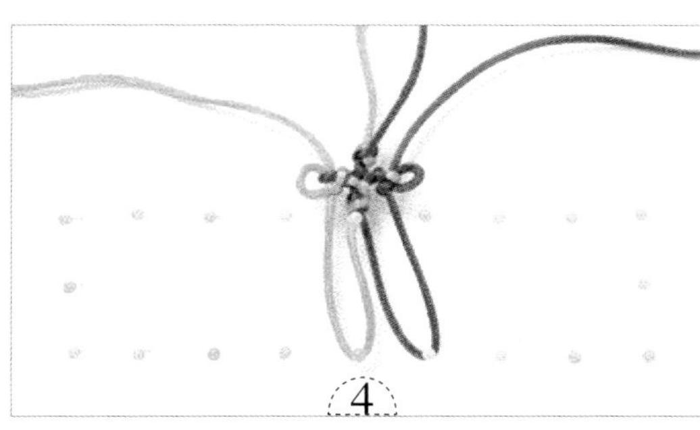


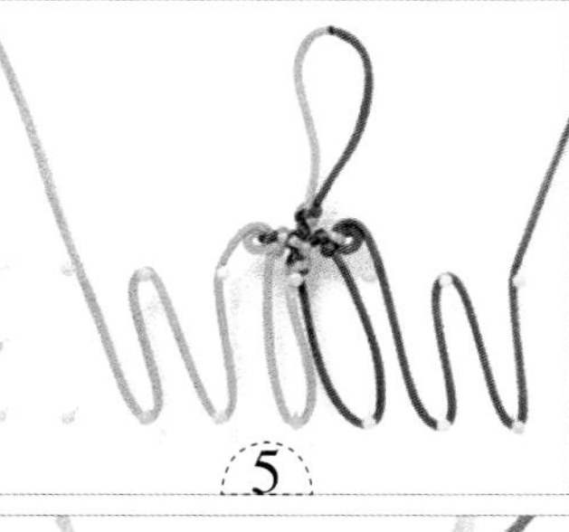


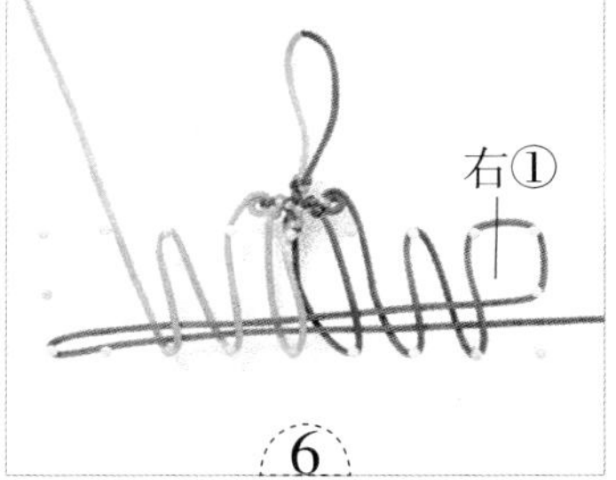


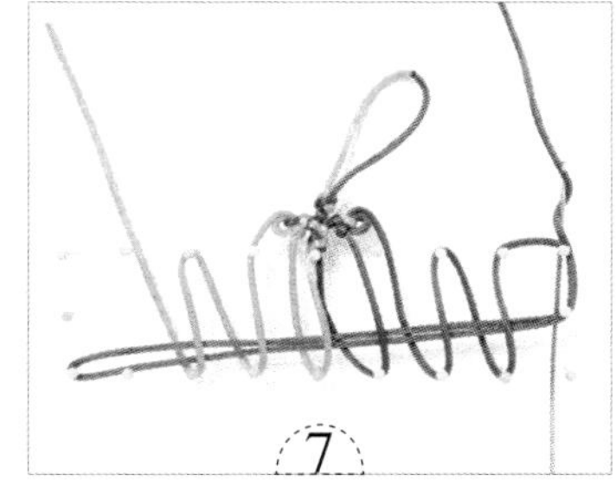


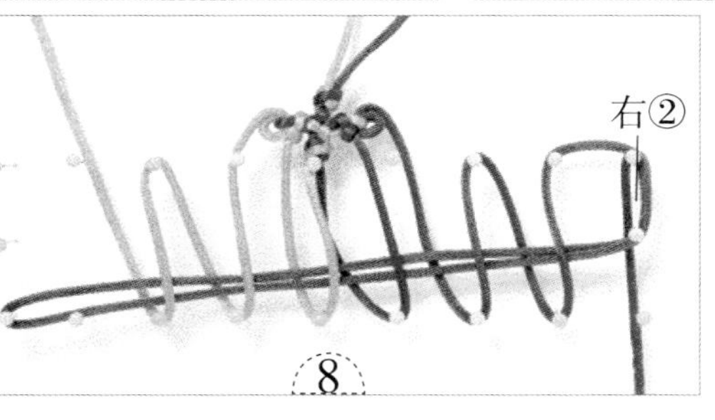


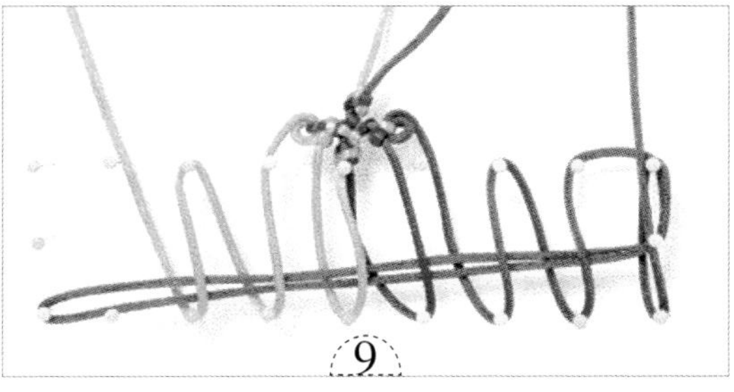


1. 在插垫上插上20枚大头针，形成一个“一”字形。
2. 先用一条线打双联结、酢浆草结、双联结作为开头。
3. 如图用a、b分别打一个双环结，注意分别把双环结下面的耳翼拉出适当的长度。
4. 把双环结下面的2个耳翼挂在大头针上面。
5. 然后a、b在两边分别走四行竖线。
6. b线绕出耳翼右①，如图走两行长的横线。
7. 钩针从两行长的横线的下面伸过去，钩住b线。
8. 将b线钩向下方，如图形成耳翼右②。
9. b线从下面拉向上。

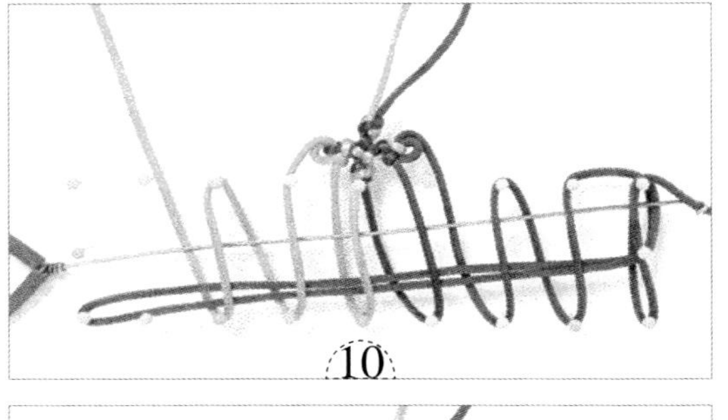


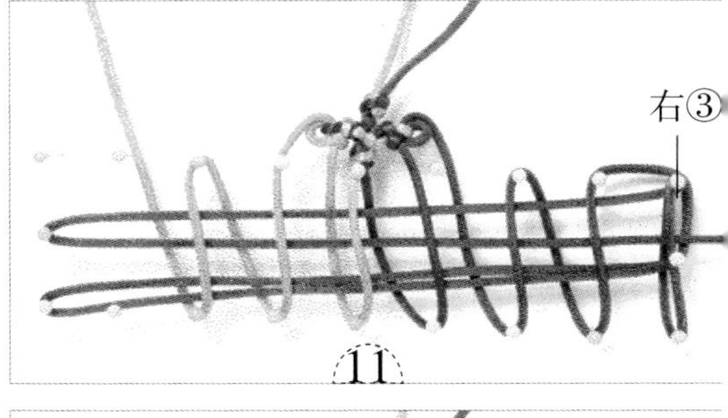


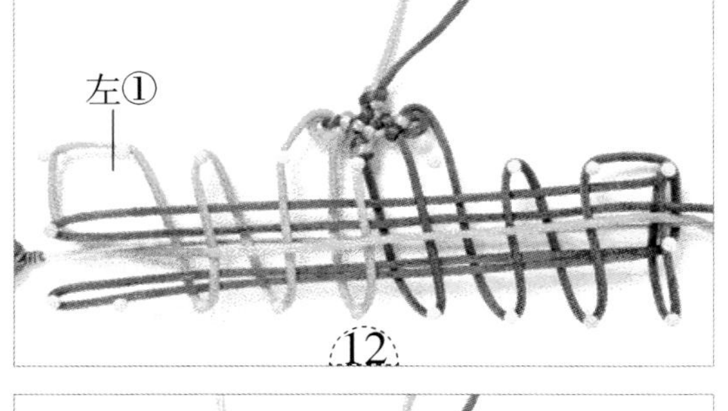


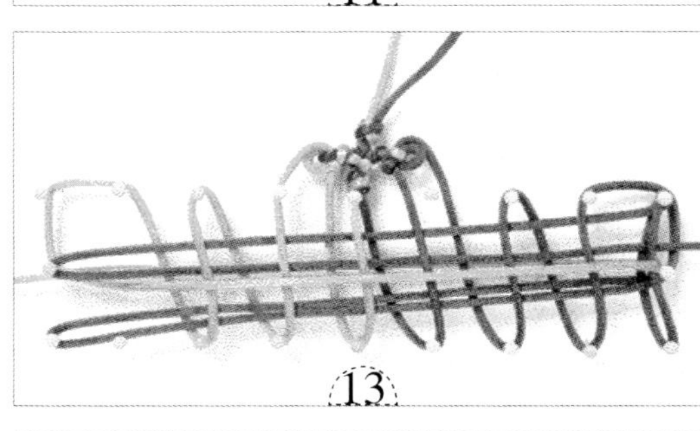


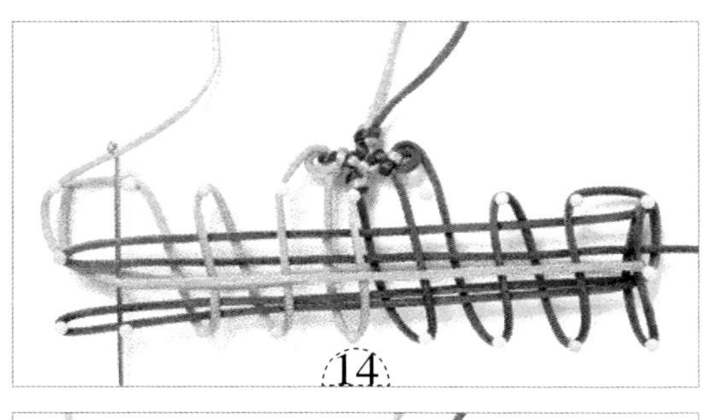


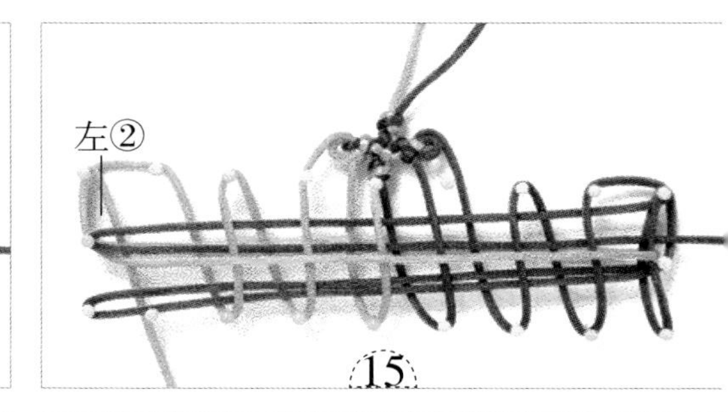


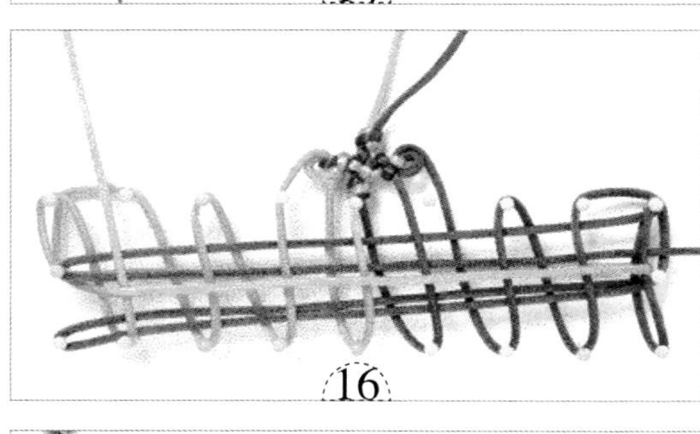


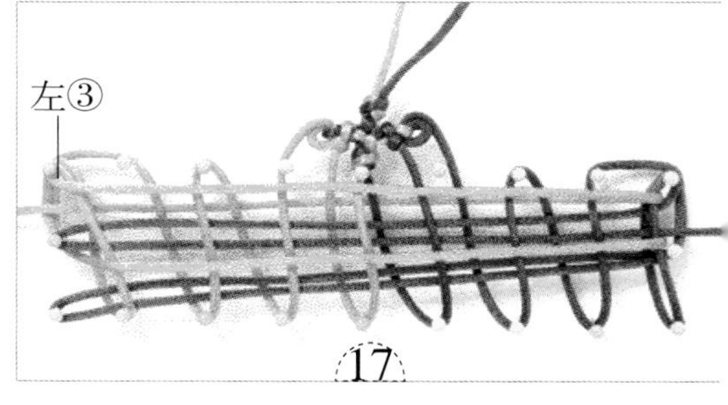


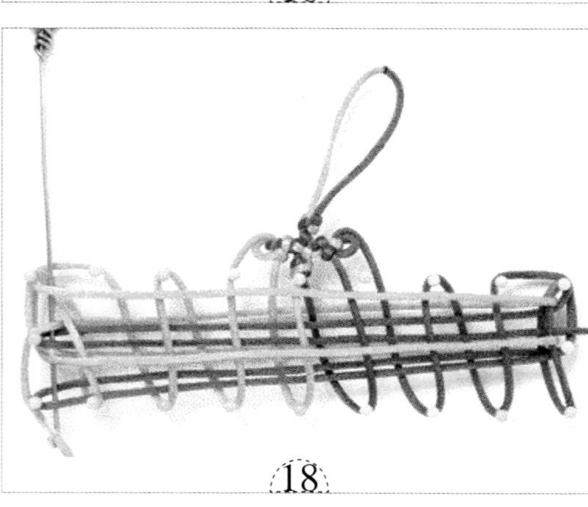


10. 钩针连续做压、挑，钩住b线。

11. 将b线钩向左方，如图绕出耳翼右③。

12. a线绕出耳翼左①，钩针从所有竖线的下面伸过去，钩住a线。

13. 把a线钩向左。

14. 钩针挑3线，压1线，挑2线，然后钩住a线。

15. a线绕出耳翼左②。

16. a线如图向上走。

17. a线绕出耳翼左③，走两行长的横线。

18. 钩针挑2线，压1线，挑3线，压1线，挑1线，钩住a线。

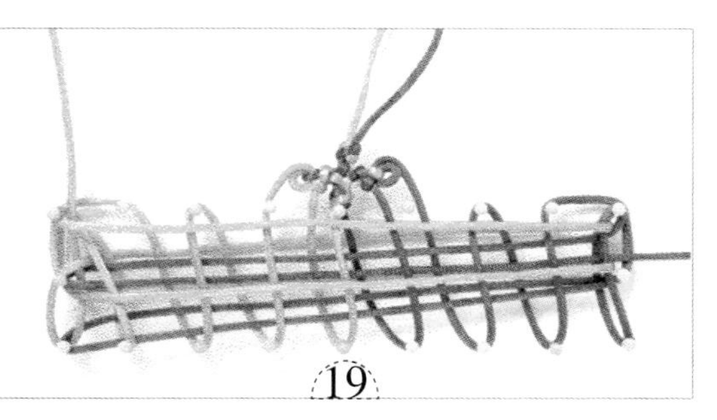

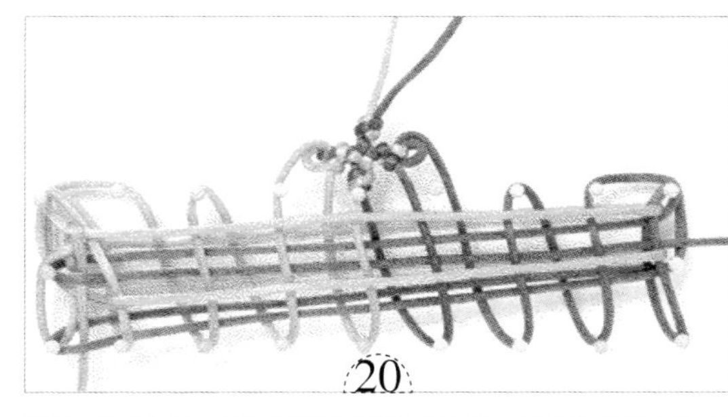

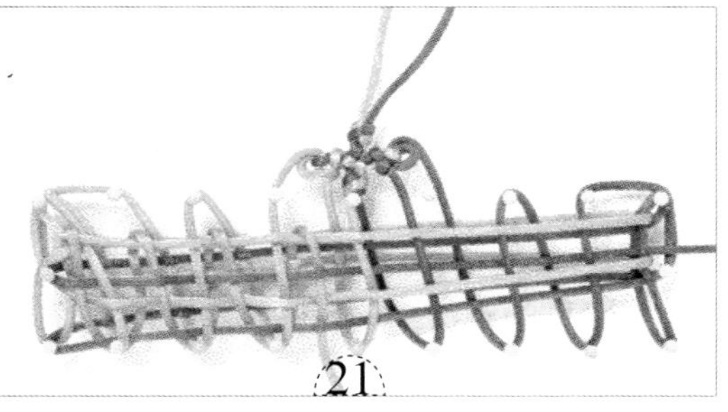

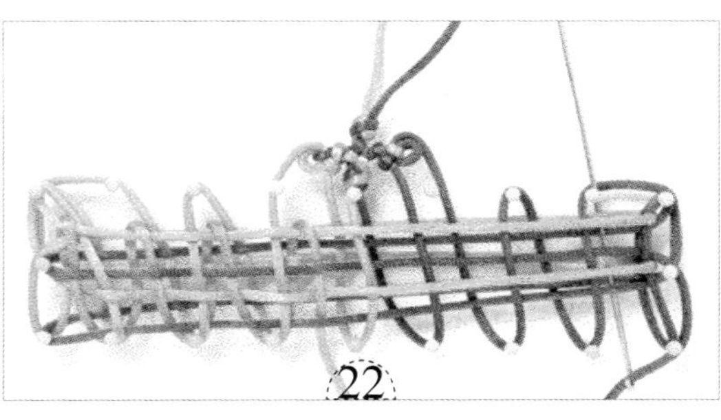

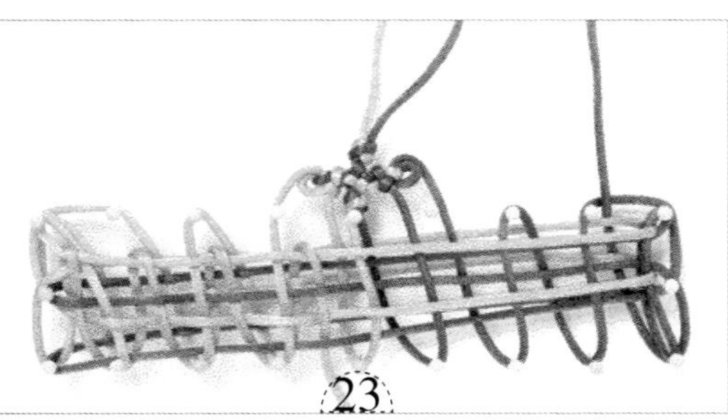

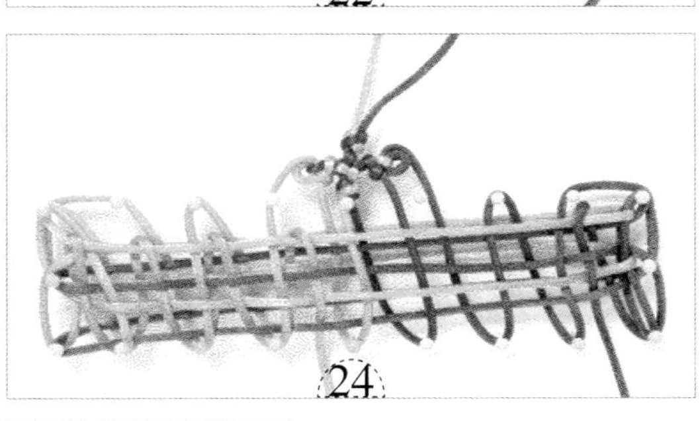

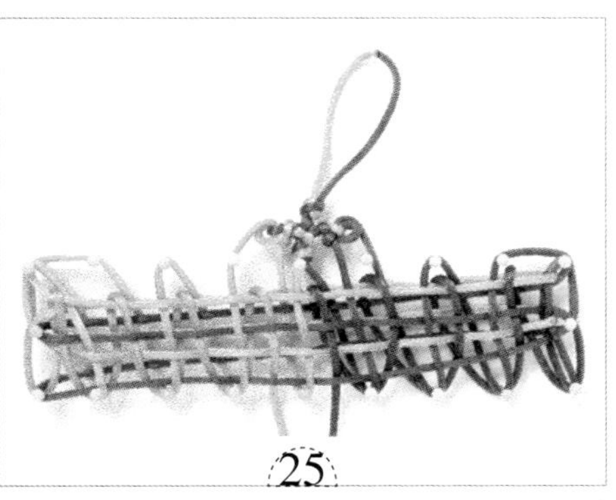

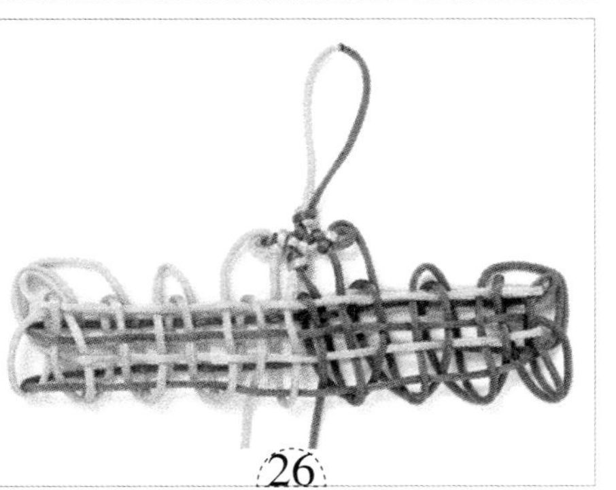

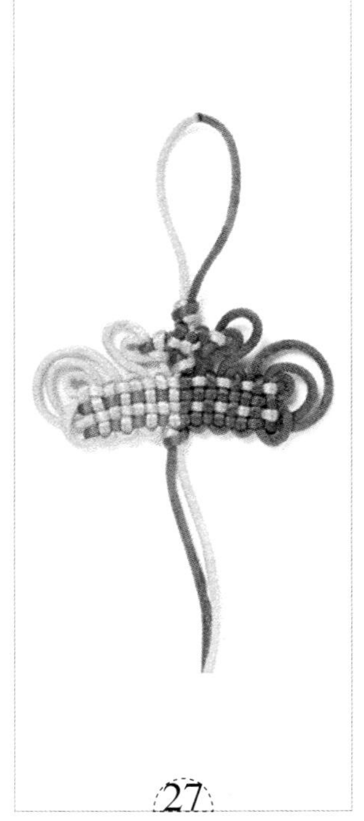

19. 把a线钩向上。
20. a线向下走。
21. a线仿照步骤18～20的方法，走六行竖线。
22. 钩针挑2线，压1线，挑3线，压1线，挑1线，钩住b线。
23. 把b线钩向上。
24. b线向下走。
25. b线仿照步骤22～24的方法，走六行竖线。
26. 从大头针上取出结体。
27. 调整成形。

# 复翼盘长结

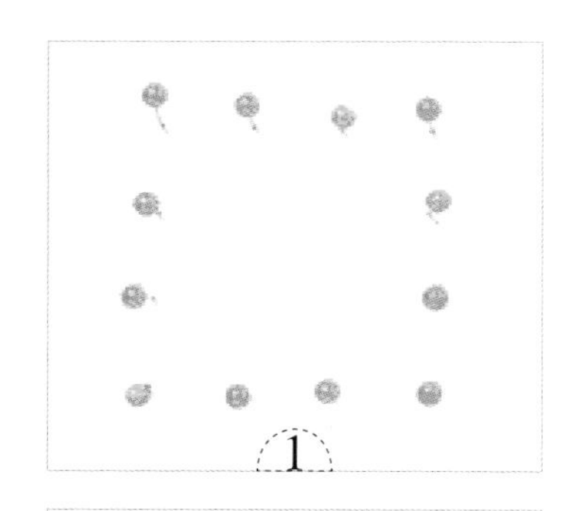

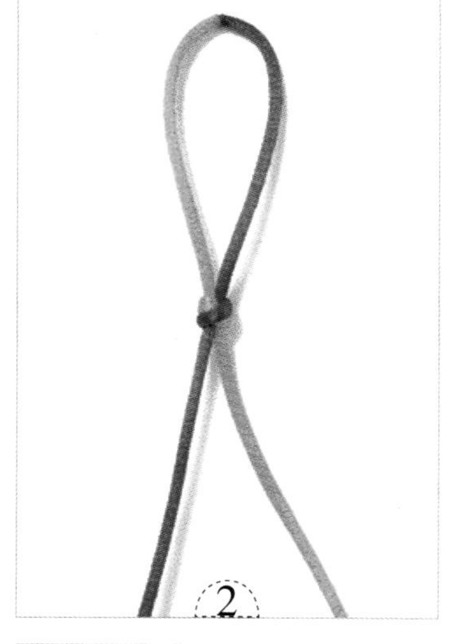


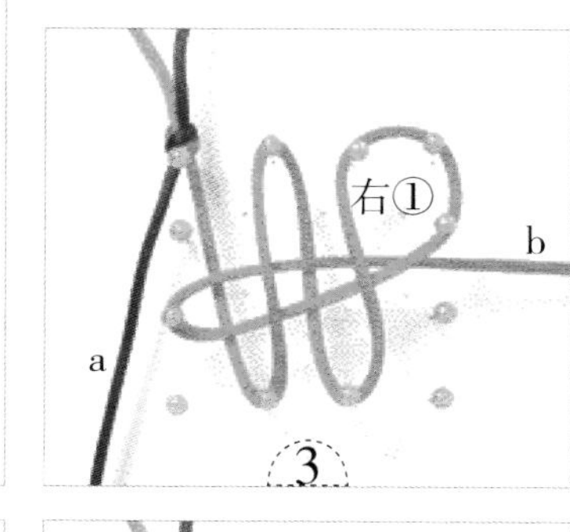


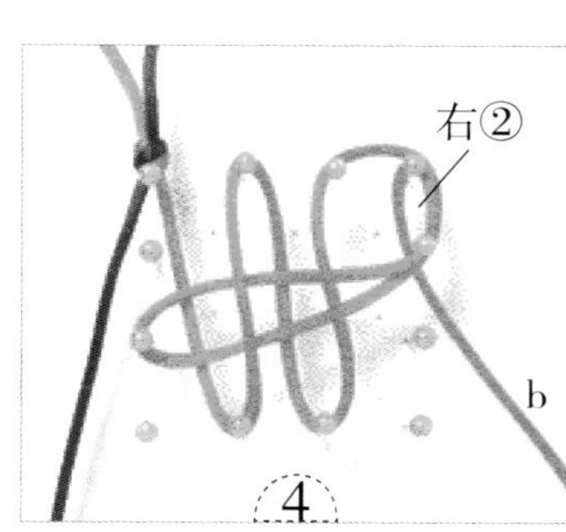


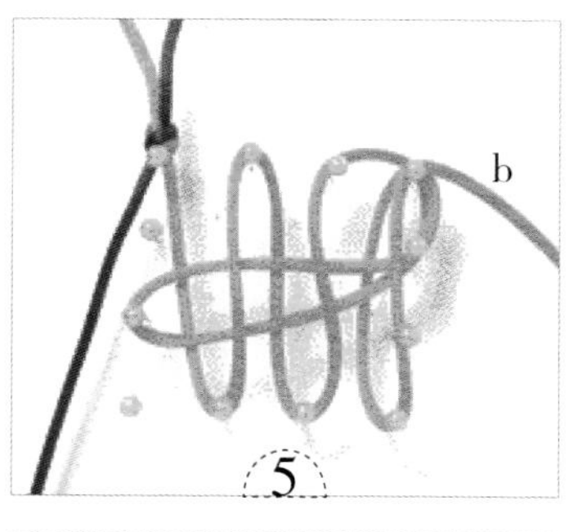


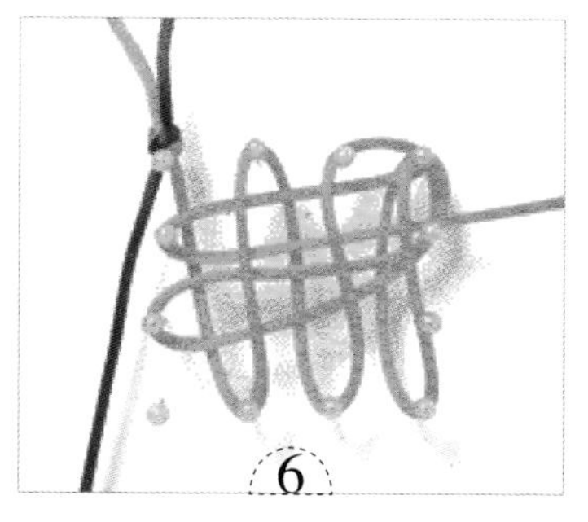


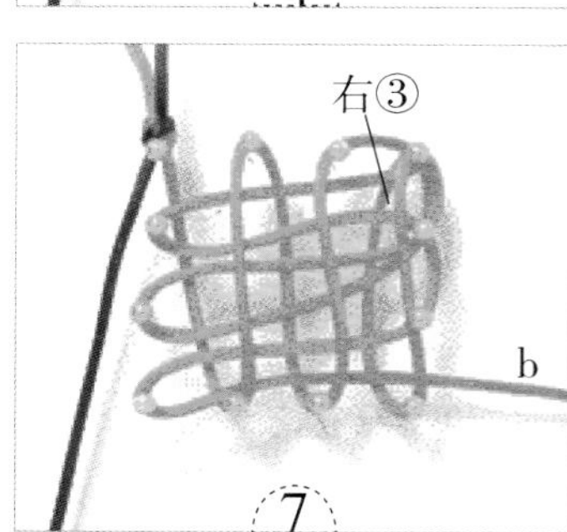


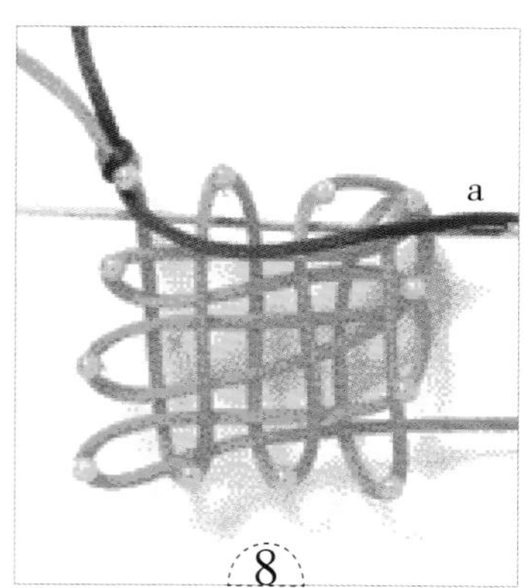


1. 和三回盘长结一样，用12枚大头针插成一个方形。
2. 先用一条线打一个双联结。
3. b线在大头针上绕出四行竖线。
4. b线钩出右边第一个耳翼右①，然后挑第二、第四行竖线，走两行横线。
5. b线如图在右边第一个耳翼内绕出第二个耳翼右②。
6. b线走第五、第六行竖线。
7. b线挑第二、四、六行b竖线，走两行横线，如图绕出第三个耳翼右③。
8. 仿照步骤7的方法，b线走两行横线。

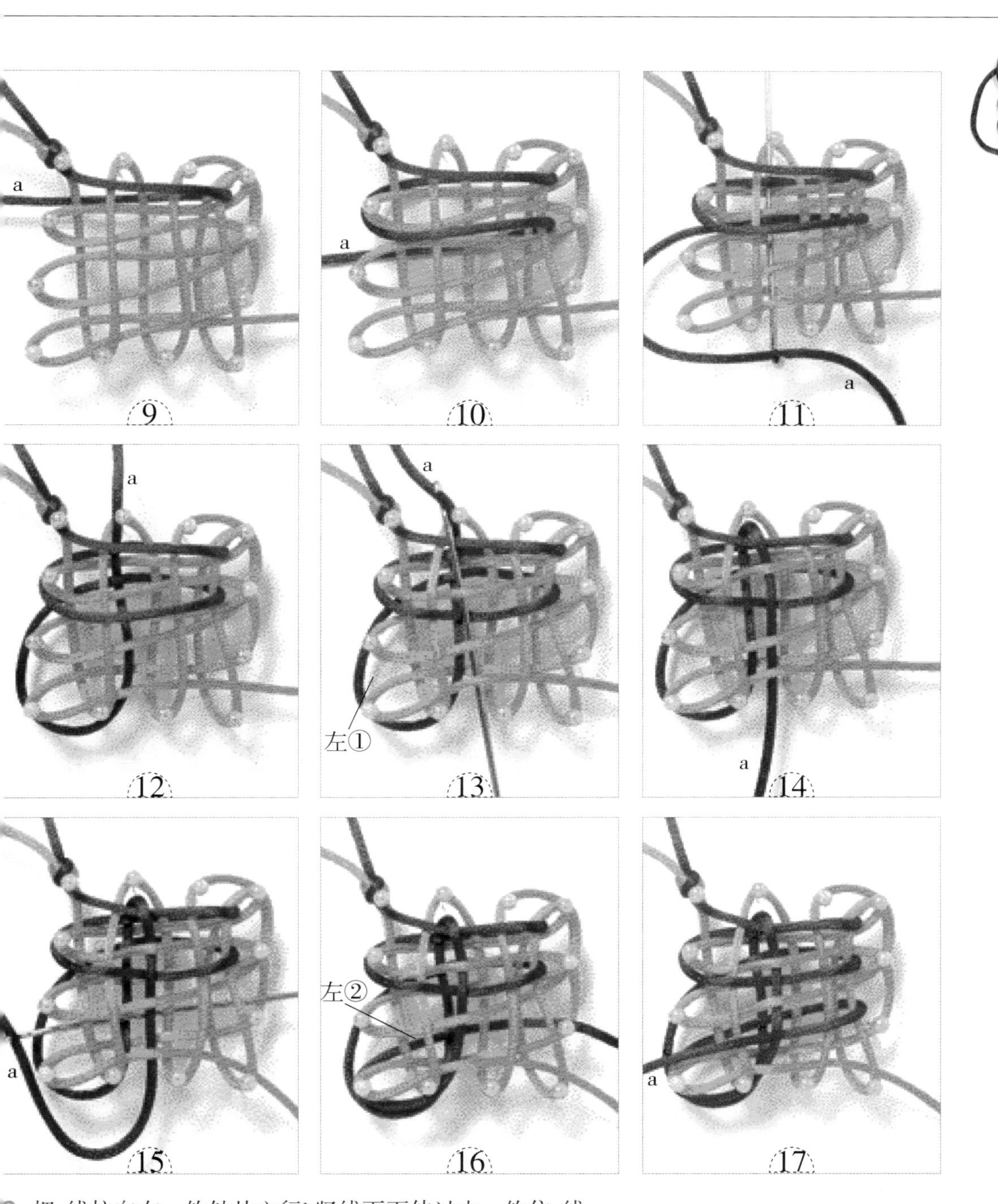


9. 把a线拉向右，钩针从六行b竖线下面伸过去，钩住a线。
10. 把a线从六行b竖线的下面钩向左。
11. a线仿照步骤9、10的方法，再做两行横线。
12. 如图，钩针挑2线，压1线，挑3线，压1线，挑1线，压1线，挑1线，钩住a线。
13. 把a线拉向上，钩出左边第一个耳翼左①。
14. 钩针挑第二、第四、第六行b横线，钩住a线。把a线拉向下。
15. 钩针如图挑、压，钩住a线。
16. a线拉向右，如图钩出左边第二个耳翼左②。

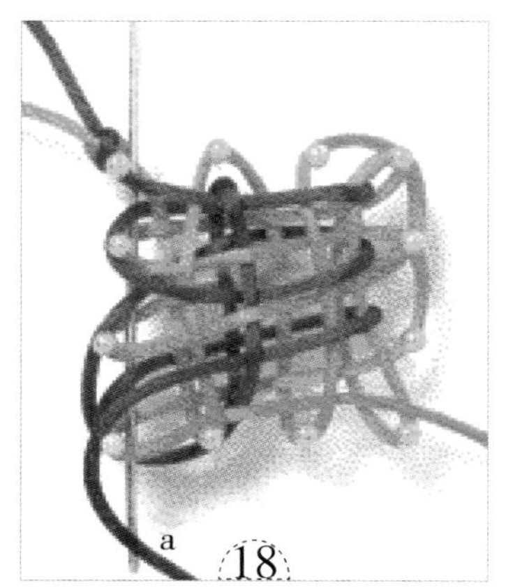


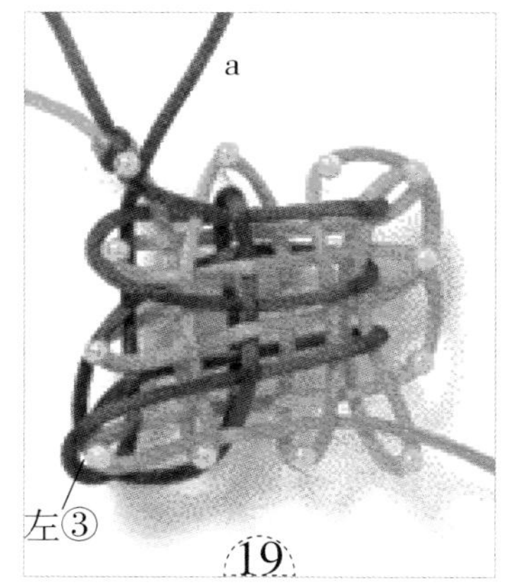


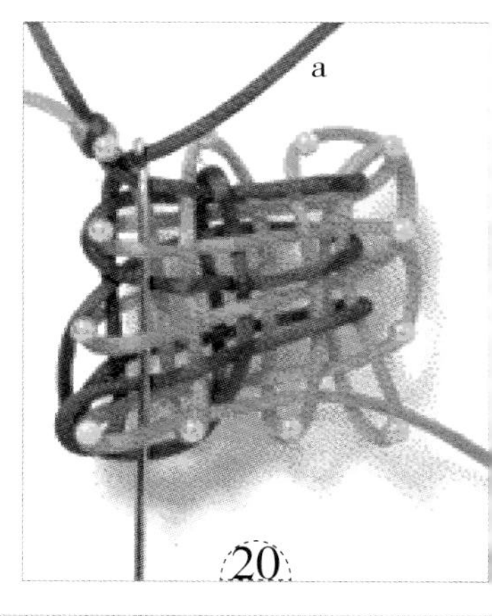


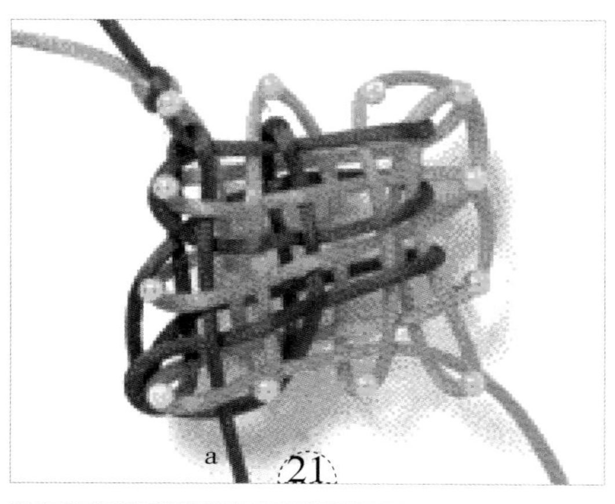


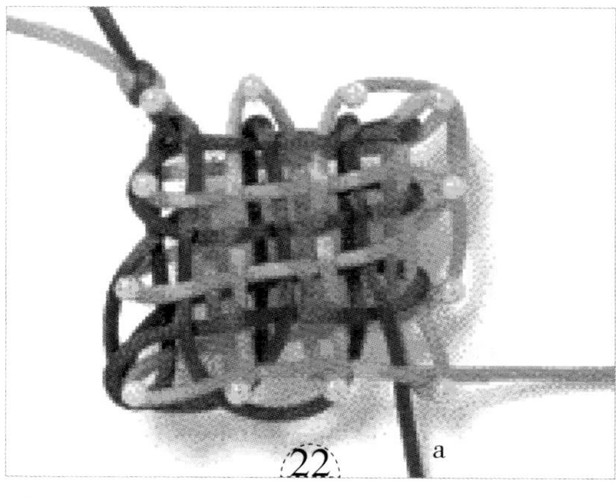

17. a线如图向左走线。
18. 钩针挑2线，压1线，挑3线，压1线，挑3线，压1线，挑1线，钩住a线。
19. 把a线拉向上，钩出左边第三个耳翼左③。
20. 钩针挑第二、第四、第六行b横线，钩住a线。
21. 把a线拉向下。
22. a线仿照步骤19～21的方法，走两行竖线。
23. 取出结体，确定并拉出耳翼。
24. 调整好结形。

# 叠翼盘长结

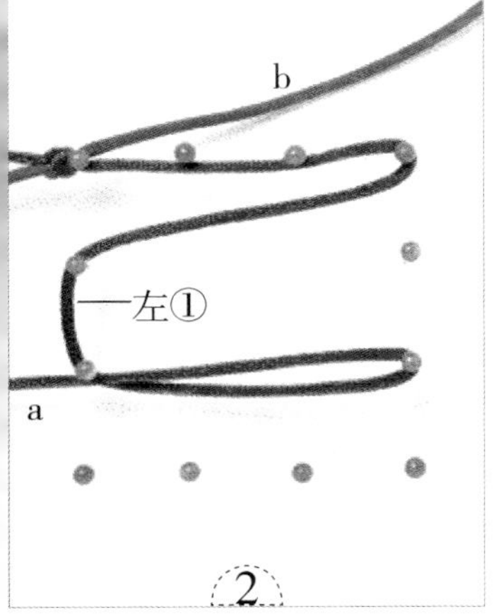


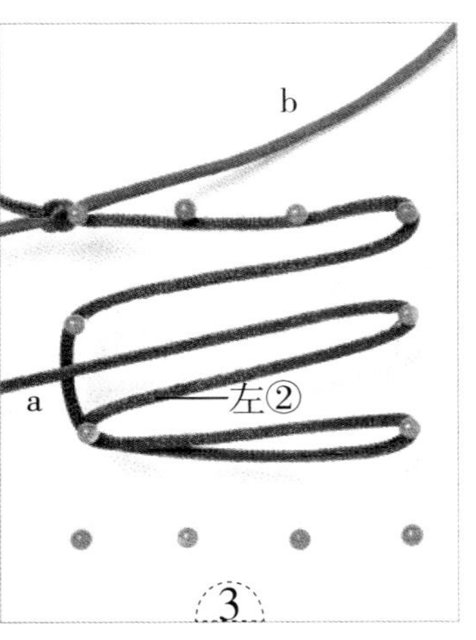


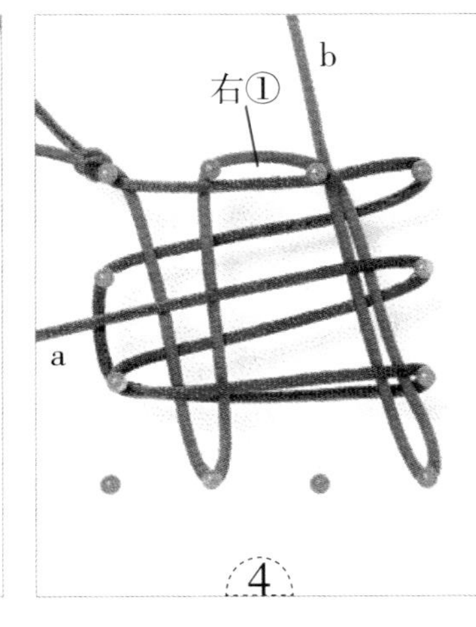


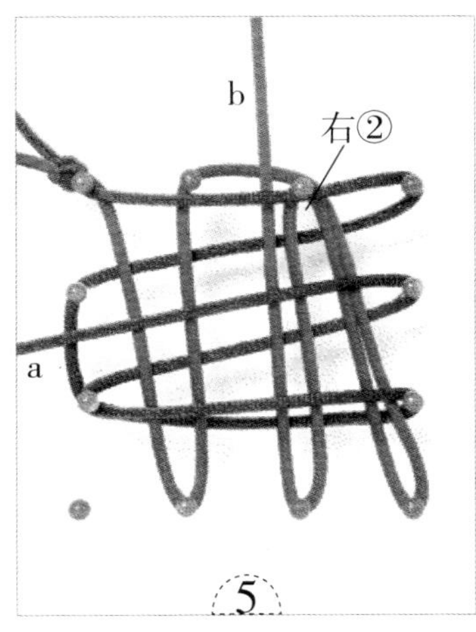


1. 用12条大头针插成一个方形（图1）。
2. a如图走线，绕出耳翼左①（图2）。
3. a如图走线，绕出耳翼左②（图3）。
4. b线如图走四行横线，绕出耳翼右①（图4）。
5. b线走两行竖线，绕出耳翼右②（图5）。

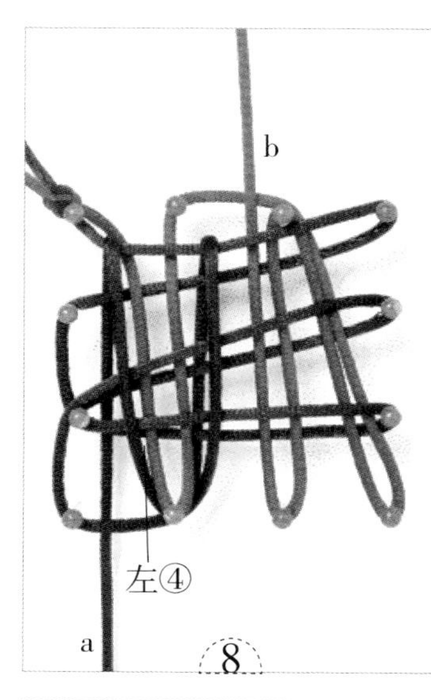


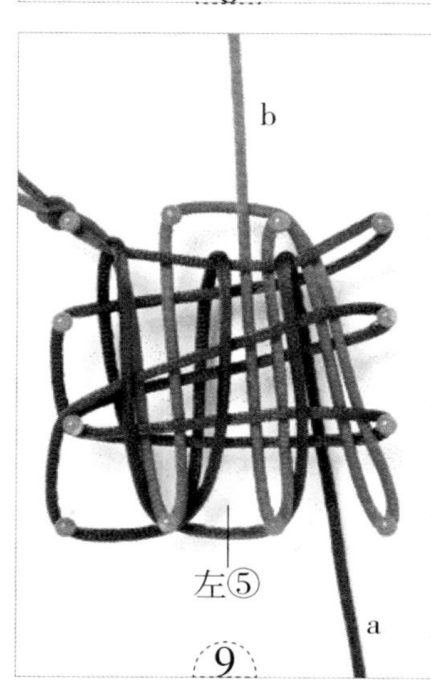


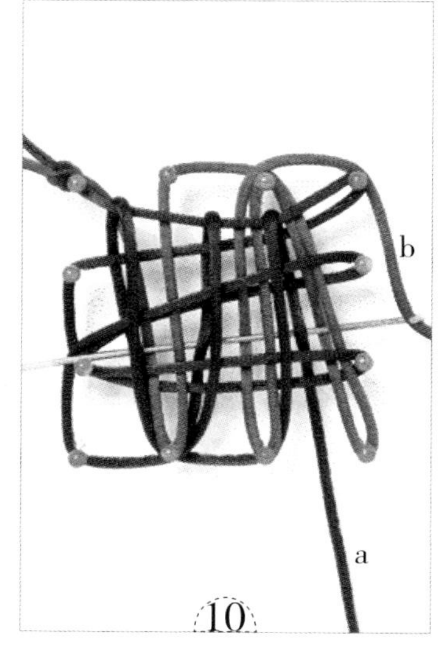


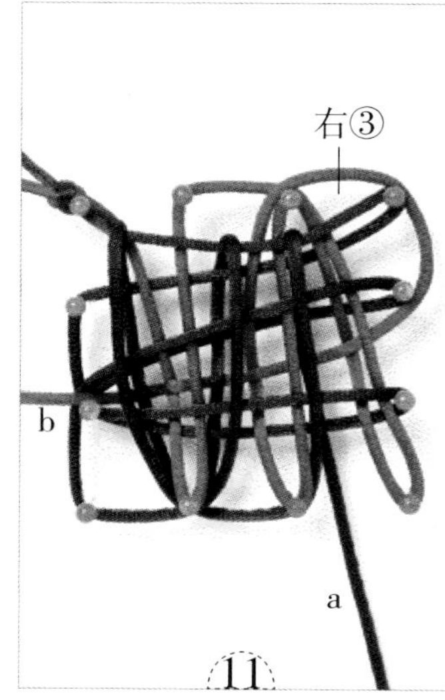


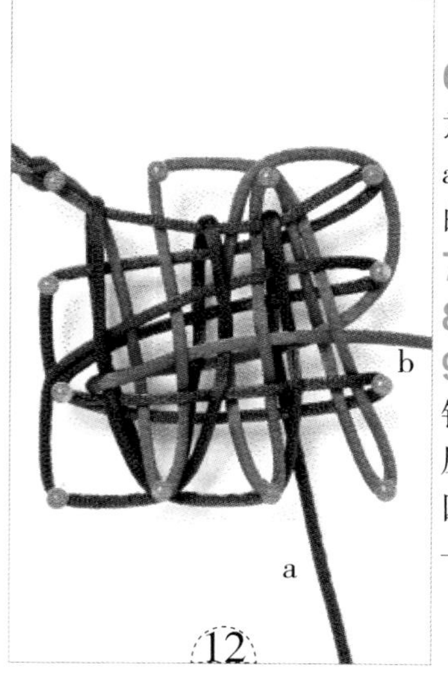


6. a线绕出耳翼左③，然后如图走两行竖线（图6，图7）。注意：钩针从所有横线（六行a横线）的下面伸过去，钩住a，把a线钩下来。这样，a线包住所有的横线，完成一个包套。后面的制作步骤与前面是一样的。

7. a线仿照步骤6的方法走两行竖线，绕出耳翼左④（图8）。

8. a线绕出耳翼左⑤（图9）。

9. b线走两行横线，绕出耳翼右③（图10～12）。 注意：钩针挑、压的方法是：挑2线，压1线，挑3线，压1线，挑3线，压1线，挑1线，然后钩住b线，将b线钩向左，b线再挑第二、四、六行b竖线，向右走一行横线。后面的制作步骤与前面是一样的。

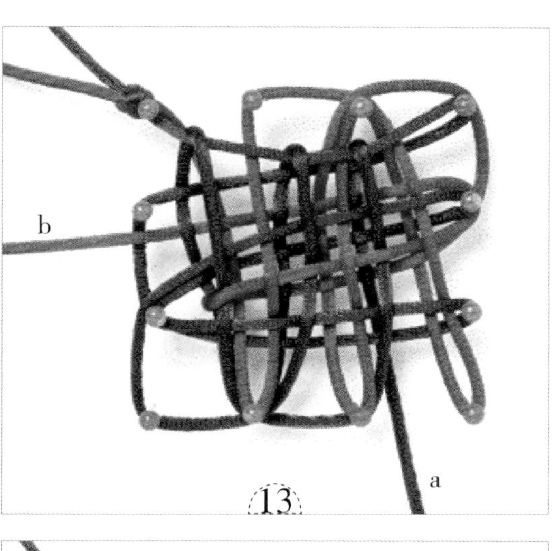


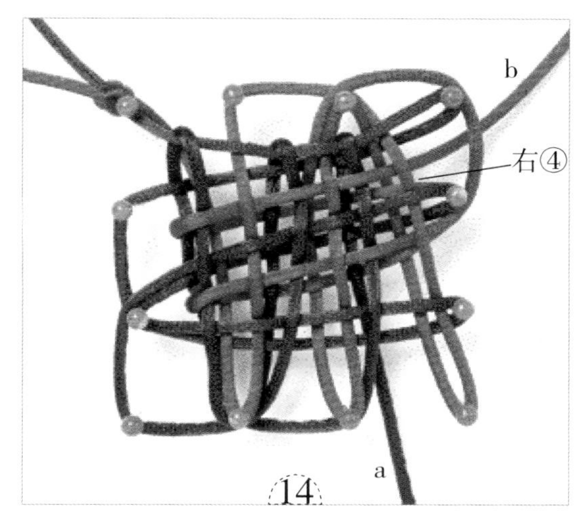


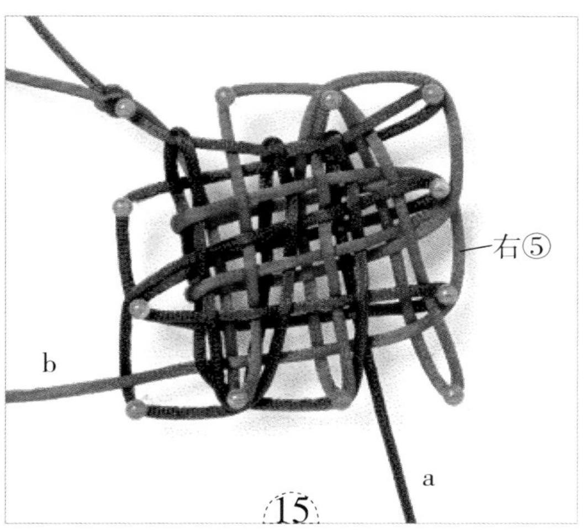


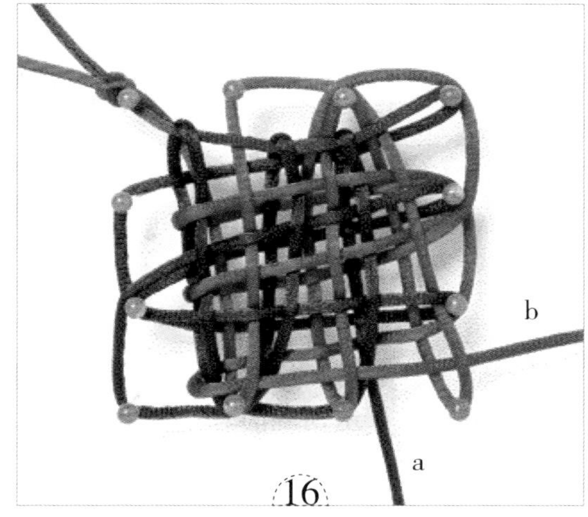

10. b线仿照步骤9的方法走两行横线，绕出耳翼右④（图13，图14）。

11. b线绕出耳翼右⑤（图15，图16）。

12. 取出结体，确定并拉出10个耳翼（图17）。

13. 调整结体，最后在结尾处打一个双联结即可（图18）。

# 酢浆草盘长结

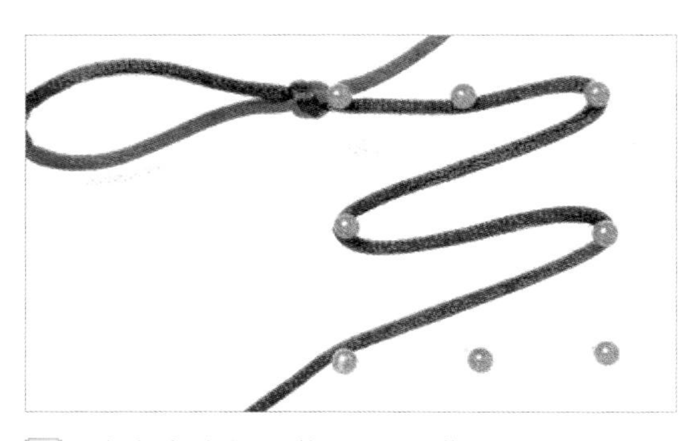

1. a线在大头针上绕出四行横线。

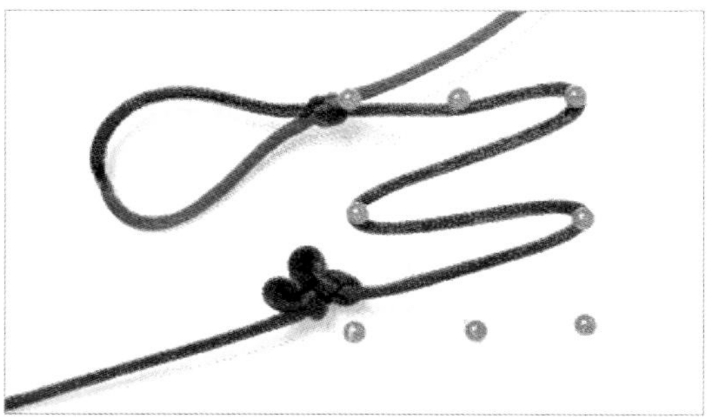

2. a线打一个酢浆草结。

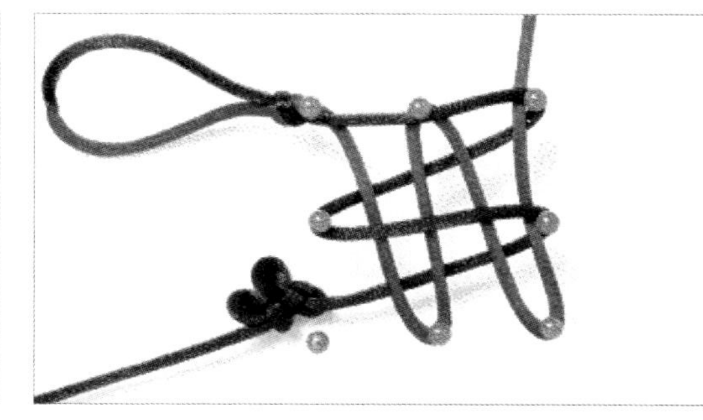

3. b线挑第一、第三行横线，走四行竖线。

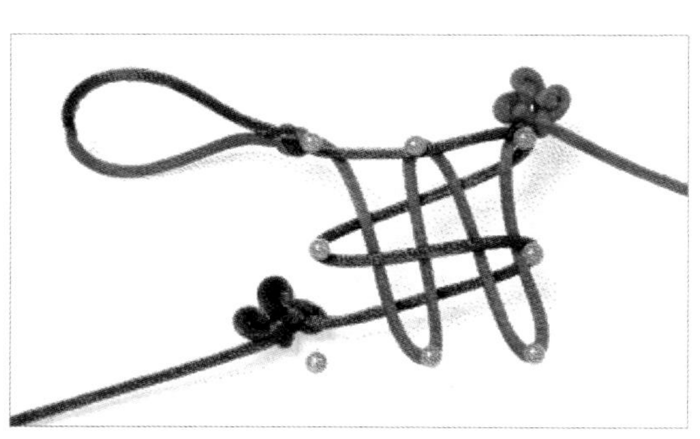

4. b线也打一个酢浆草结。

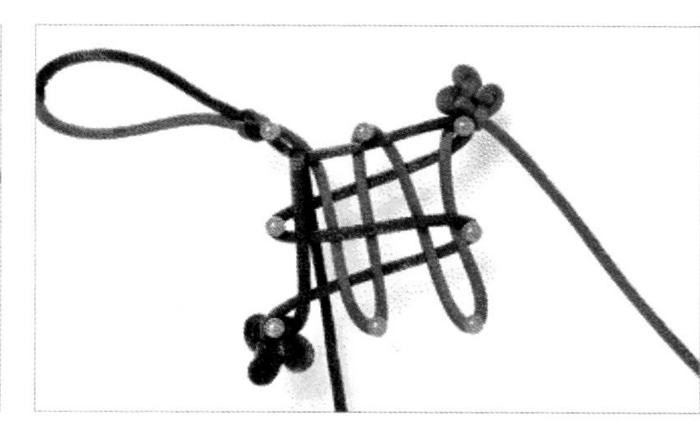

5. a线拉向上，然后用钩针把a线从四行横线的下面钩向下。

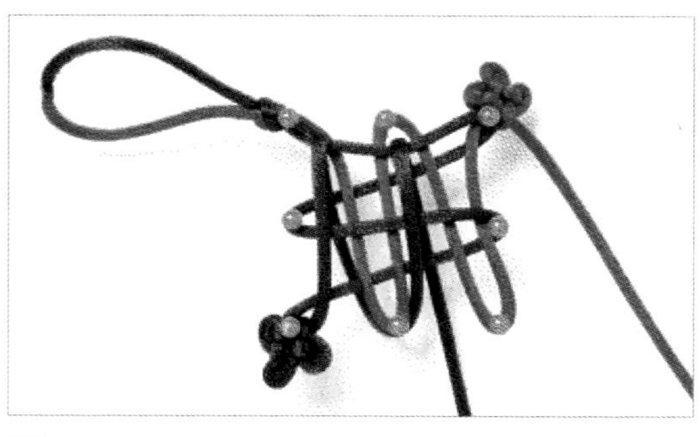

6. a线仿照步骤5的方法再做一次。

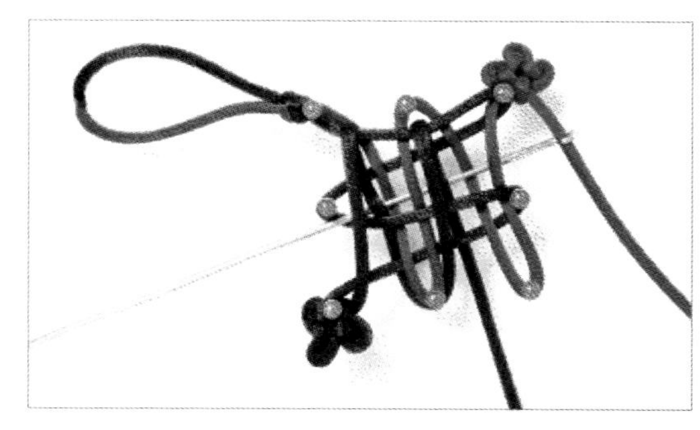

7. 钩针挑2线，压1线，挑3线，压1线，挑1线，钩住b线。

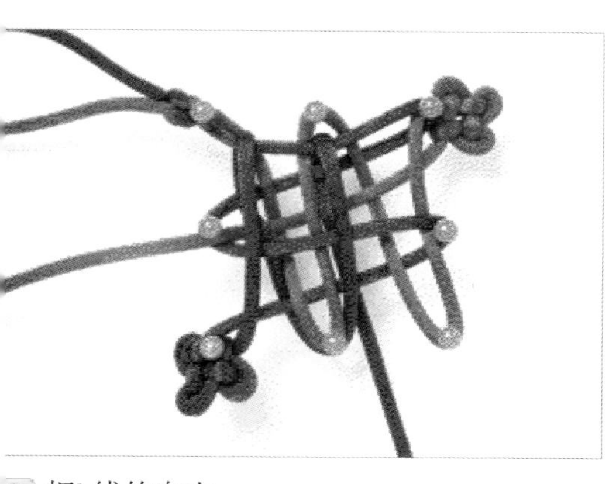

8. 把b线钩向左。

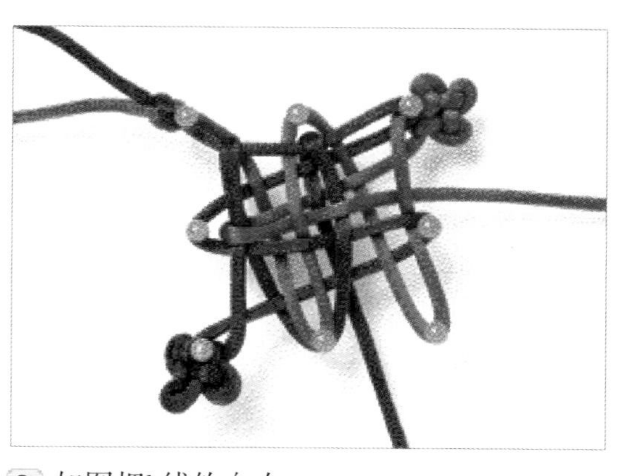

9. 如图把b线钩向右。

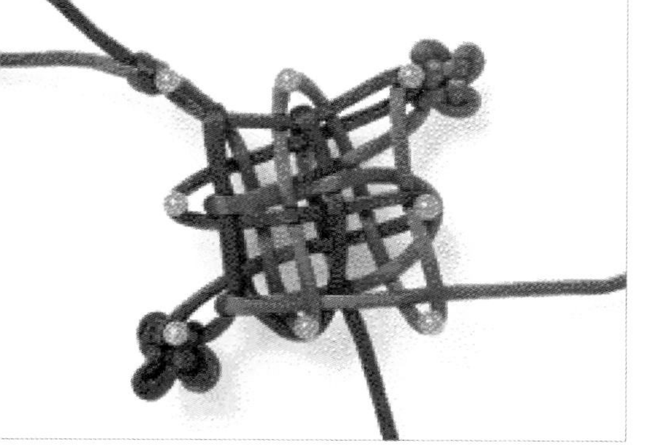

0. b线仿照步骤7～9的方法再做一次。

1. 取出结体。

12.调整好结体。

# 酢浆草蝴蝶结

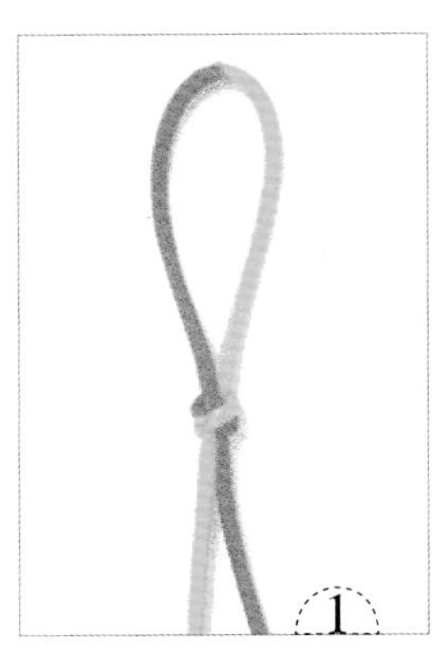

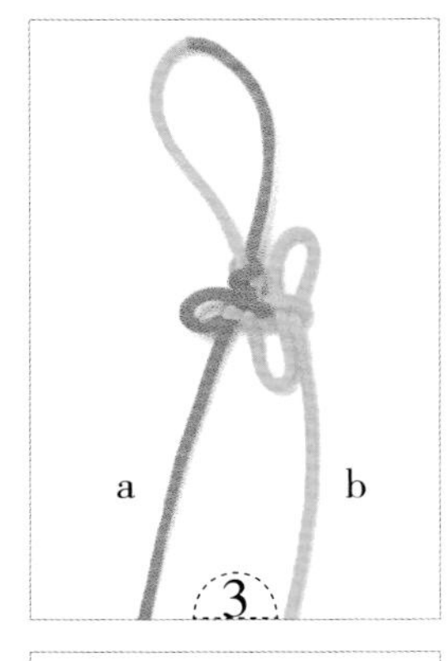


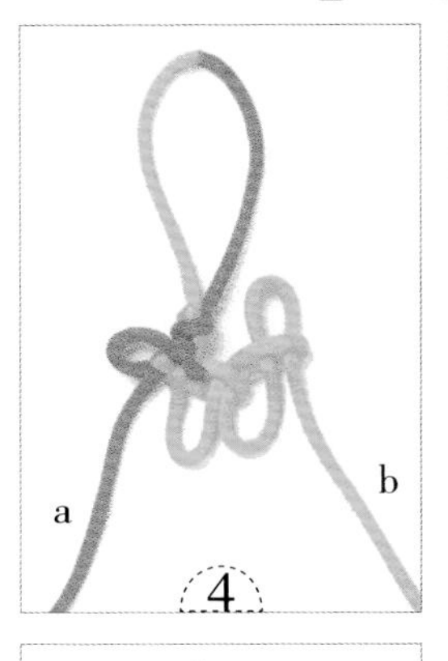


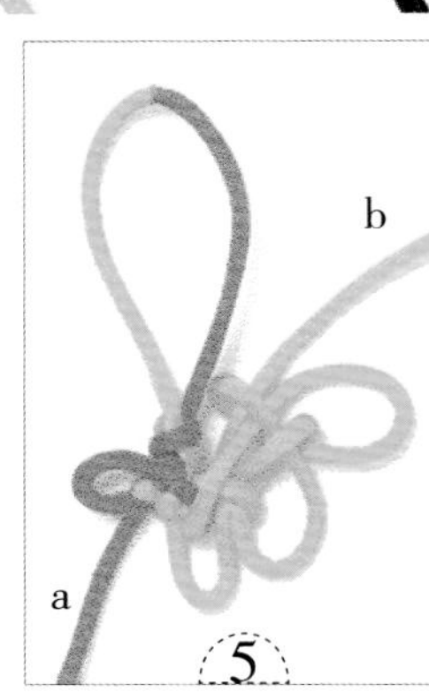

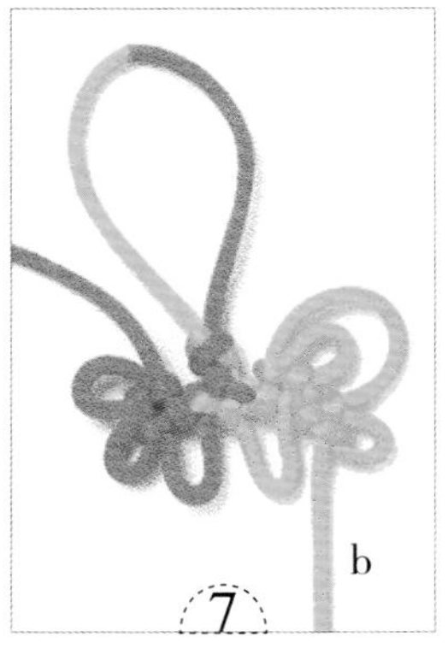

1. 用1条线对折后编一个双联结。
2. 在双联结的下端编一个酢浆草结。
3. b线做一个圈，穿进酢浆草结的右耳翼内(红a黄b)。
4. b线再做一个圈，穿进前面做好的圈内。
5. b线走完酢浆草结的最后一步。
6. 把酢浆草结调整好。
7. 用b线在前面做好的酢浆草结的右边再组合完成一个双环结。
8. a线仿照b线的方法，在左边完成酢浆草结和双环结的组合。
9. 两条线在中间组合完成一个酢浆草结。
10. 最后编一个双联结即可。

## 法轮结

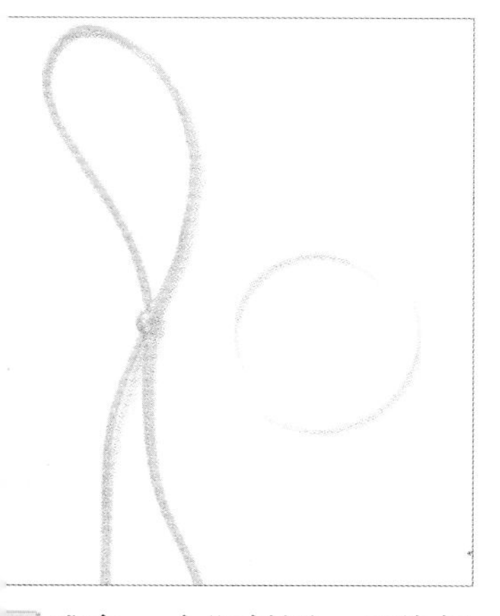

1. 准备一个塑料圈，用线打一个双联结作为开头。

2. 在双联结下面打一个酢浆草结。

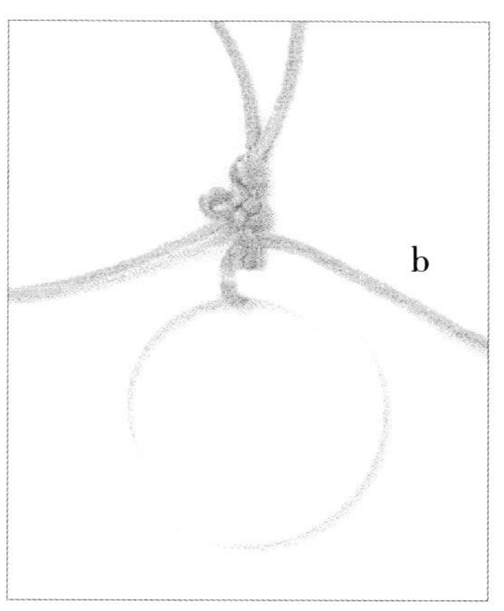


3. b线如图绕过塑料圈。

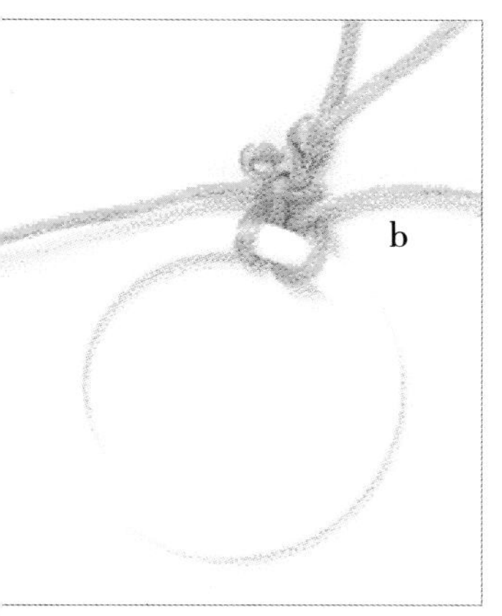


4. b线在塑料圈上打一个雀头结。

5. 把雀头结收紧。

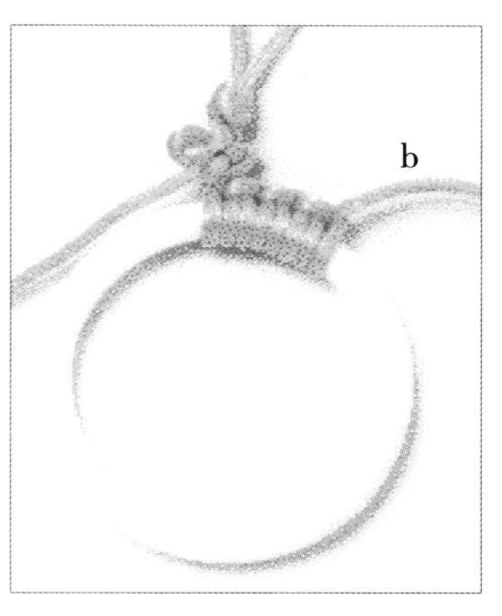


6. 线往右边连续打雀头结。

7. 另外用线编一个八耳团锦结。（编法参考第47页）

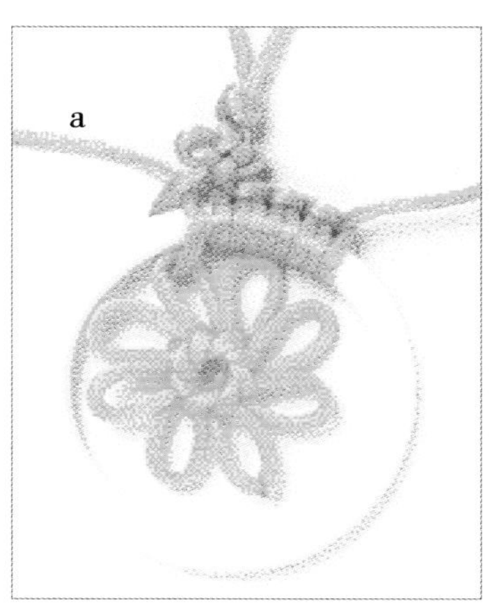


8. a线穿过团锦结的一个耳翼固定。

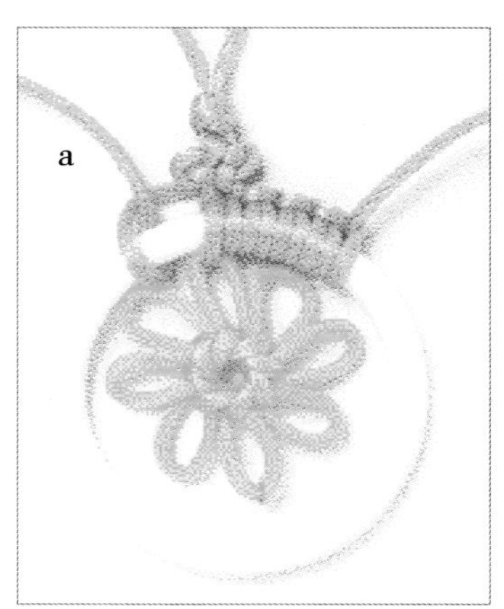


9. a线往左边继续打雀头结。

10. a线仿照b线的方法，往左边连续打结。

11. 在编至塑料圈1/8时，分别在两边打一个酢浆草结。

12. b线穿过团锦结的第二个耳翼固定。

13. 两条线如图继续往两边编雀头结。

14. 两边如图各编一个酢浆草结。

15. a、b线分别穿过团锦结两边的耳翼固定，然后继续向两边编雀头结。

16. 重复步骤13、14的制作方法编结。

17. b线穿过团锦结的最后一个耳翼固定，刚好将圈填满。

18. 最后，在圈的下面编一个酢浆草结和双联结固定即可。

# PART 3
# 编绳饰品的制作

# 执子之手

# 三彩

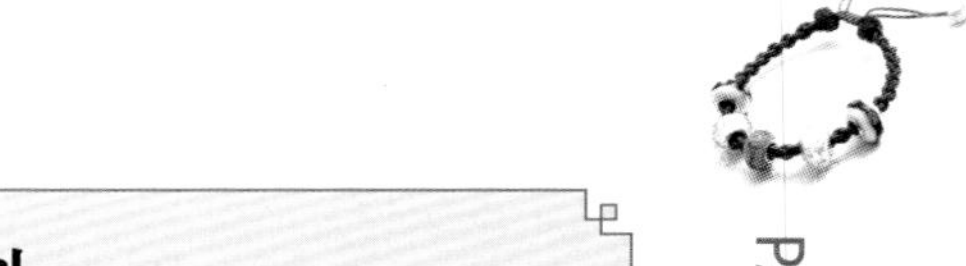



## 做法

### 材料

6号韩国丝90cm6条（白色3条，粉、绿、蓝各1条），珠子4颗

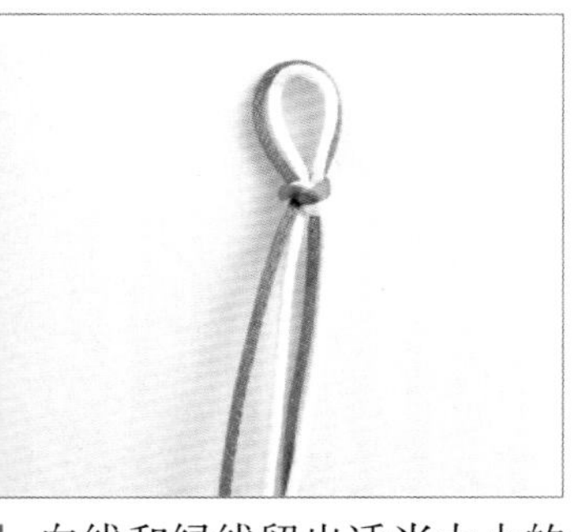

1. 白线和绿线留出适当大小的孔，打一个蛇结。

2. 剩下的 4 条线，两两穿入孔里，对齐长短，各打一个蛇结。

3. 将线整理好。

4. 绿线和白线编圆四股辫。

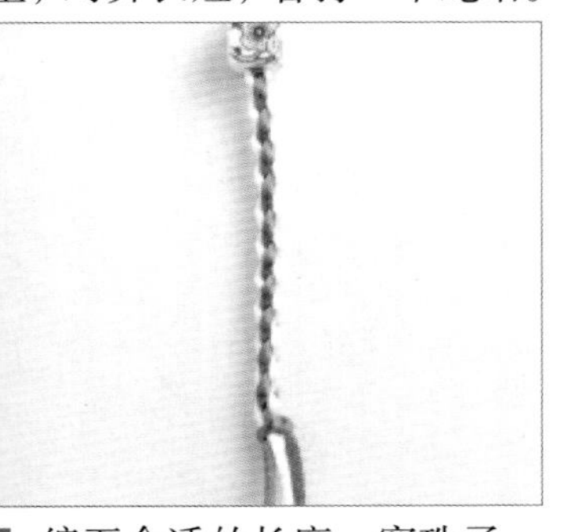

5. 编至合适的长度，穿珠子，再打一个蛇结。

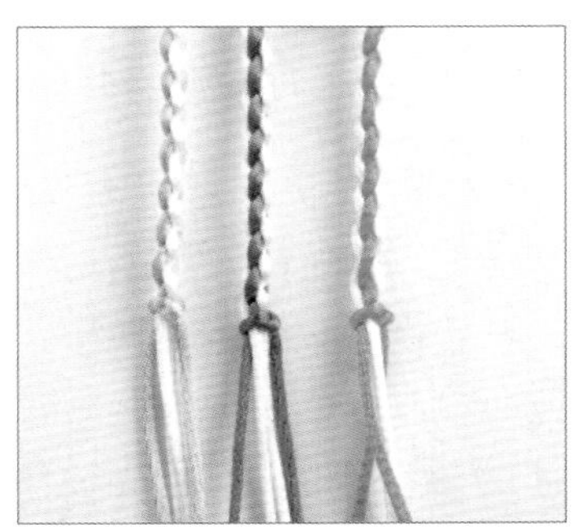

6. 另外两条重复步骤 4、5。

7. 各取蓝线、粉线一条，打两个蛇结。

8. 只留绿线、白线各一条，其余剪掉，用火烧一下线头。

9. 然后穿珠子，打一个蛇结。

10. 去掉多余的线头即可。

雅致

## 材料

A玉线90cm8条、30cm1条，银饰1枚，珠子

## 做法

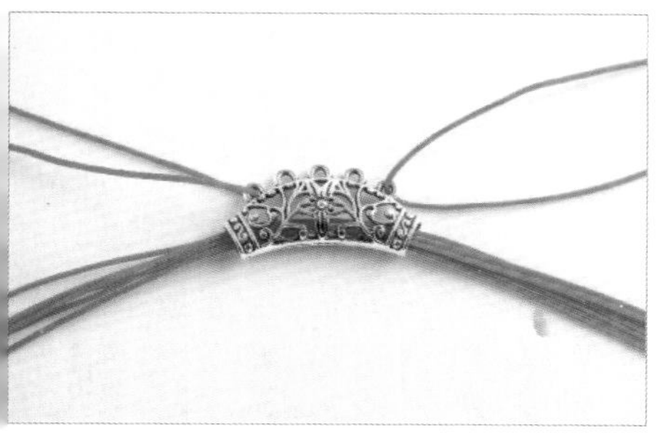

1. 取6条线穿过银饰，另外两条分别穿入银饰外侧的两个环孔。

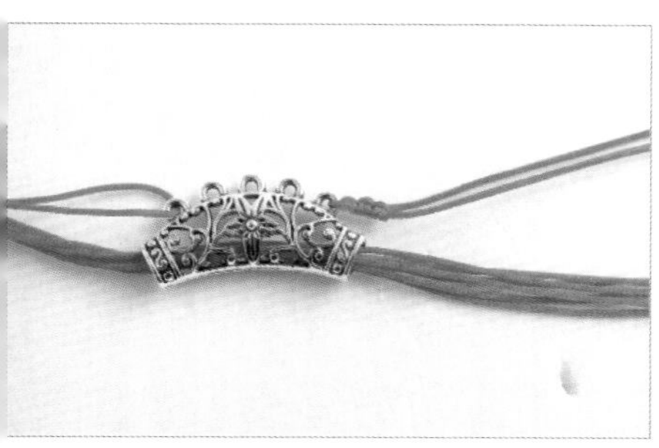

2. 环孔上的线分别打3个雀头结。

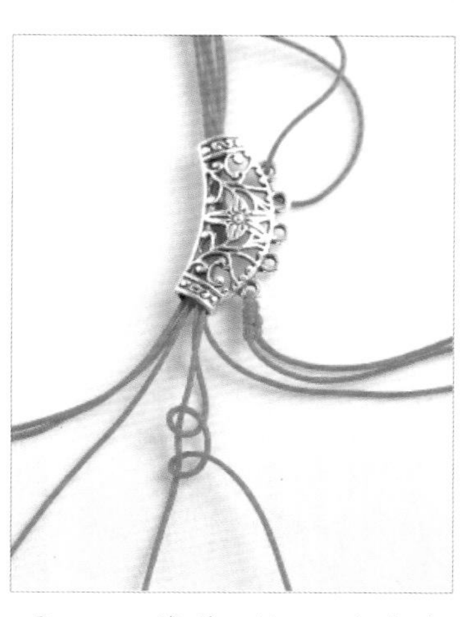

3. A玉线分两组，左右各4条，取中间相邻的两条线，以左边内侧的线为主线打两个斜卷结。

4. 沿着主线把左边的线都打斜卷结，如图所示。

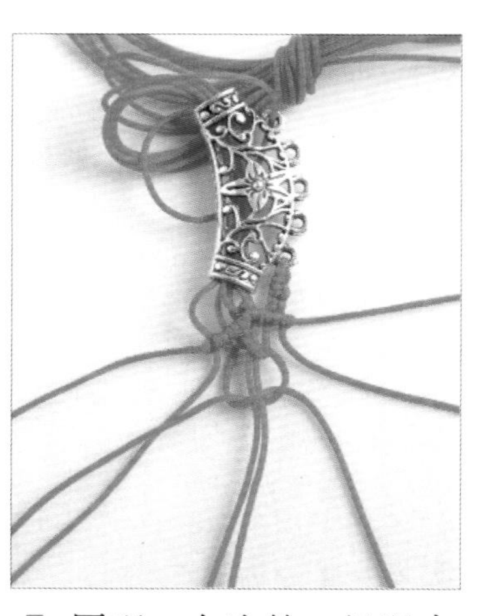

5. 同理，右边的一组以内侧线为主线，各打两个斜卷结；接着如图所示，打两个平结。

6. 拉紧平结，如图所示，继续打斜卷结。

**7.** 步骤 2 ~ 6 重复做 3 次，折出如图所示的形状。

**8.** 外侧的线包住其余的线打两个双向平结，留下两条线，余线去掉。

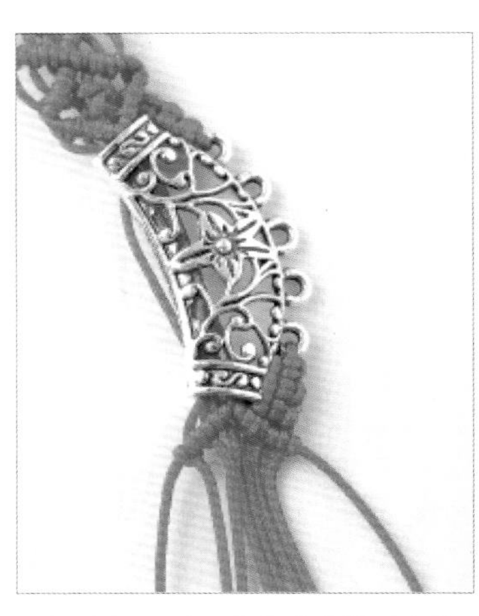

**9.** 另一边重复同样制作步骤。

**10.** 两边都做好后，将 30cm 的线分成五段，分别穿入银饰的环孔。

**11.** 如图，穿入珠子。

**12.** 两边相叠，用余线绕住打 4 个双向平结，穿尾珠去掉余线即成。

# 流光溢彩

## 材料

A玉线300cm1条、55cm2条、30cm1条，镶钻珠子

## 做法

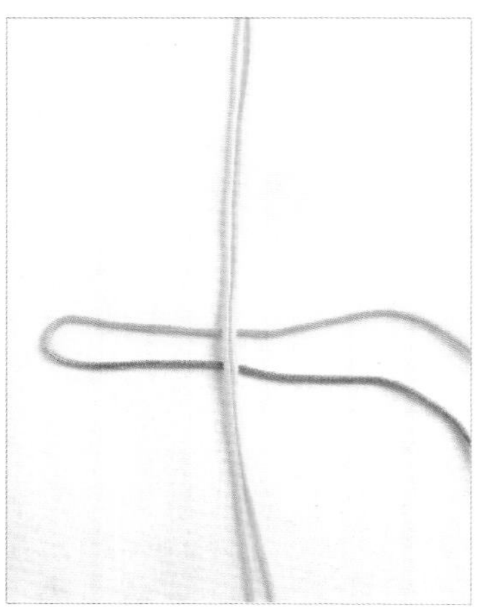

1.2 条 55cm 的线对齐，作为中心线，长线对折后从中心线下穿过，如图所示。

2. 如图所示，绿色线下绕穿过左边。

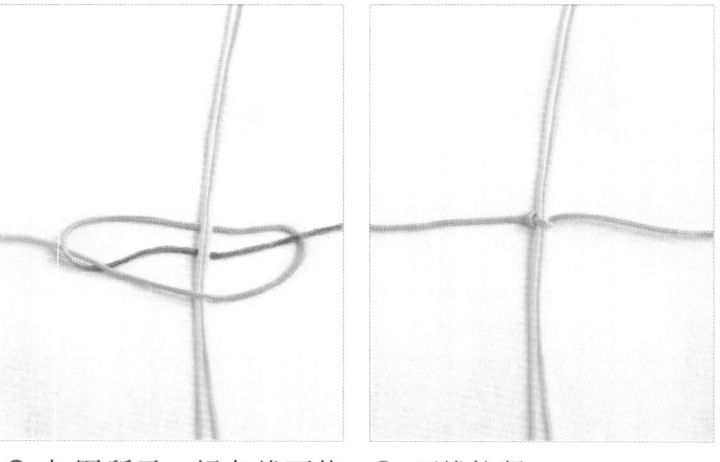

3. 两线拉紧。

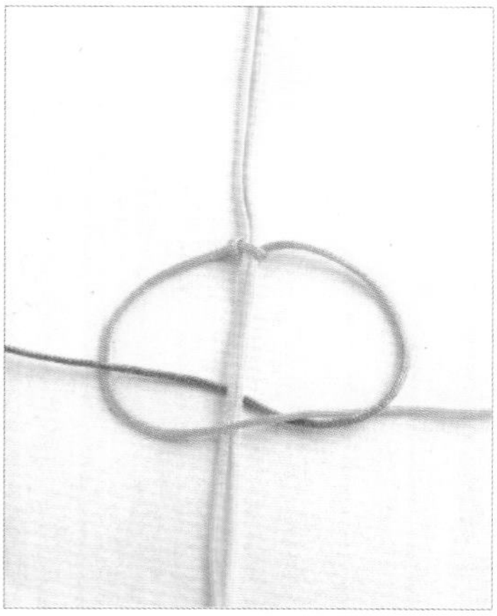

4. 线下绕过中心线，绿线从下往上穿入另一边的蓝线中。

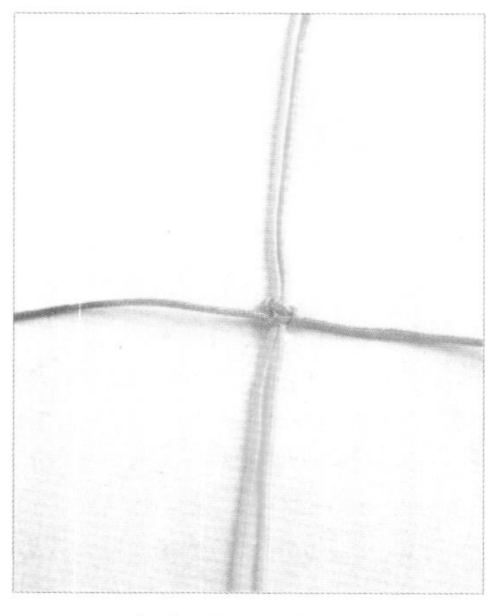

5. 两线拉紧，做好一个双向平结。

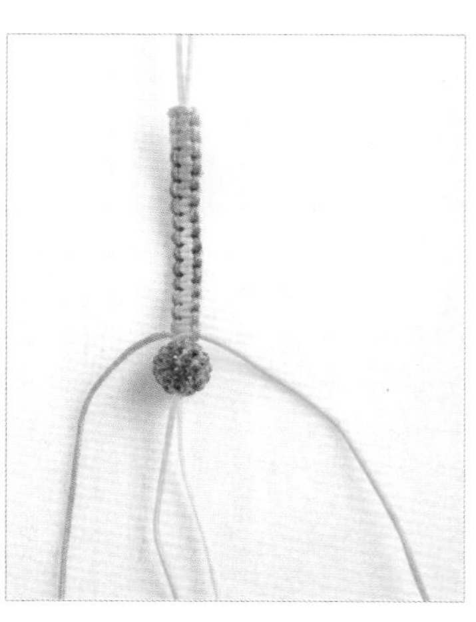

6. 平结编到适合的长度，中心线穿珠子。

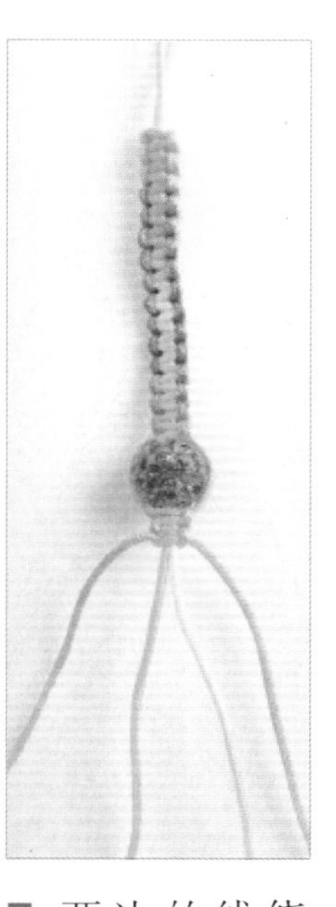

7. 两边的线绕过珠子，继续打平结。

8. 珠子之间用 2 个平结隔开，穿入 5 个珠子。

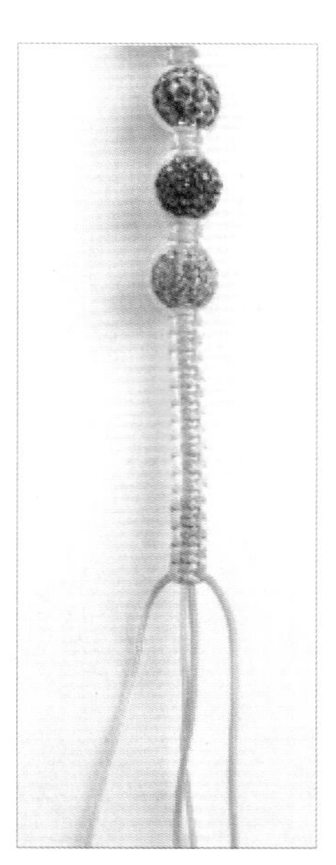

9. 接着打平结。

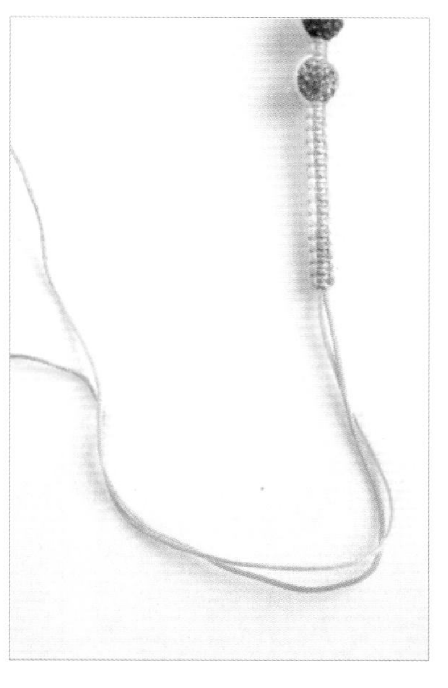

10. 编至适合的长度，剪去余线，用火烫至固定。

11. 用短线把交叠的中心线包起来打4个平结。

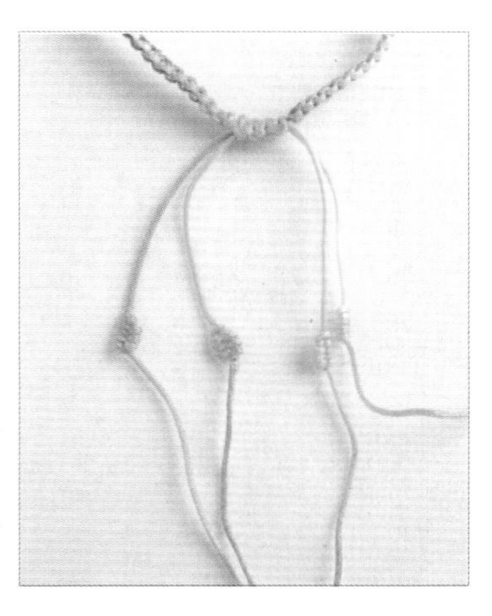

12. 留出适合的长度，线尾打一个凤尾结。

13. 去掉余线，用火烫至固定即成。

# 青瓷

## 材料

5号韩国丝150cm4条、30cm1条，青花瓷珠子

## 做法

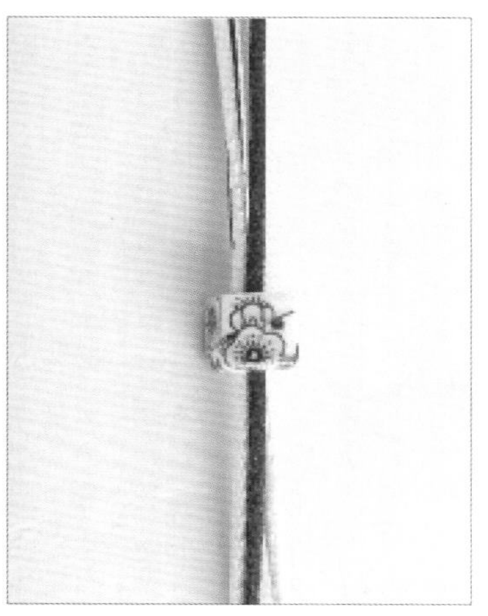

1. 长线对齐，穿入一颗青花瓷珠子，放到中间。

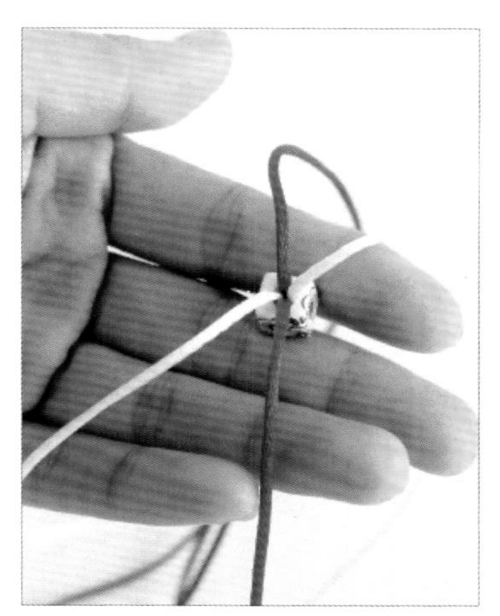

2. 手夹着线托起珠子，上端的线十字散开如图。

3. 将4条线按逆时针挑压，如图所示。

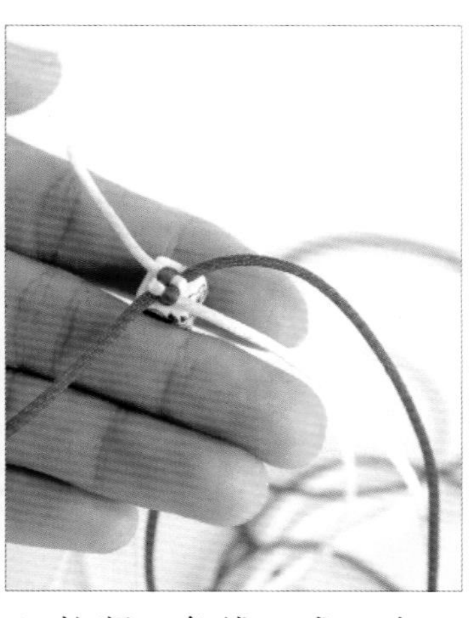

4. 拉紧4条线，成一个玉米结。

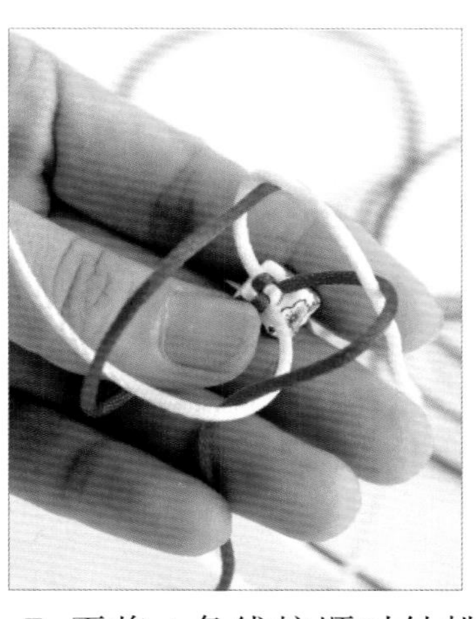

5. 再将4条线按顺时针挑压，如图所示。

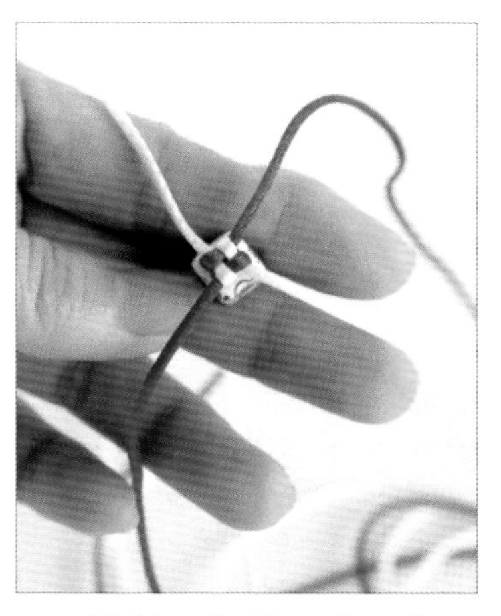

6. 拉紧4条线，成一个玉米结。

7.重复步骤3～6，编玉米结到适合的长度，再穿两颗珠子。

8.继续编玉米结，如图所示。

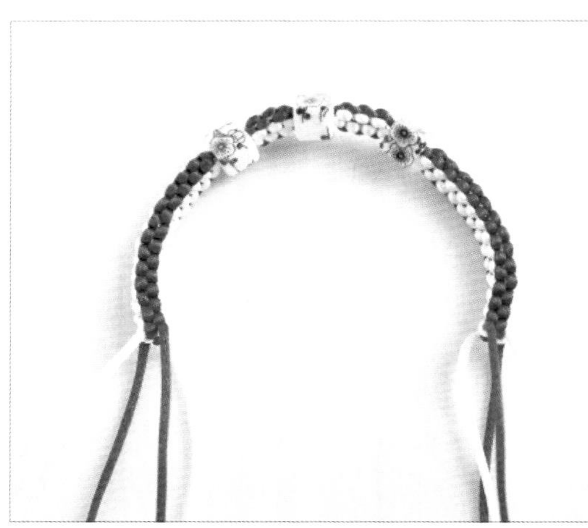

9.另一边也编相同长度的玉米结。

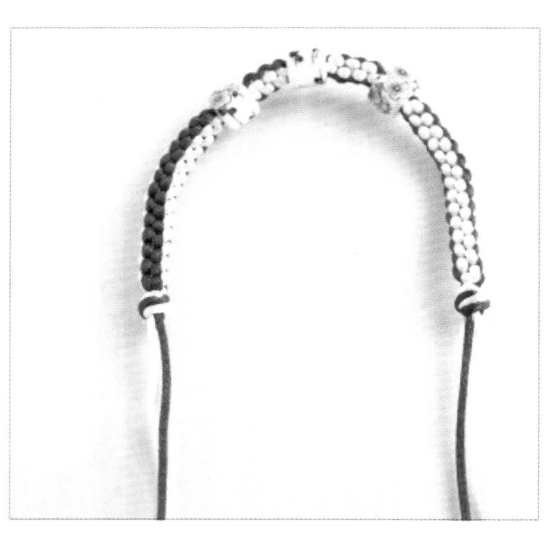

10.两边各打一个蛇结，各去掉两条余线。

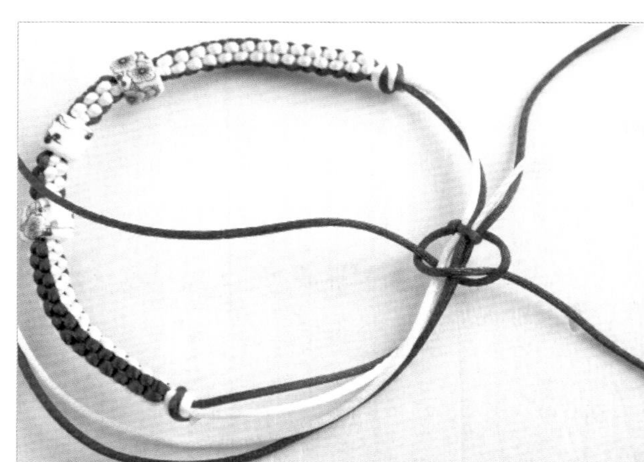

11.线尾交叠，用30cm的线打双向平结。

12.剪掉余线，留出适合的长度打死结即成。

# 素净

## 材料

6号韩国丝110cm4条、30cm1条，镂空银饰1个，银珠2颗

## 做法

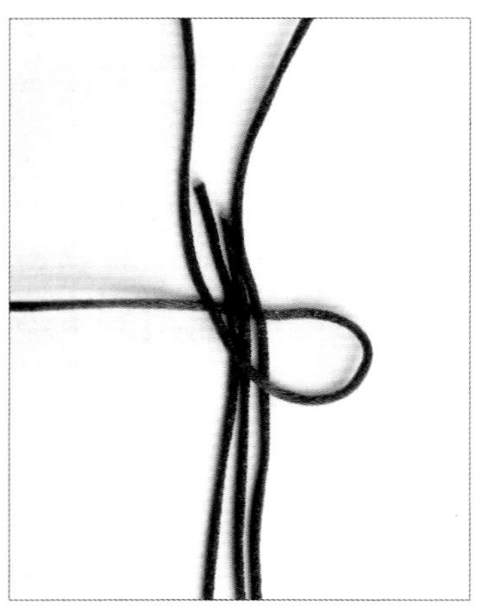

1. 取4条长线，将其中两条拉出一定长度，用于收尾；然后取一条短的包住其他3条。

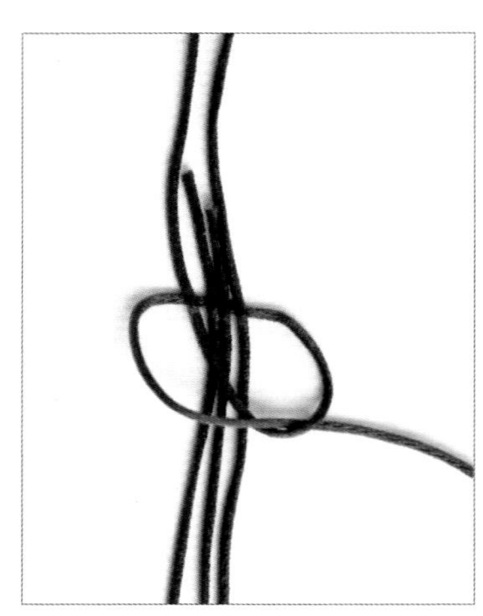

2. 将左侧的线穿过右耳。

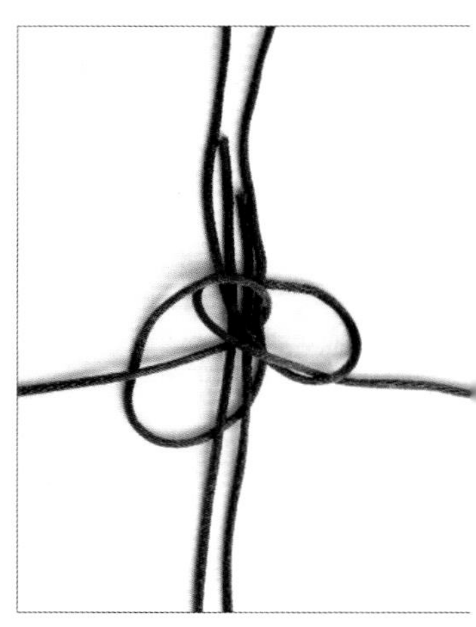

3. 将另一条短线从右耳穿入，左耳挑出。

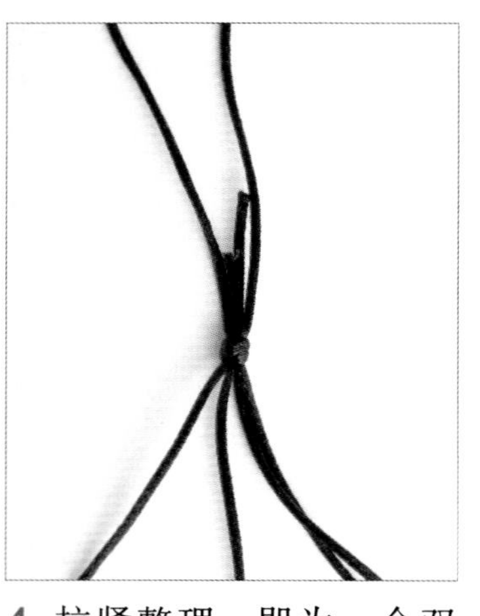

4. 拉紧整理，即为一个双联结。

5. 将4条线摊开。

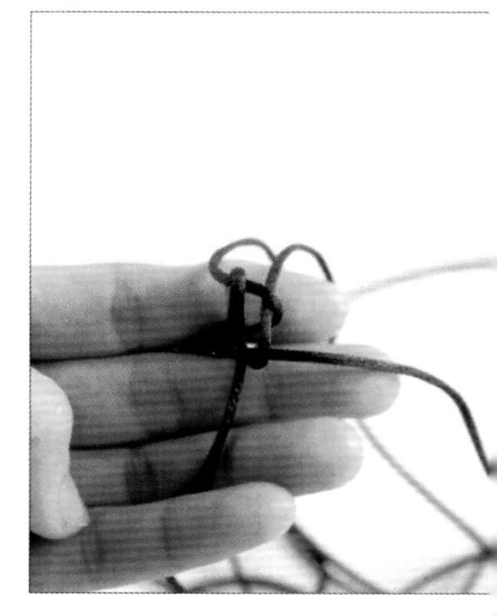

6. 拿起4条线，逆时针挑压，如图所示。

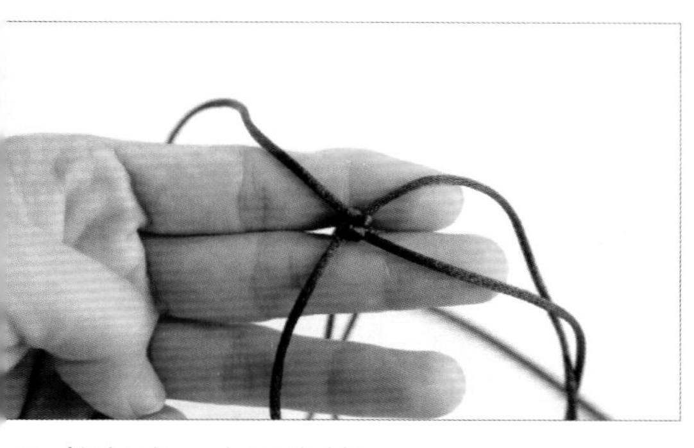

7. 拉紧成一个玉米结。

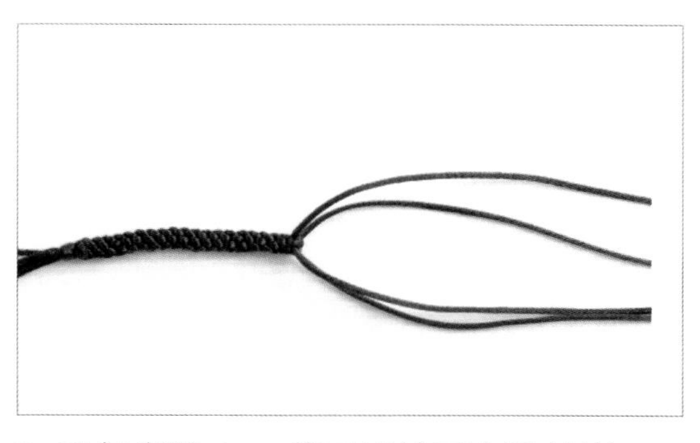

8. 重复步骤6、7编玉米结至合适长度。

9. 将镂空银饰套上。

10. 继续打玉米结，至合适长度，然后打一个双联结。

11. 取30cm的线包住4条余线，打4个平结，余线剪掉。

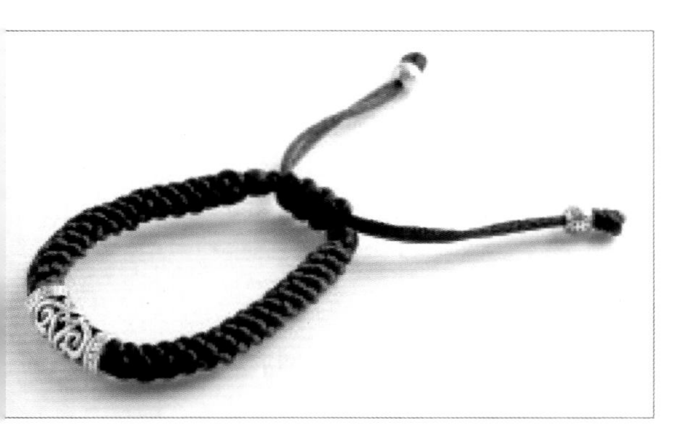

12. 将珠子串入2条绳，在尾端打两个死结即成。

# 招财

## 材料

A玉线80cm2条，股线，菠萝扣，珠子

## 做法

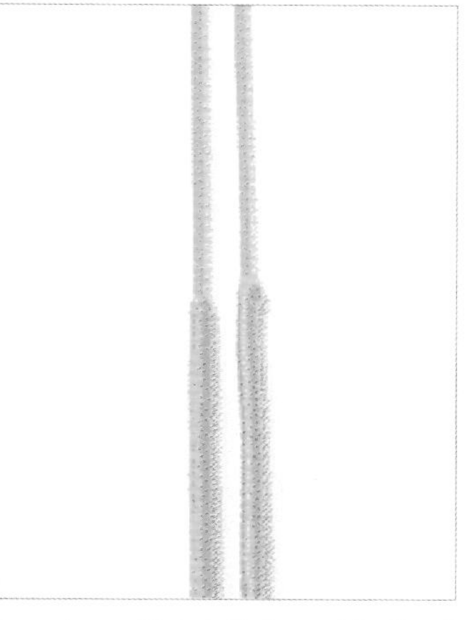

1.2 条玉线用黄色股线分别在这两条线的外面绕适当的长度。

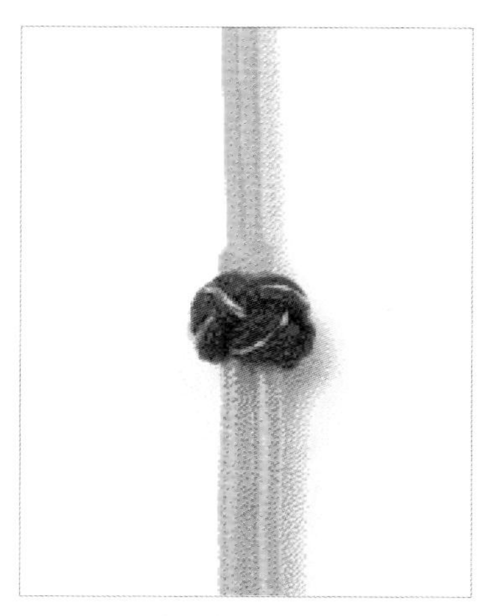

2. 用无绕线的部分编一个双联结，然后在双联结下面穿入一个菠萝扣。

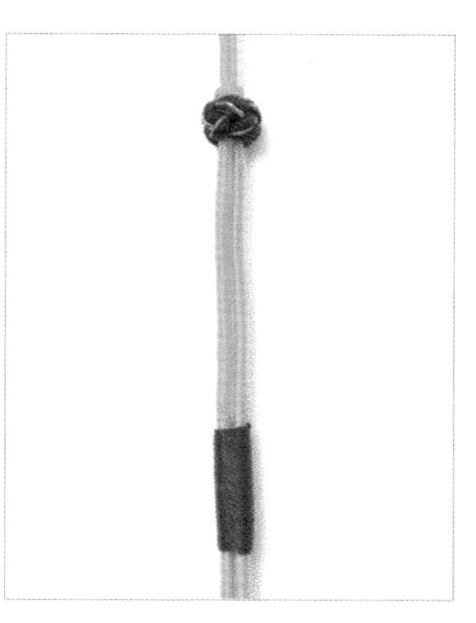

3. 将两条线合并在一起，然后用蓝色股线在合适的位置绕适当的长度。

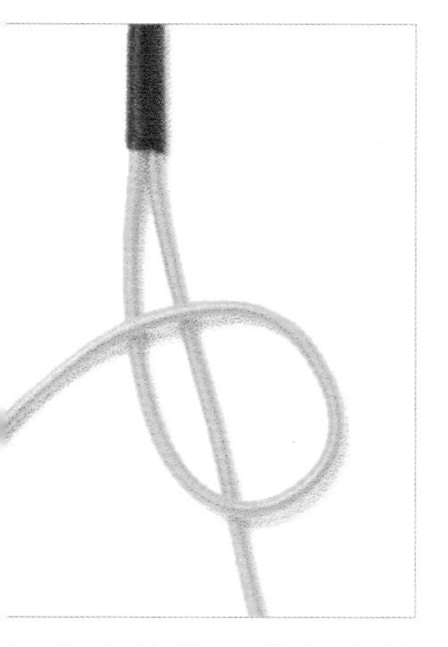

4. 左边的线压着右边的线绕一个圈，开始编双钱结。

5. 编好一个双钱结。

6. 继续编两个双钱结，再用蓝色股线绕线，穿入菠萝扣；余线交叠，打平结，穿尾珠即成。

# 花团锦簇

## 材料

6号韩国丝180cm2条、30cm1条，灯笼珠子

## 做法

1. 两条长线对齐，其中一条对折后留出一定的长度，另一条从中穿过。

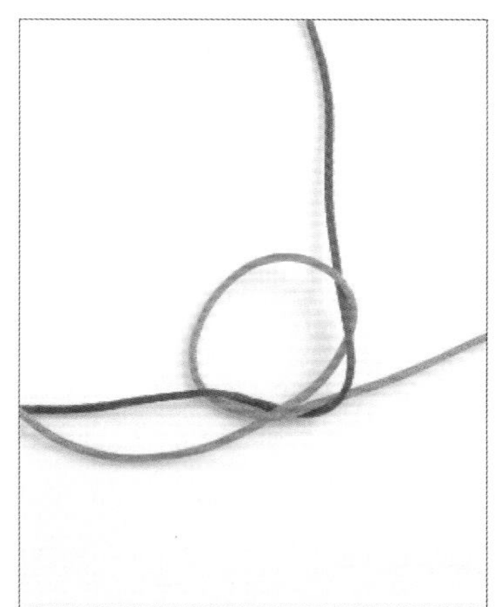

2. 深色线如图绕住浅色线。

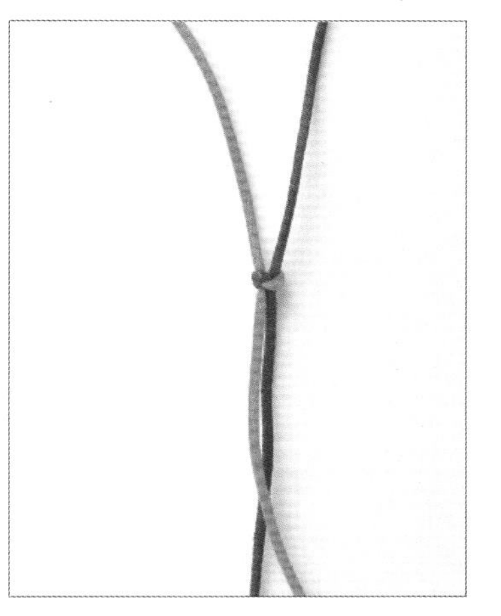

3. 编出一个金刚结。

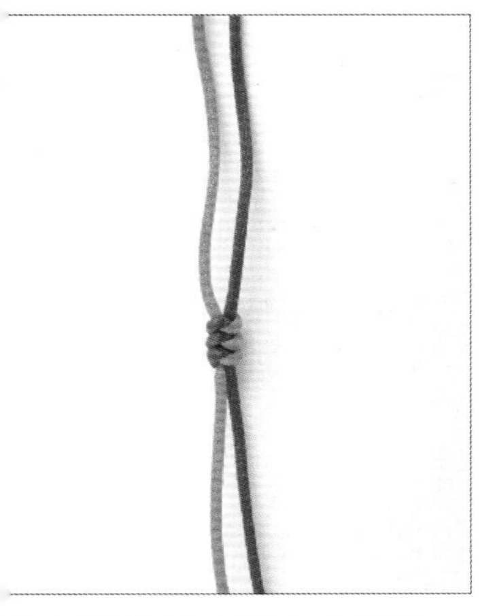

4. 再继续编出两个金刚结。

5. 深色线掀出一个耳翼。

6. 如图绕线，做出一个双耳酢浆草结。

**7.** 拉紧结体。

**8.** 穿入灯笼珠子。

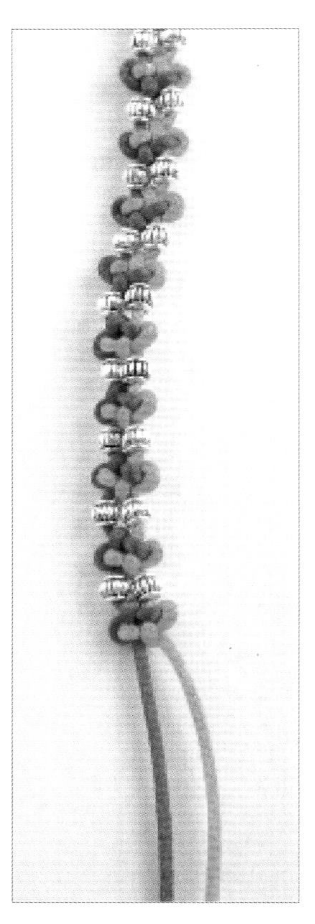

**9.** 重复打双耳酢浆草结，穿珠子到合适的长度。

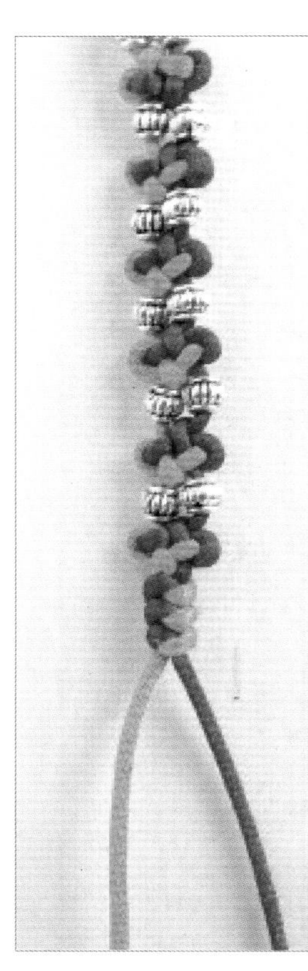

**10.** 打 3 个金刚结。

**11.** 用短线将相叠的尾线包住，打双向平结。

**12.** 穿尾珠，打死结，用火烫一下线尾即

# 丁香

## 材料

6号韩国丝70cm4条、30cm1条，粉水晶

## 做法

1.取两条紫红色长线，对齐，如图摆放。

2. 左边横着的线从上面压过下面的线。

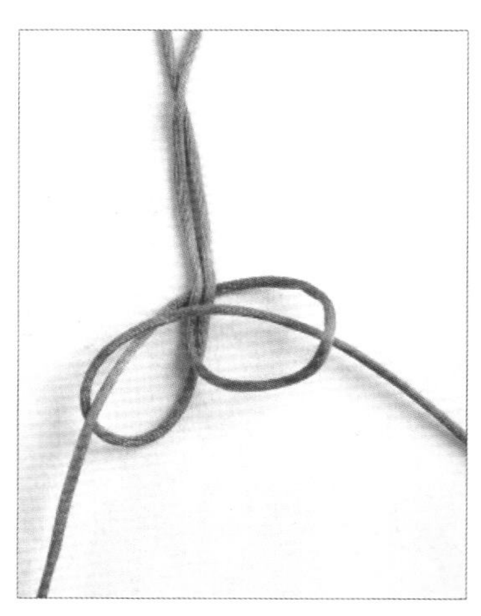

3. 下面的线左绕再穿进右耳翼，如图所示。

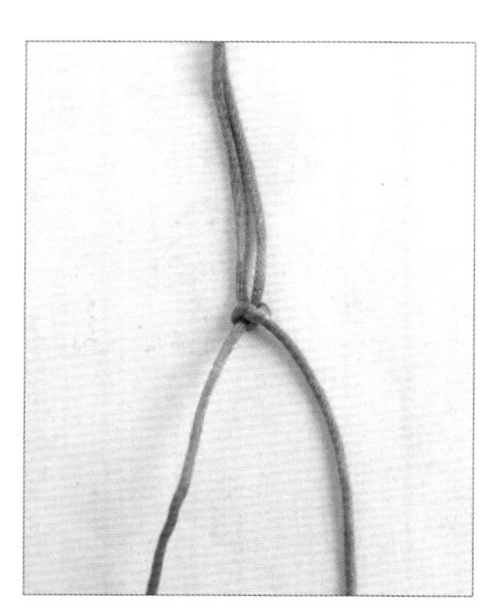

4. 拉紧成一蛇结。

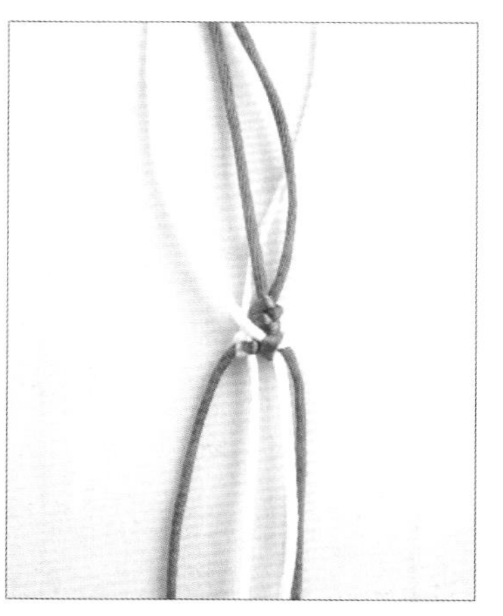

5. 再打一个蛇结，下端余线各加一条白线，分别打一个蛇结。

6. 白线打一个蛇结。

7.然后穿入粉水晶，白线打蛇结固定。

8. 紫红色线分别与白线各打一个蛇结后，再打两个蛇结，如图所示。

9. 如图，白色线在两条紫红色线打两个蛇结。

10.如图所示，两个颜色的线交替打两个蛇结到适合的长度。

11.另一边同样制作步骤。

12.然后剪掉余线，用火烫线尾固定，再用30cm的线包住余线打平结。

13.留出适合的长度，打死结即成。

# 银光

## 材料

4号韩国丝70cm1条，A玉线120cm2条，菠萝扣，珠子

## 做法

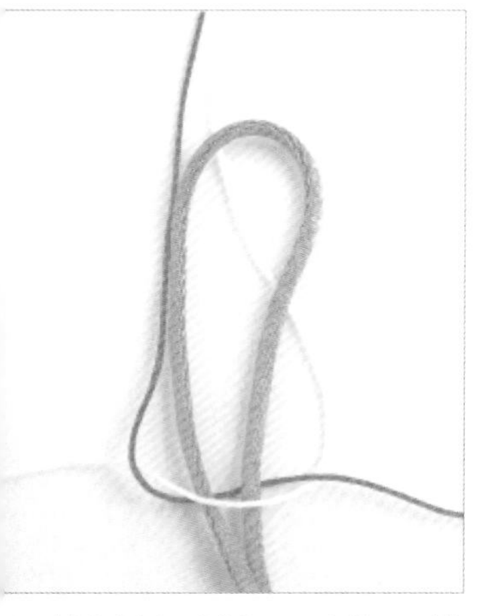

1.韩国丝对折，两条玉线如图所示，摆放好。

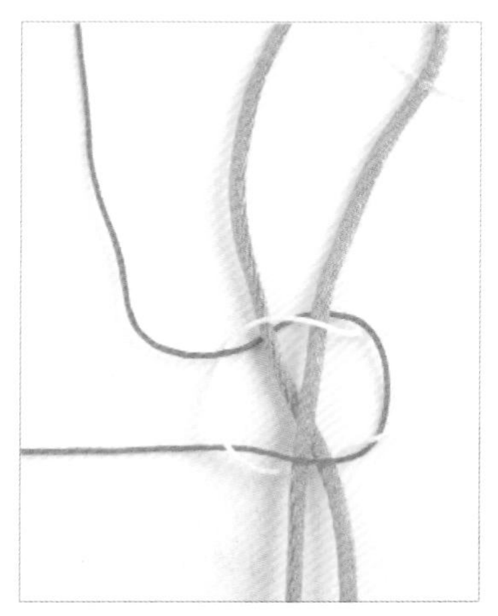

2.韩国丝留出适合的长度，玉线包住韩国丝开始打单向平结。

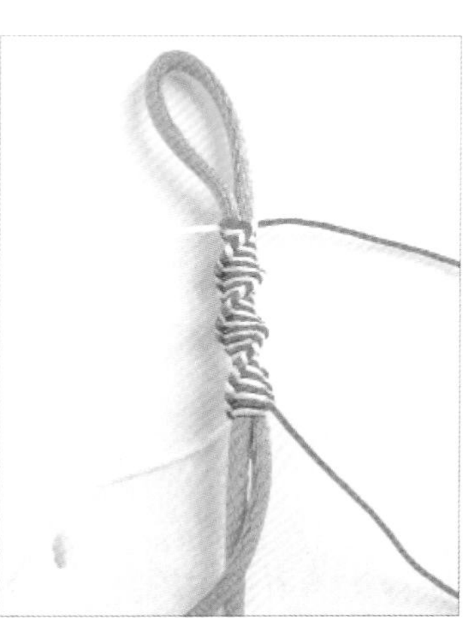

3.平结编至适合的长度，效果如图所示。

4.把线都压紧，穿入一个菠萝扣。

5.再穿入珠子。

6.穿一个菠萝扣。

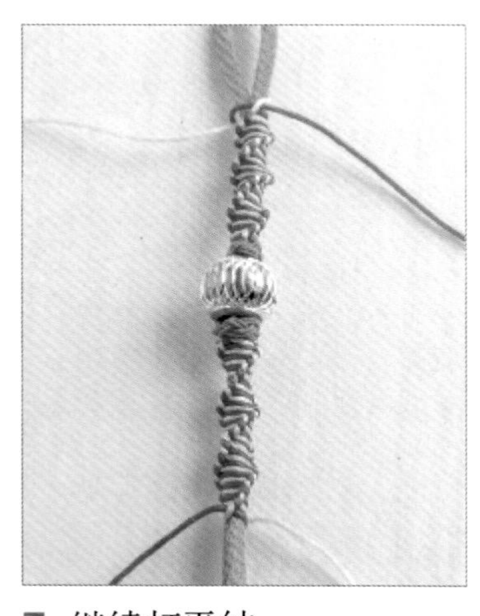

7. 继续打平结。

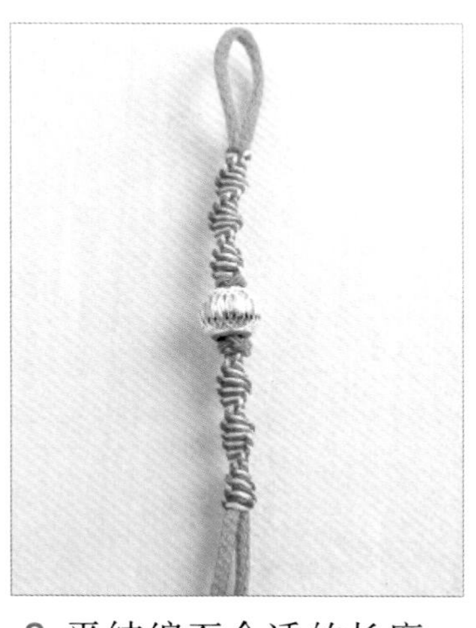

8. 平结编至合适的长度，去掉余线，用火烫线尾。

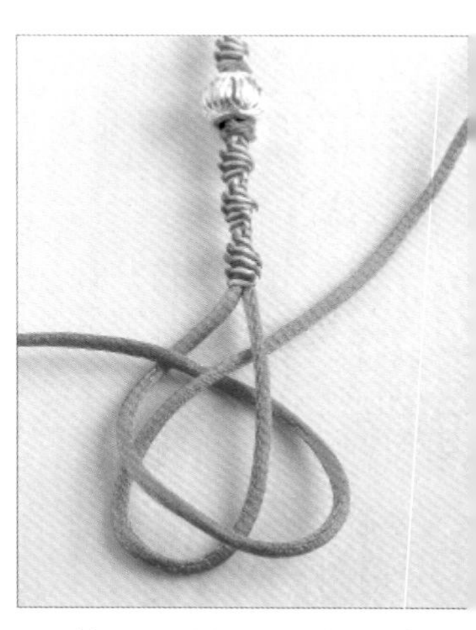

9. 韩国丝揪出两个耳翼，把右边的耳翼插进左边。

10. 右线从下面绕过去压着左线，如图所示，穿入耳翼中再往右拉。

11. 右线再从下面往左绕，从上面穿入耳翼往下拉，如图所示。

12. 左线往右绕，挑起右线源头，顺着右线线头穿入耳翼里，如图所示。

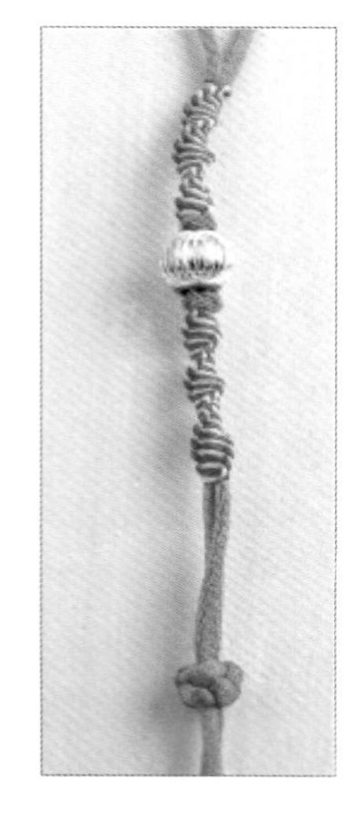

13. 调整适合的长度，慢慢拉紧，做成一个纽扣结。

14. 剪去余线，用火烫线尾固定即成。

# 光芒

## 材料

72号线90cm4条、30cm1条，菠萝扣2个，珠子

## 做法

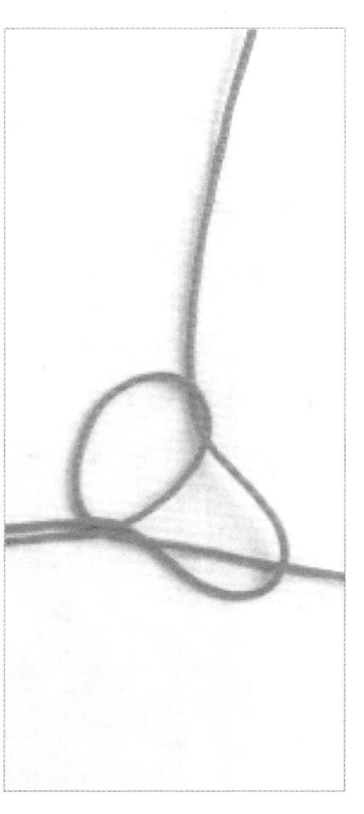

1. 取90cm长线两条，打一个蛇结。

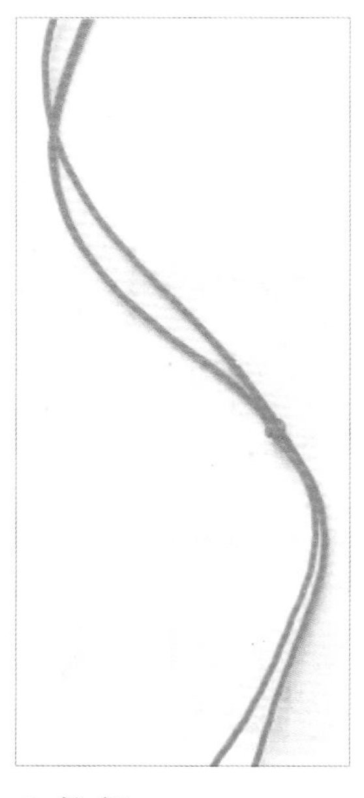

2.拉紧。

3.穿好珠子后打一个蛇结，拉紧。

4. 穿一个菠萝结。

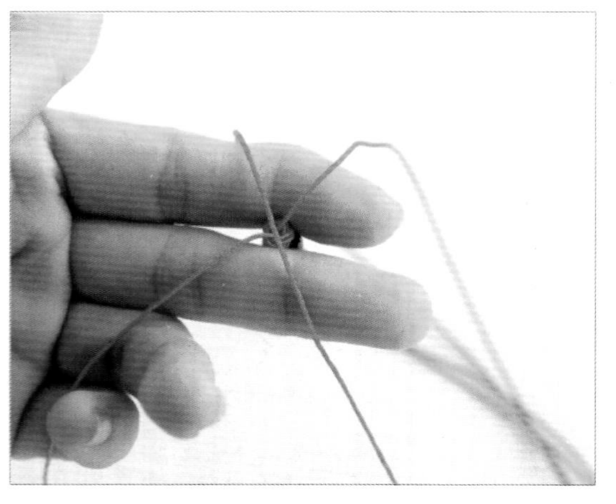

5.将两线一字拉开，在中间加一条线。

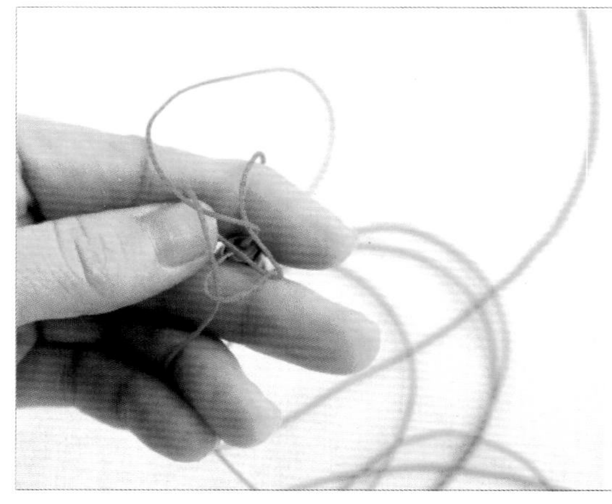

6. 4条线逆时针挑压。

7. 拉紧即为一个玉米结。

8.将玉米结打至合适长度。

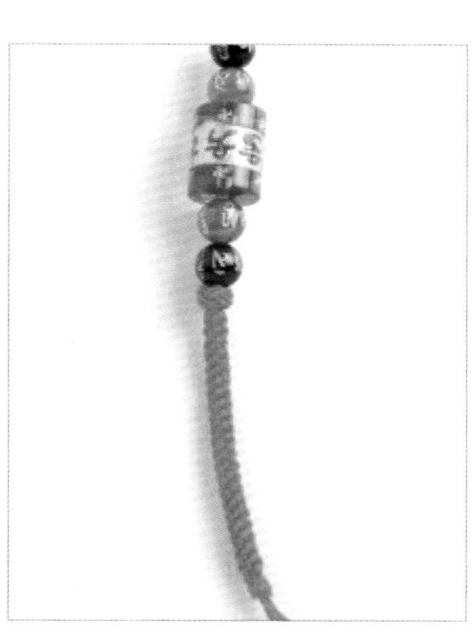

9.打一个双联结收尾。

10. 另一边重复步骤4～9。

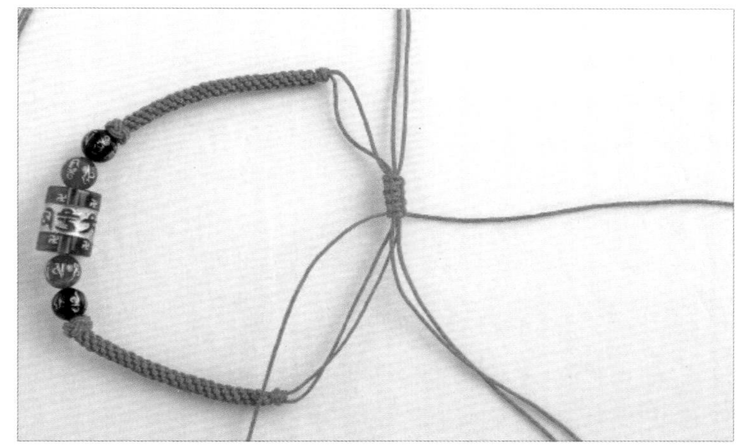

11.两端各剪掉两条线，取30cm的短线包住4条余线，打4个平结。

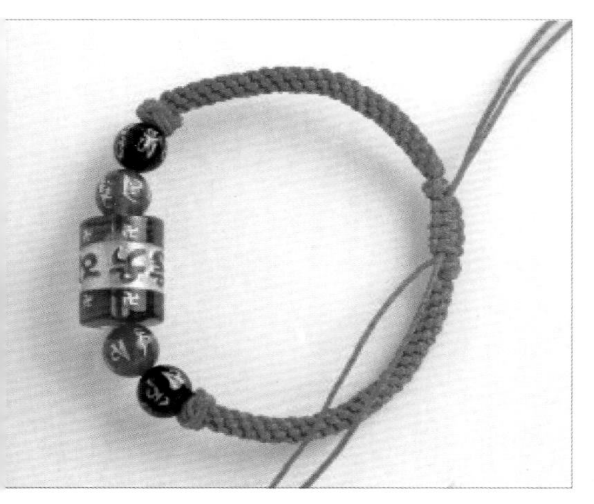

12. 剪线，用火烫线尾。

13.左右各穿好珠子，打死结，剪掉余线即成。

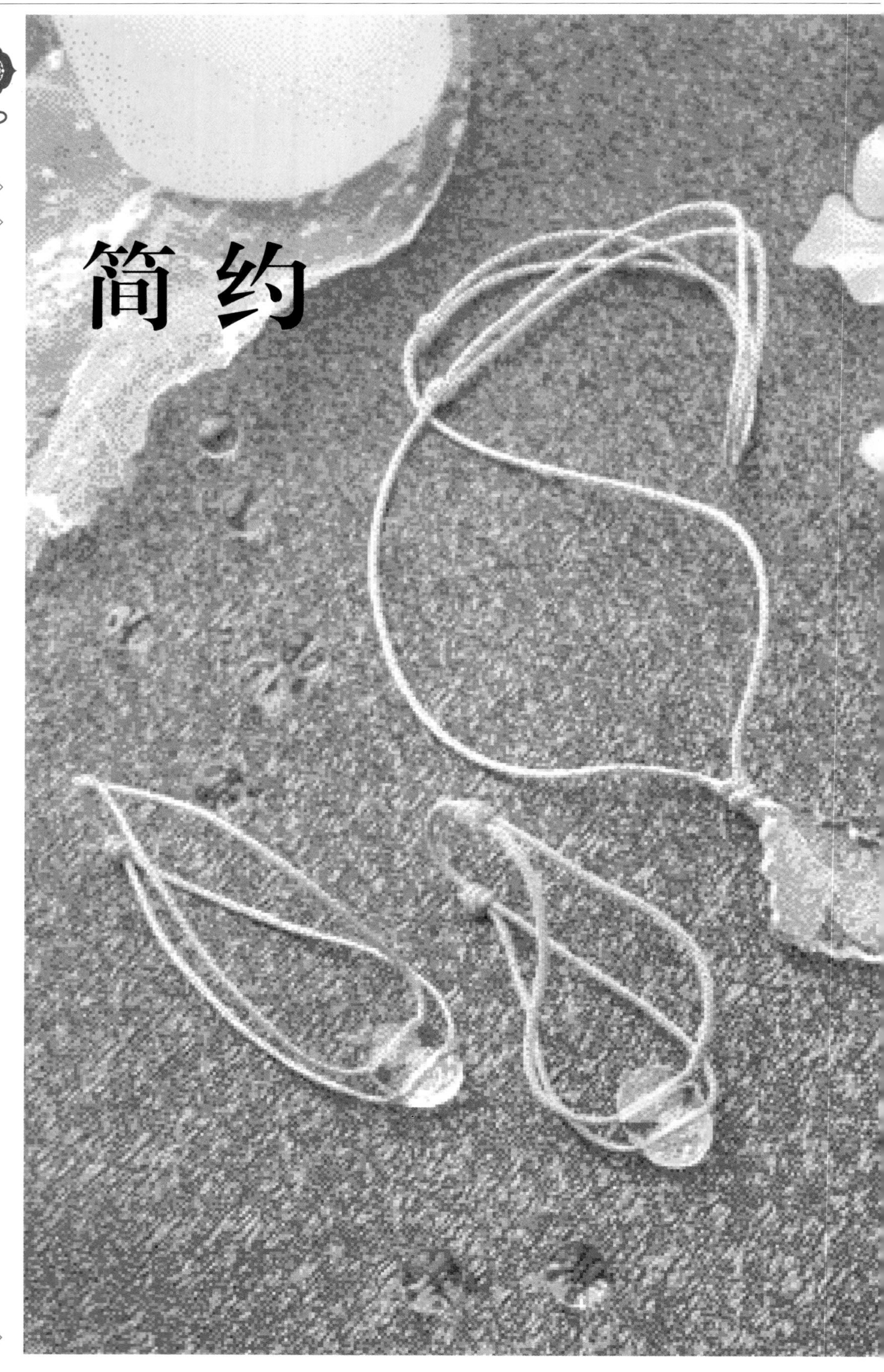
简约

## 材料

A玉线70cm1条，珠子

## 做法

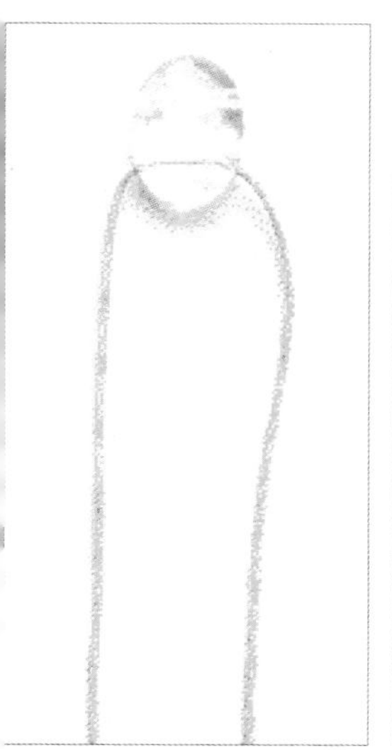

1. 取玉线穿过珠子的一个孔。

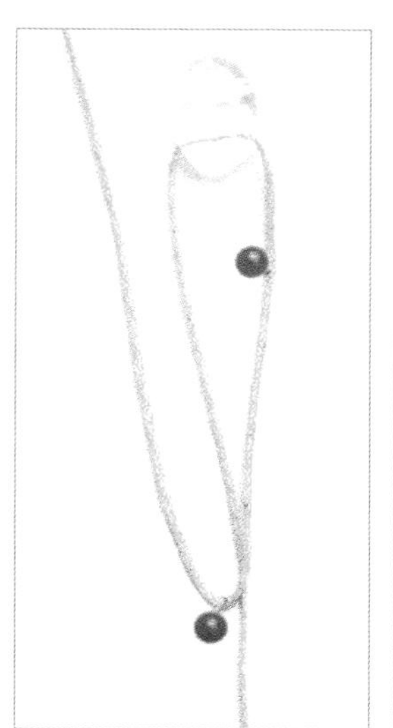

2. 将线的两端如图贴合，用珠针固定。

3. 一端如图绕圈，开始编一个秘鲁结。

4. 一端的线如图穿过所绕的圈，从最下面的圈中穿出。

5. 拉紧线，完成一个秘鲁结。

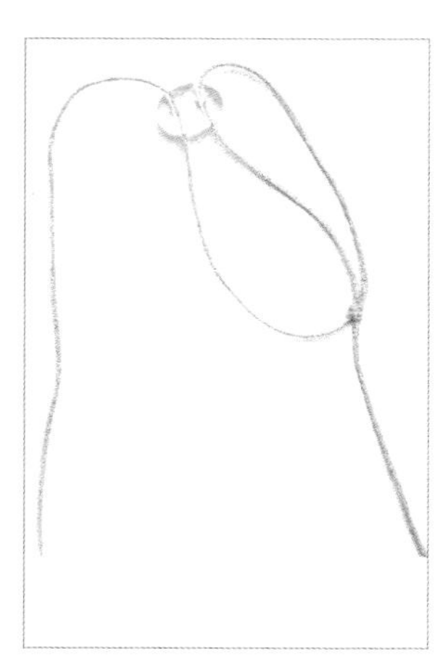

6. 另一端的线穿过珠子另外一个孔。

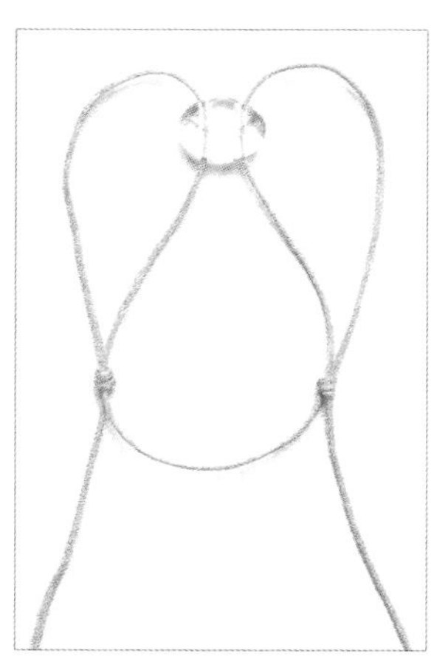

7. 同法编一个秘鲁结。

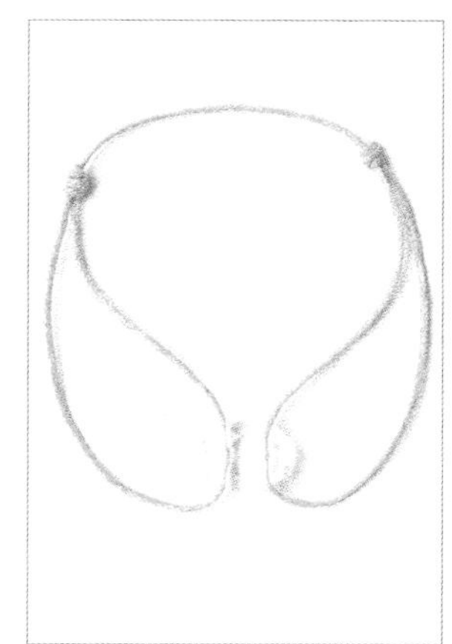

8. 剪线，处理好线尾，完成。

# 玉珠

# 材料

A玉线70cm3条，玉珠子

## 做法

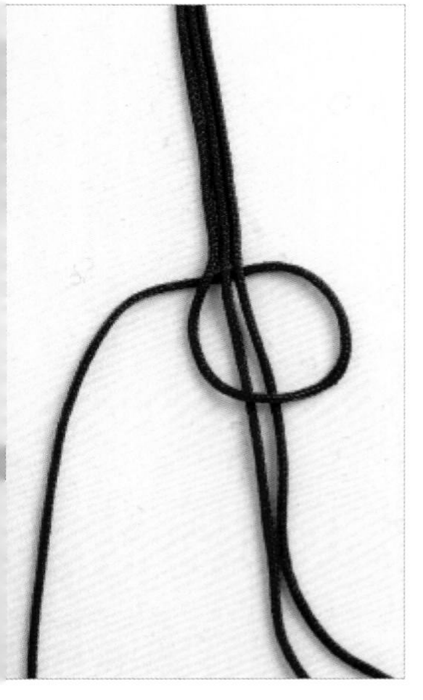

1.将3条玉线比齐，如图摆放。

2. 中间的线不动，左右两边的线绕其打一个双联结。

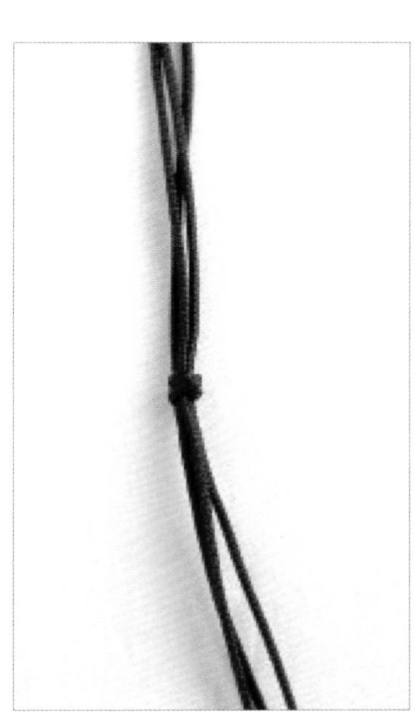

3. 拉紧。

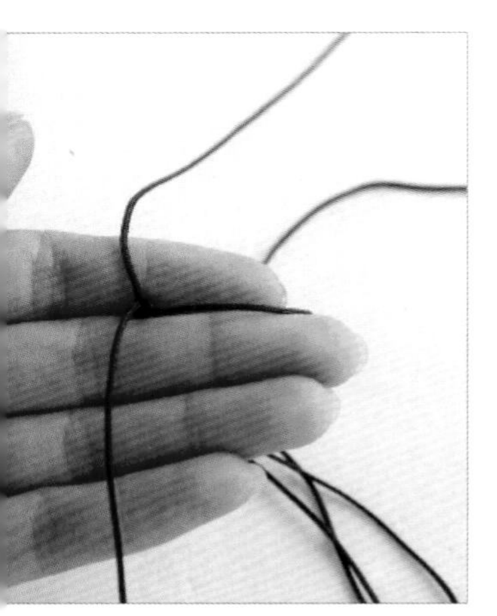

4. 手指夹着双联结，3条线分开摆放。

5.3 条线逆时针挑压，如图所示。

6. 拉紧，成一个玉米结。

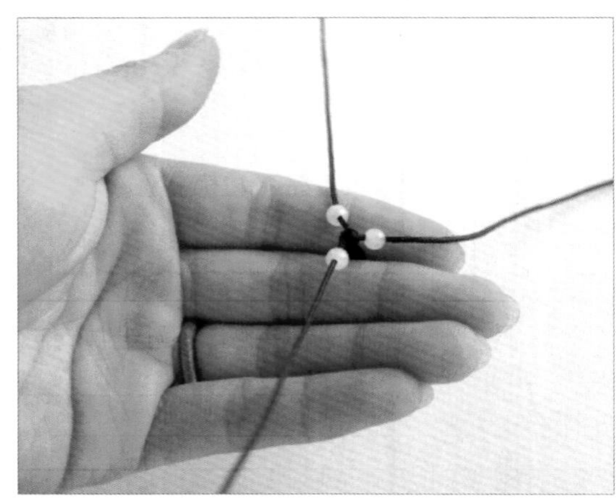

7.3 条线分别穿入一颗珠子。

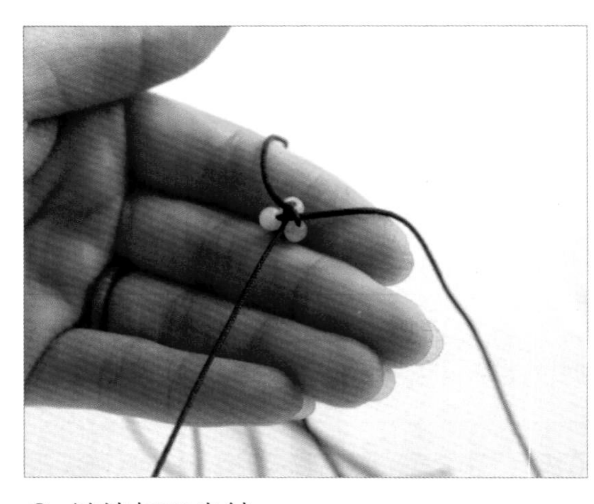

8. 继续打玉米结。

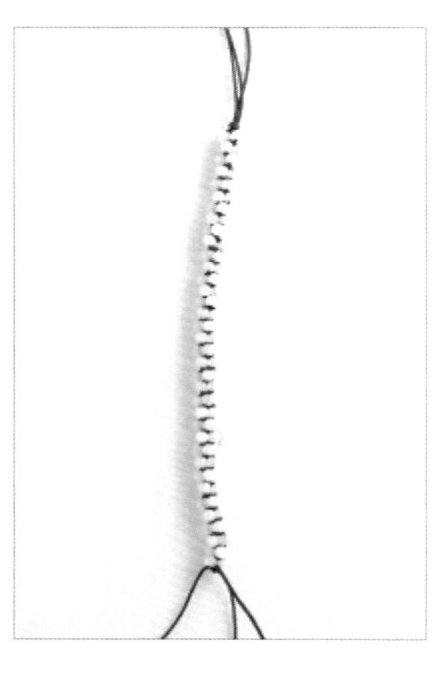

9. 重复上两个步骤，编至合适的长度。

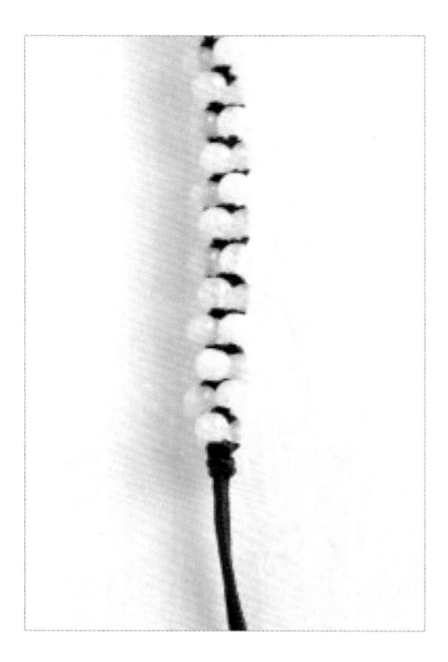

10. 两条线包住剩下的线打一个双联结。

11. 两头各剪掉一条线，用火烫线尾固定，再用余线把 4 条线包住打 4 个平结。

12. 穿尾珠，打死结，去尾线即成。

# 印 子

## 材料

蜡绳80cm10条，珠子

## 做法

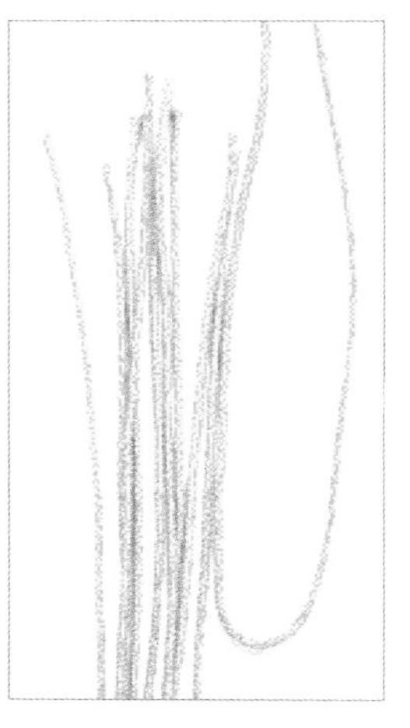

1.将10条蜡绳如图整理好。

2-1　2-2　2-3

2.取其中1条绳包住其余的9条编秘鲁结。

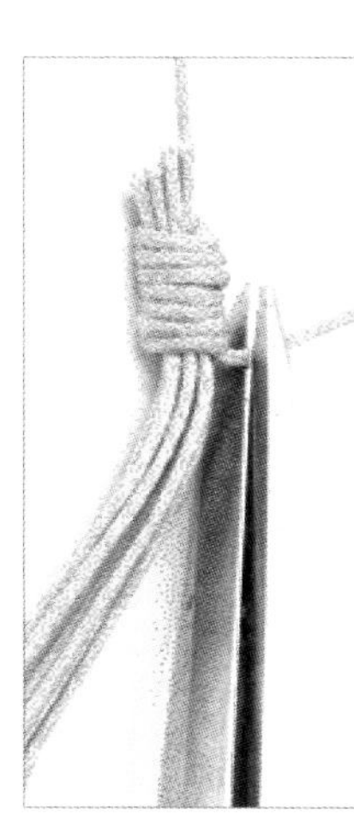

3.秘鲁结编完后剪掉余线。

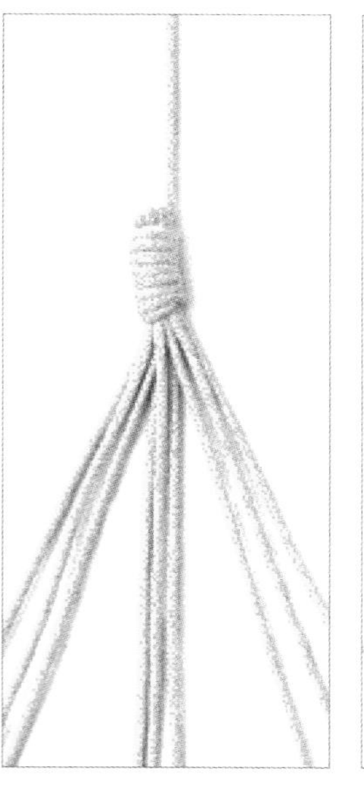

4.剩余9条线平均分为三组，开始编三股辫。

5.编三股辫至合适长度后编秘鲁结收尾。

6.两端各留两条余线，用步骤3中剪掉的余线编秘鲁结收尾。

7.两端的余线穿珠子，打死结收尾，完成。

# 蔓藤

## 材料

A玉线90cm4条，股线，菠萝扣，琉璃珠

## 做法

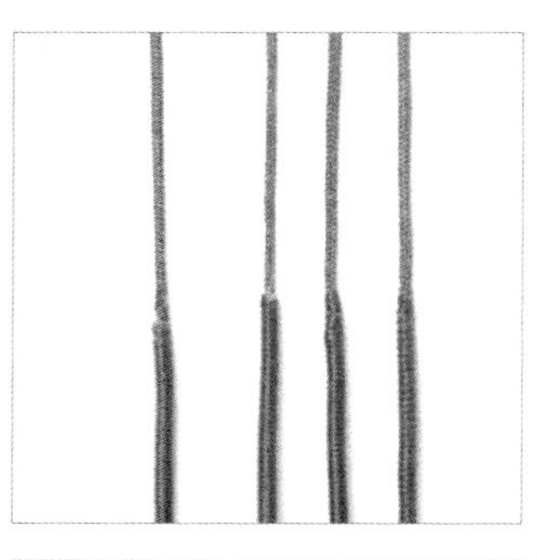

1. 取4条A玉线比齐，分别绕一段股线。

2. 用其中的两条线包着其余线编一个双联结，剪掉包住的两条线，然后在双联结的下面涂胶水，穿菠萝扣。

3-1

3-2

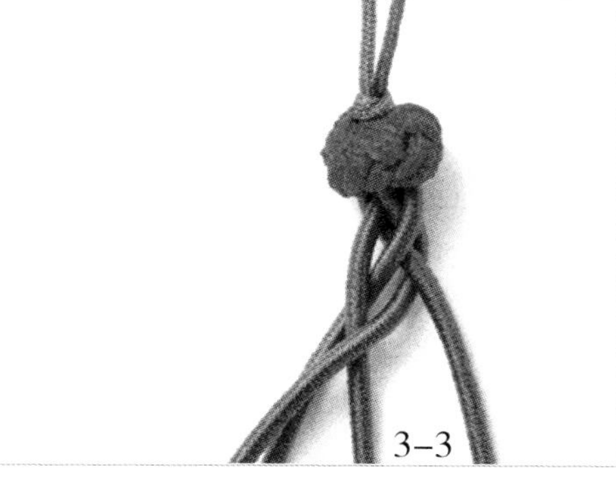

3-3

3. 如图编四股辫。

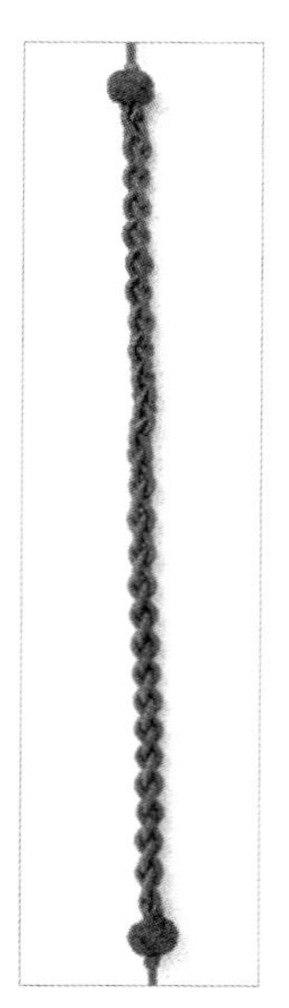

4. 编四股辫至合适长度，同法穿菠萝扣，编双联结。

5. 穿入5颗琉璃珠，注意珠子之间隔适当的距离。

6. 两端的余线各穿一颗珠子，打死结收尾，取剪掉的线包着两端的余线编4个双向平结做活扣，完成。

鸿运

## 材料

6号线70cm1条

## 做法

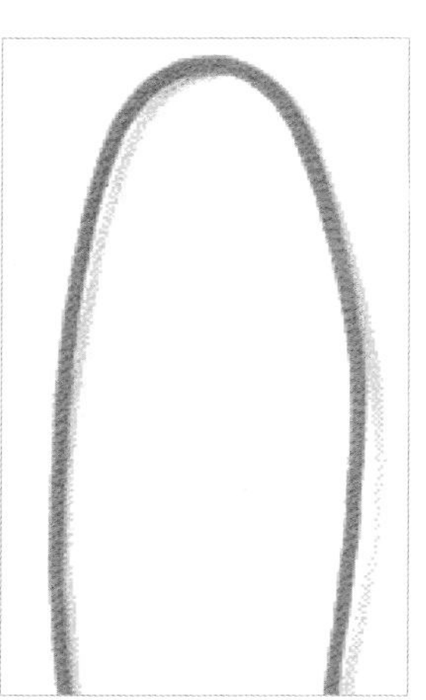

1. 将6号线对折。

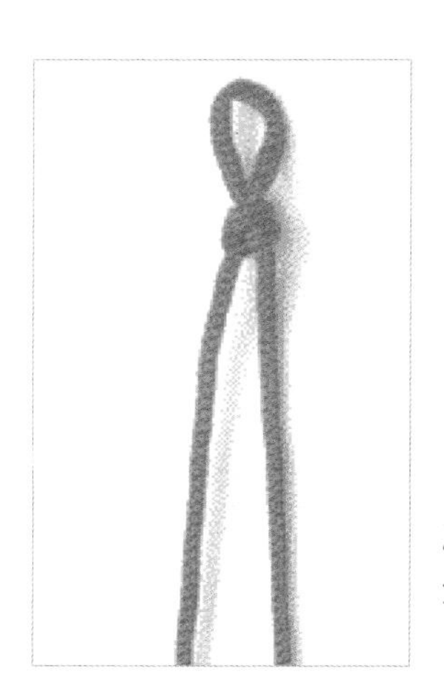

2. 如图编一个双联结，注意留出适当的长度做扣环。

3. 在中间位置编一段金刚结。

4. 另一端编一个纽扣结，完成。

# 鸳鸯抱颈

# 红玉

## 材料

A玉线150cm9条，黑曜石，紫水晶散珠

## 做法

1.取3条A玉线对齐，以其中一条为中线，其余两条打一个双向平结。

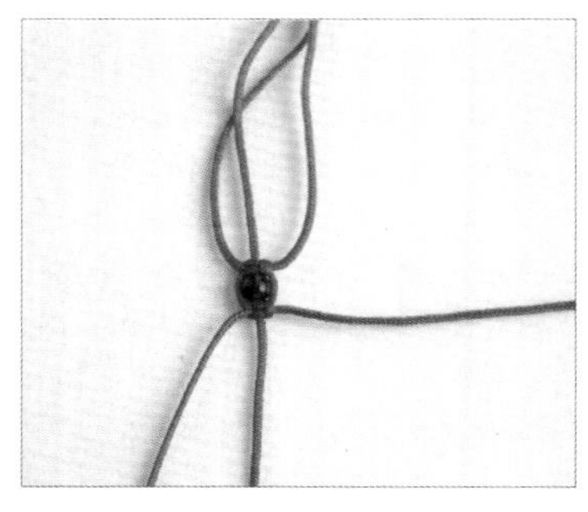

2. 中线穿一颗紫水晶，再打一个平结。

3. 用紫水晶穿出适合的长度

4. 重复步骤1～3，穿好两条黑曜石链子，注意3条链子的长短是不同的。

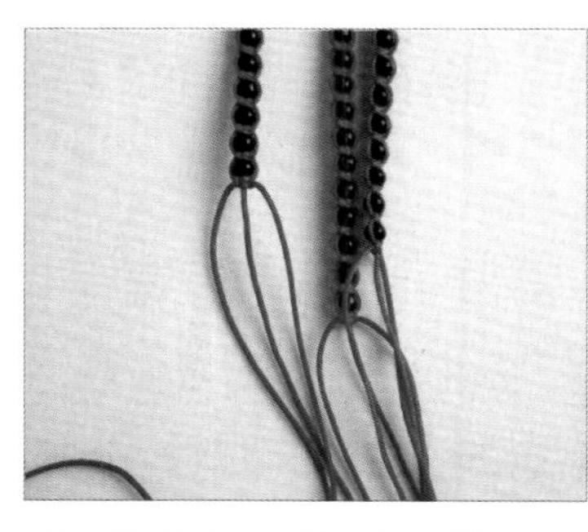

5. 将紫水晶链子并排放在两条黑曜石链子中间。

6. 用黑曜石链子最外侧的两条线，绕着中间的线打两个平结。

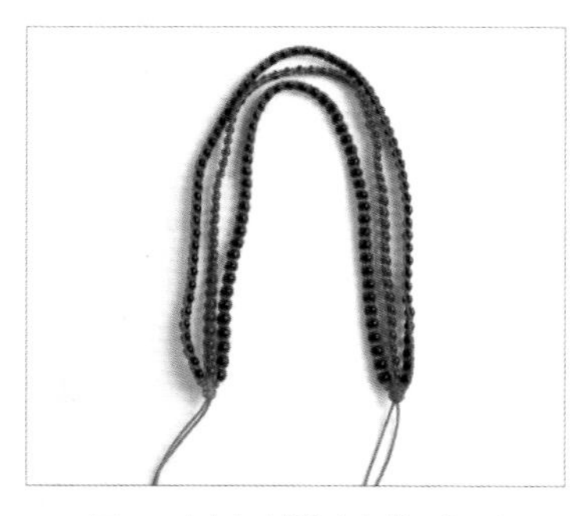

7. 另一端同样制作步骤，留出中间两条线，余线剪掉，用火烫好，如图所示。

8. 两线交叠，用余线包起来打4个双向平结。

9. 用黑曜石穿尾珠，打死结即成。

# 火热

## 材料

A玉线180cm20条、30cm1条，珠子2颗

## 做法

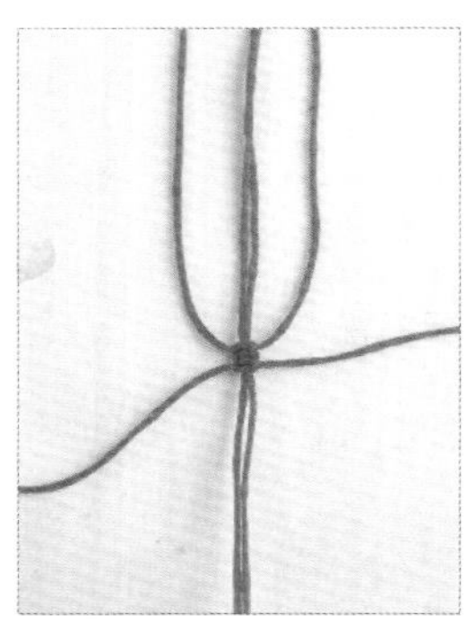

1.先取4条A玉线，在中部编两个双向平结。

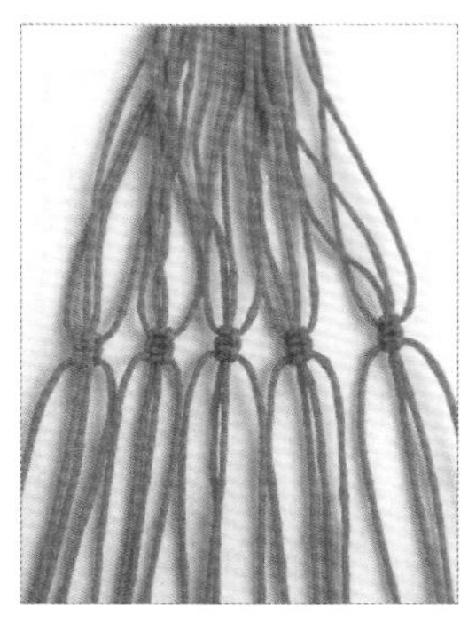

2.剩下的16条A玉线，以4条为一组，每组如步骤1编两个平结后如图摆好。

3.左边的两组，各取相邻的两条线编两个双向平结。

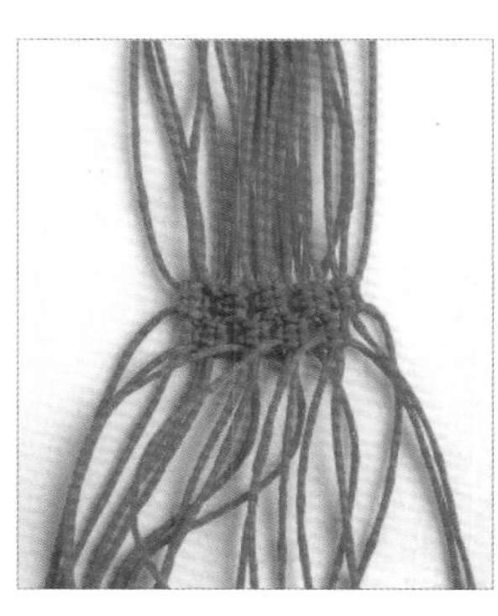

4.依次向右以4条为一组，再编3组平结，最右留出两条。

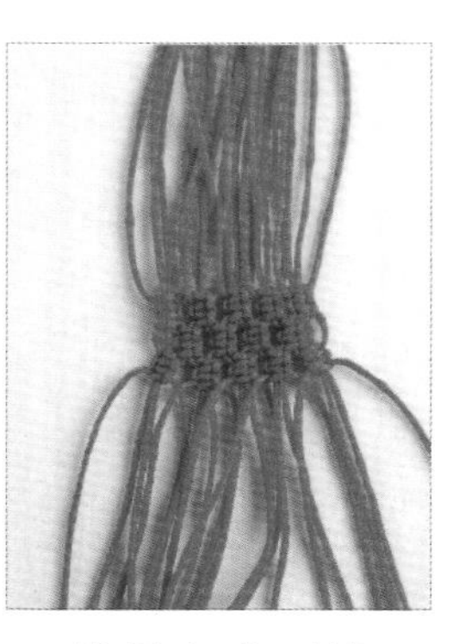

5.从最左边开始，以4条为一组，共5组，每组编两个双向平结。

6.重复步骤3～5的制作步骤6次。

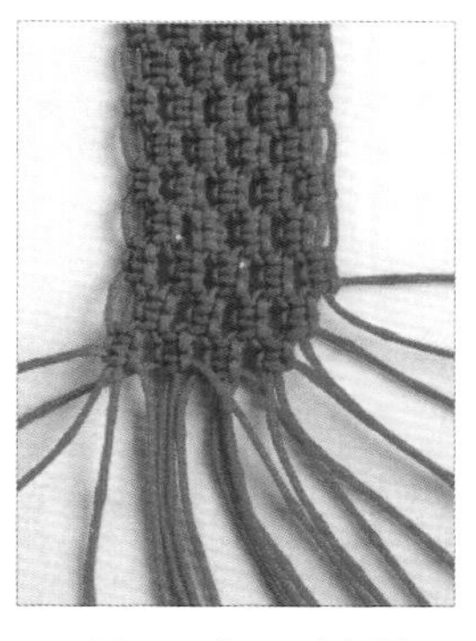

7.接下来开始做减线编结，剔除右边第一、二条线，以4条一组编4组双向平结；右边再留出两条线，并从右到左编4组双向平结。

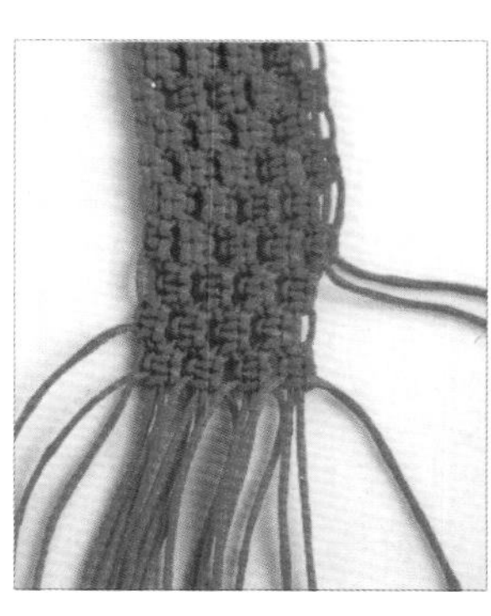

8.左边留出两条线，然后从左到右编4组双向平结。

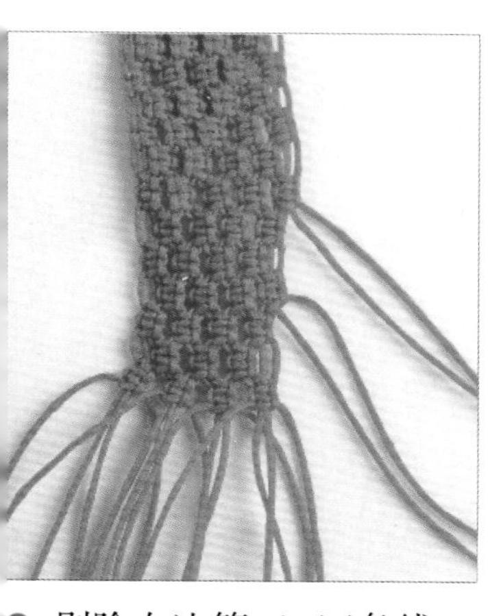

9. 剔除右边第三、四条线，编 4 组双向平结；右边留两条，编 3 组双向平结；再编 4 组双向平结。

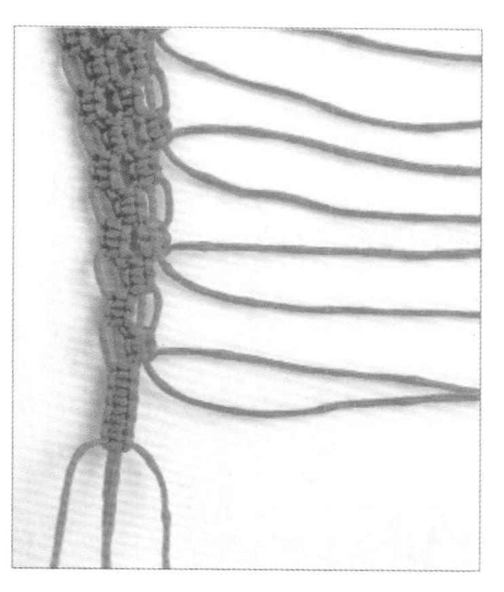

10. 如图依次剔除右边的线，编双向平结，最后剩下的 4 条线编 5 个双向平结。

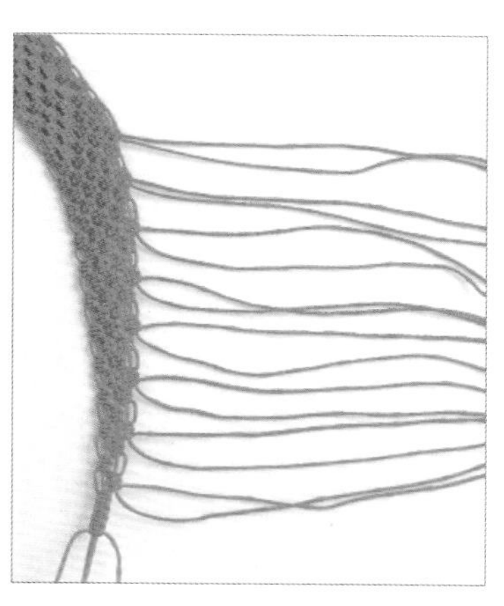

11. 编出如图由粗到细的平结。

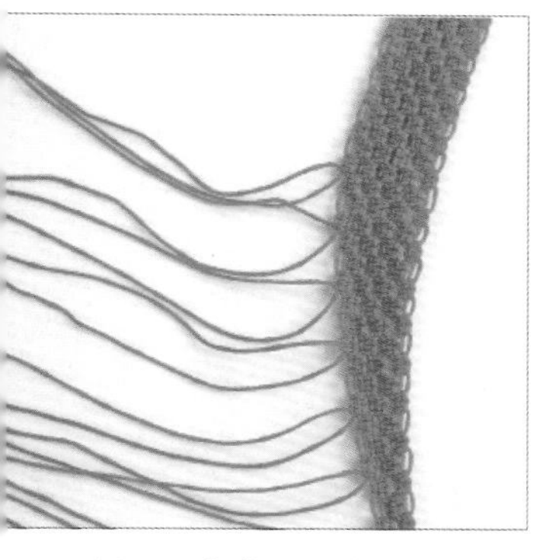

12. 另一端仿照前面的制作步骤编结，注意剔除的是左边的线。

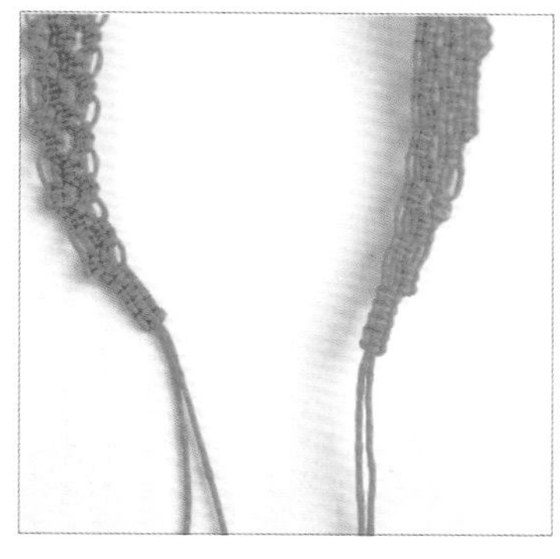

13. 留出最末端的 2 条中心线，余者剪线，并处理好线尾。

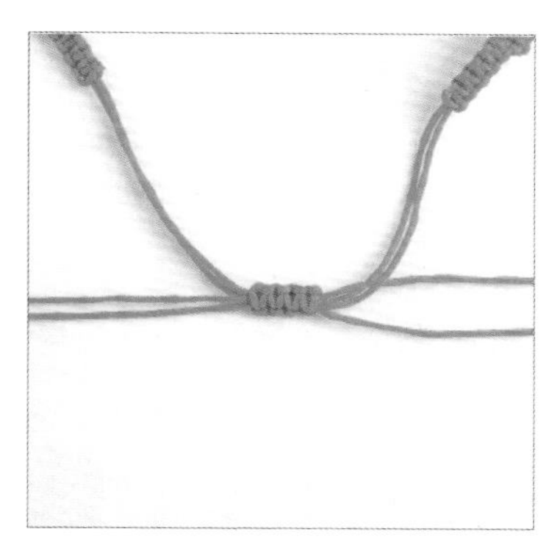

14. 取 30cmA 玉线包着两端的余线编4个双向平结，剪掉玉线。

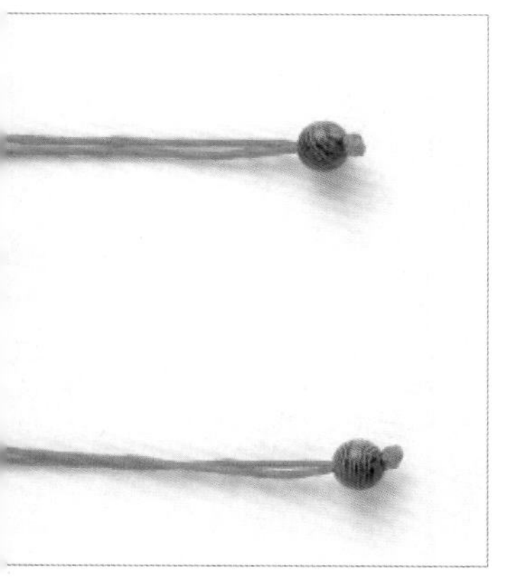

15. 两端余线各留合适长度后穿入一颗珠子，编 1 个死结后剪线。

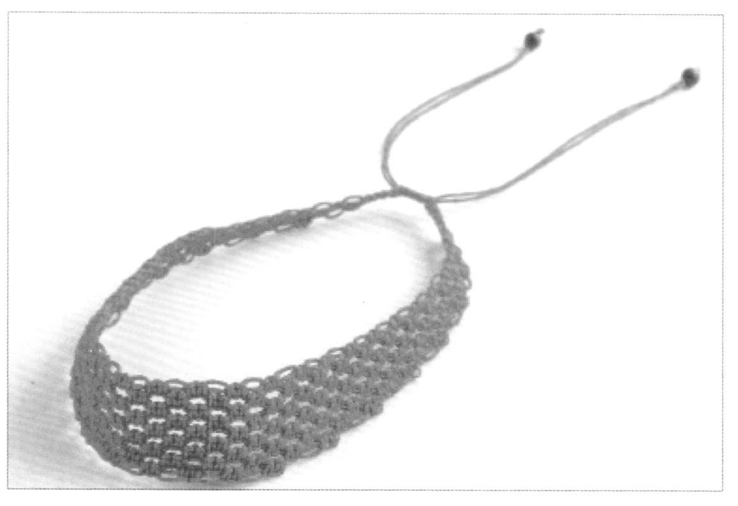

16. 完成。

# 妙吉

## 材料

A玉线120cm20条，景泰蓝，菱形配件，珠子

## 做法

1.将线拿成一束对齐，然后在一头绑一个节，分两组，左边11条，右边9条。

2.取左边最内侧的一条线为主线，左侧相邻的线绕主线打两个斜卷结。

3.然后左侧的线分别在主线上打两个斜卷结，如图所示。

4.继续以左边最内侧的第一条线为主线，右边内侧第一条线绕主线打两个斜卷结。

5.右侧的线逐一打好两个斜卷结。

6.左右两边除了最外侧的两条线外，其余线分别重复步骤2～5。

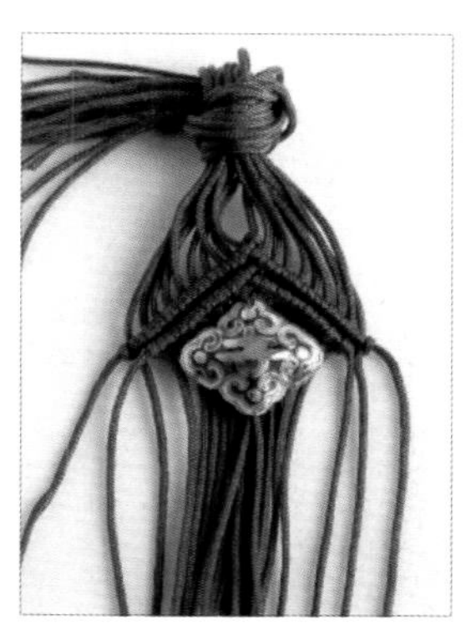

7.取中间两条线穿过菱形配件。

8.以左边第二行斜卷结的主线为主线，打一行斜卷结，右边的线同样制作步骤。

**9.** 与步骤 8 同理，以第一行斜卷结的主线为主，打斜卷结，右边重复同样制作步骤。

**10.** 两边以外侧线为主线打斜卷结，然后中间两线相互穿过景泰蓝。

**11.** 左边 10 条线分两组，左侧 6 条，右侧 4 条，重复步骤 2 ~ 7 打斜卷结和穿景泰蓝。

**12.** 与步骤 8、9 同样，继续打斜卷结。

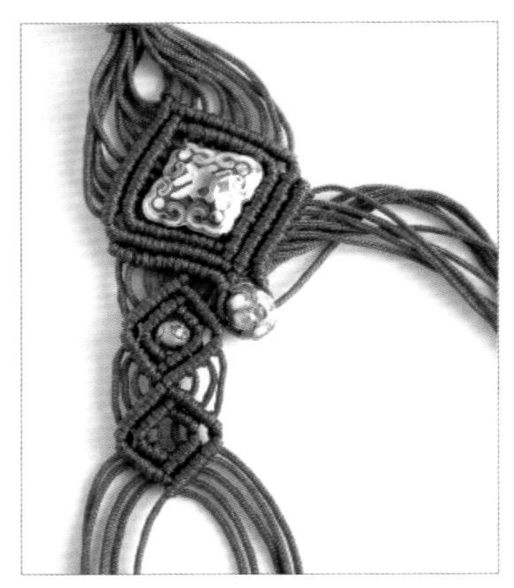

**13.** 剩下的余线同样编斜卷结。

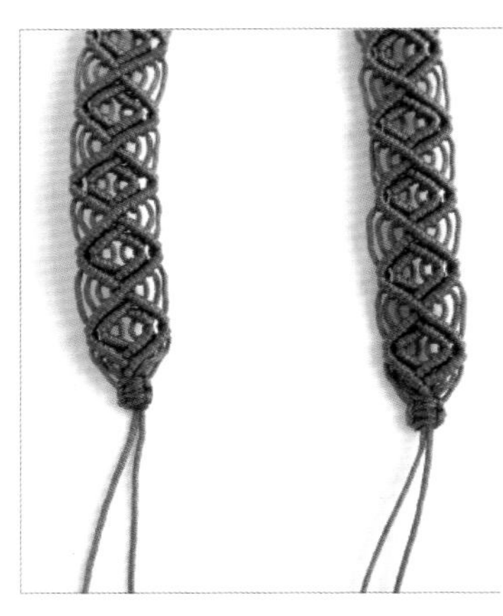

**14.** 右侧的线同样制作步骤，编至适合的长度，用外侧的线打3个双向平结，剪去余线。

**15.** 原先束起的线头解开穿上珠子。

**16.** 穿尾珠，两头交叠，用余线打 4 个平结，剪去多余的线，用火烫线头即成。

# 水莲

## 材料

A玉线150cm4条、30cm1条，三股线100cm8条，塑料圆环4个，珠花1个，珠子

## 做法

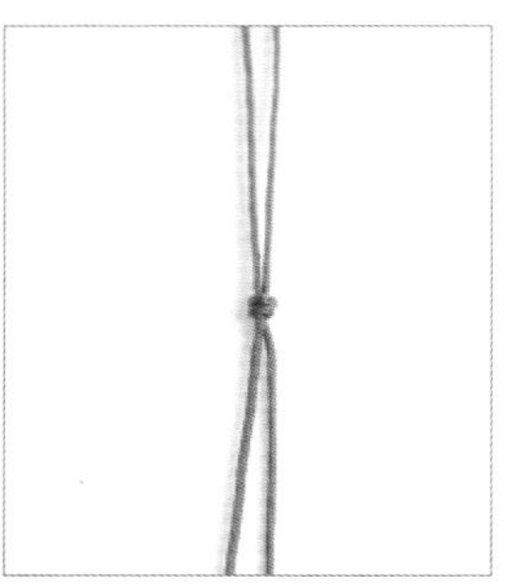

1.取两条长玉线比齐，在中段打一个双联结。

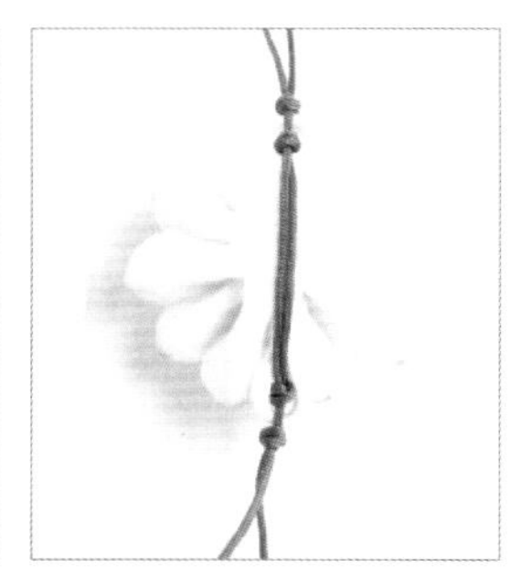

2.穿珠花，用双联结固定。

3.用两条三股线绕着塑料圆环打雀头结。

4.把剩下的塑料圆环都用三股线编雀头结包起来。

5.珠花一边的玉线穿圆环，再穿珠子，珠子固定在圆环中间，如图所示。

6.两边各穿两个圆环和珠子，用双联结间隔开来。

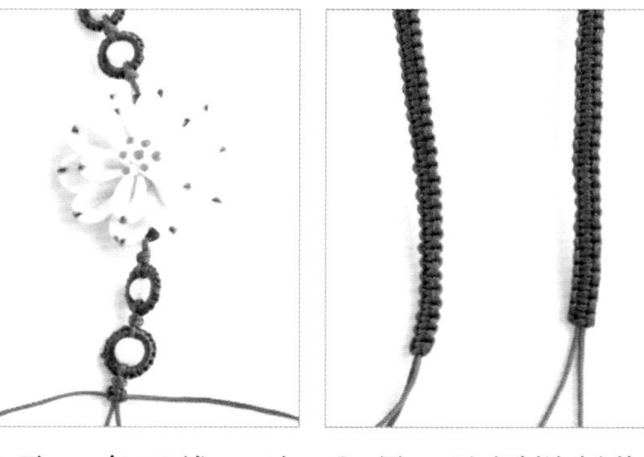

7.取一条玉线，对折后在一边开始打双向平结。

8.另一边同样制作步骤，编平结到适合的长度，剪去余线，用火烫一下线头固定。

9.两边相叠，用余线包起打4个平结，穿尾珠，剪掉余线即成。

# 籽芽

## 材料

A玉线180cm8条、30cm1条，72号线30cm2条、20cm2条，股线150cm，玉环2个，菠萝扣3个，球状珠子1个，珠子

## 做法

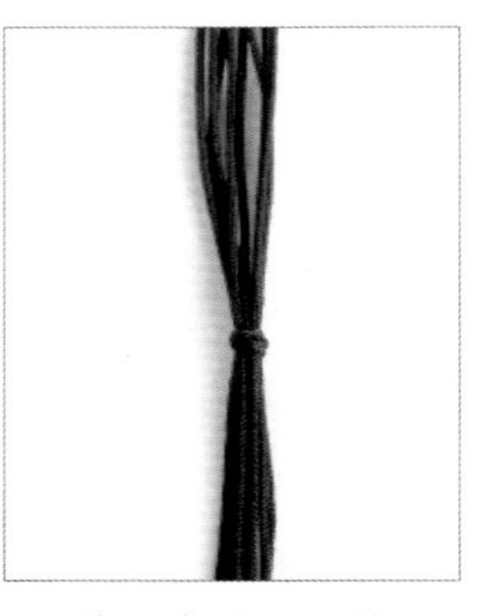

1.将8条长玉线比齐，在60cm处编一个双联结。

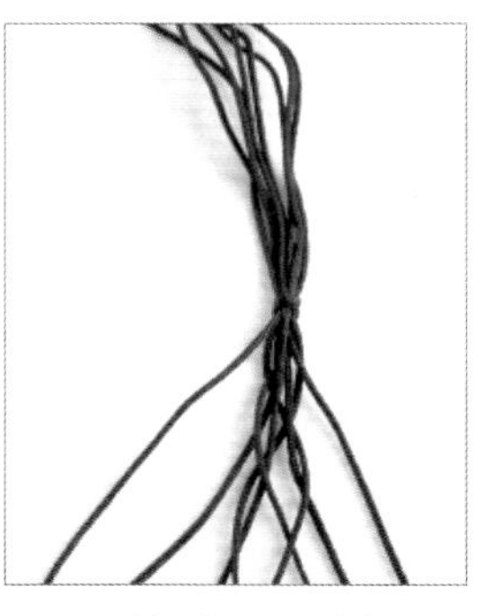

2.开始编八股辫。

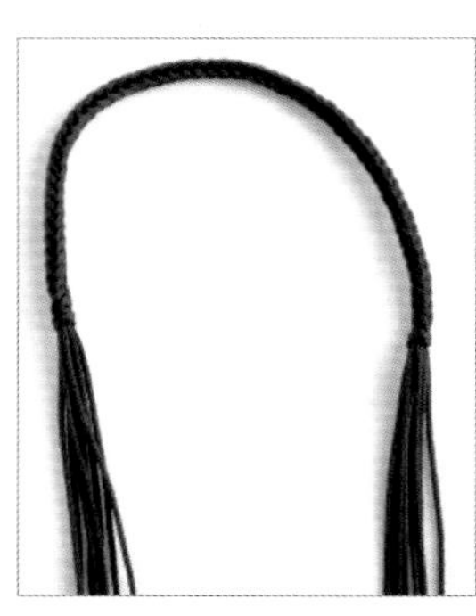

3.编至15cm时，打一个双联结。

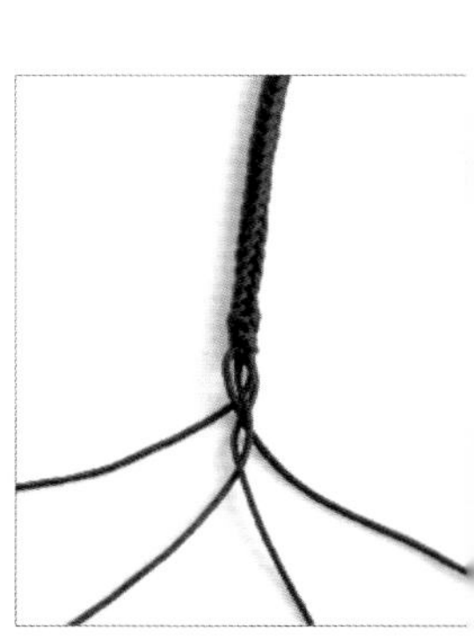

4.两边各剪去4条线，用火烫线头固定，剩下的线开始编四股辫。

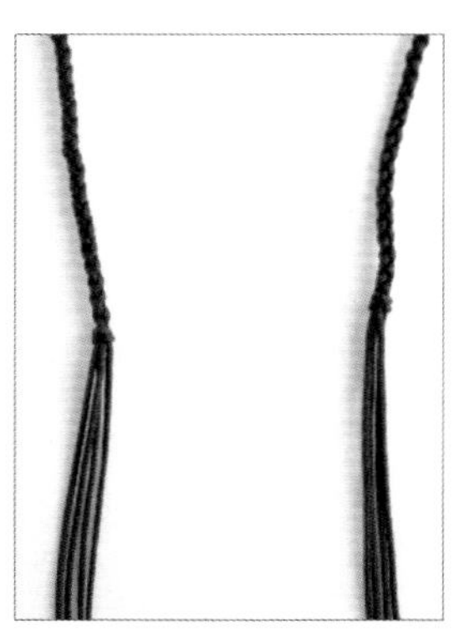

5.编至适合的长度打双联结。

6.用股线在八股辫中间位置绕7cm，再如图穿入玉环和菠萝扣。

7.用短的72号线穿黑珠子，和菠萝扣一起穿入玉线，如图所示。

8.用两条30cm的72号线如图穿珠，红色珠子和球状珠子下各打双联结固定。

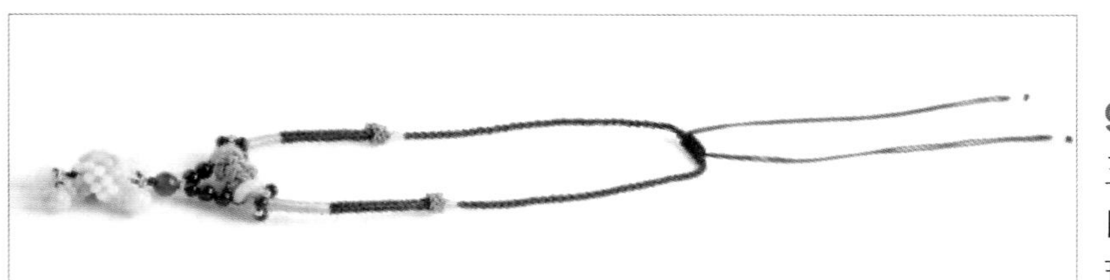

9.去掉余线，两边玉线交叠，打4个双向平结包绕，穿尾珠即成。

# 柔和

## 材料

A玉线120cm4条、50cm1条、30cm1条，软陶花1朵，珠子

## 做法

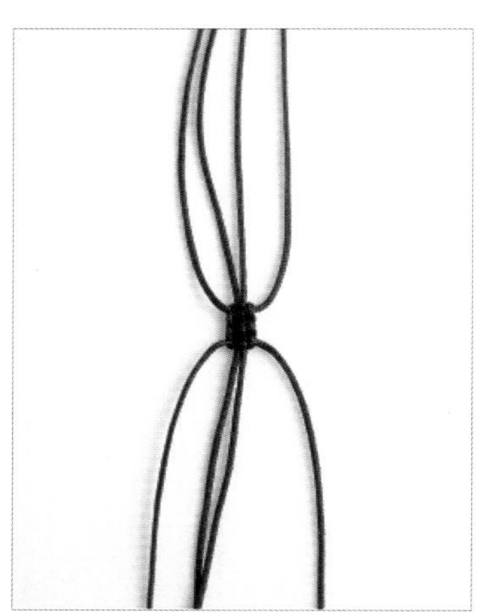

1.取4条120cmA玉线，其中的两条线以另外两条线为中心线编3个双向平结。

2.用中心线同穿入软陶花。

3. 编3个双向平结，中心线同穿入一颗珠子后继续编两两个双向平结。

4. 如图继续穿珠子，编双向平结。

5. 右线与左中心线如图在中间做一个交叉，由此开始编四股辫。

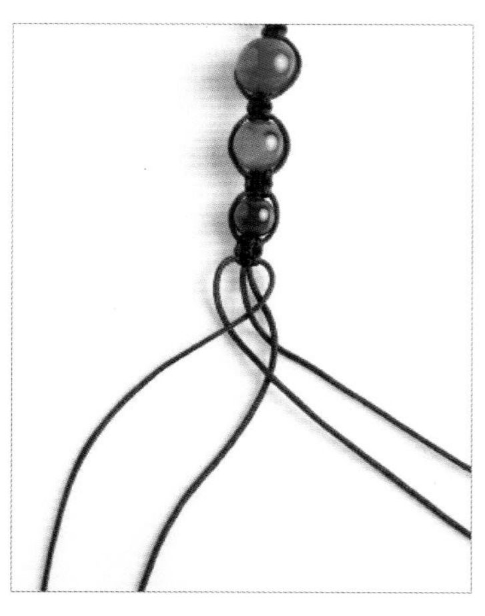

6. 左线与右中心线如图做一个交叉。

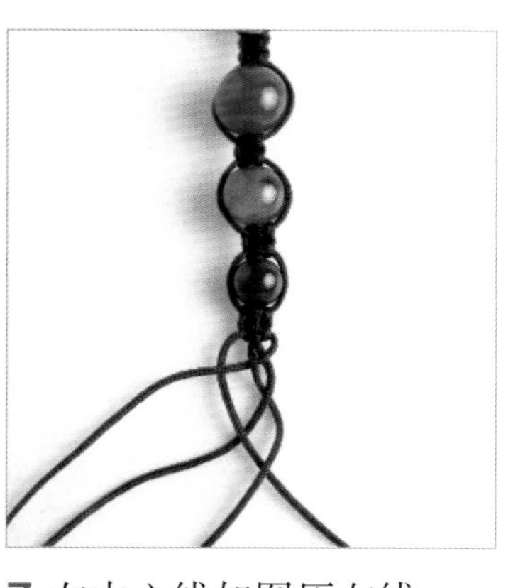

7.左中心线如图压左线。

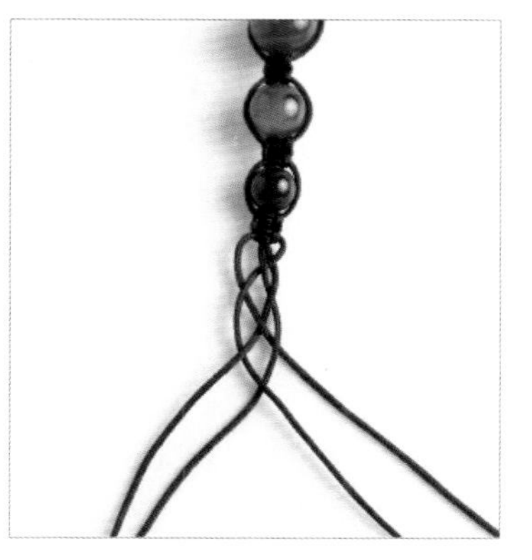

8. 右线如图挑右中心线，压左中心线。

9. 仿照步骤 5 ~ 8 的制作方法重复编结至合适长度，再编两个蛇结。

10.软陶花的另一端同法穿珠子，编结；两端各留两条线，余者剪掉。

11.加一条30cmA玉线编4个双向平结，剪线。

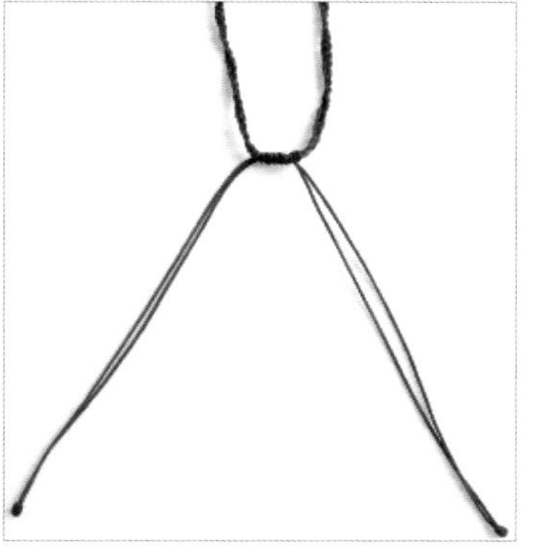

12. 两端的余线各留合适的长度后合在一起打一个死结收尾。

13.在软陶花后面的中心线上加1条50cmA玉线后，编2个蛇结。

14.两段余线依次穿入珠子，编死结收尾。

15. 完成。

# 守护

## 材料

A玉线200cm4条、30cm1条，紫水晶珠子

## 做法

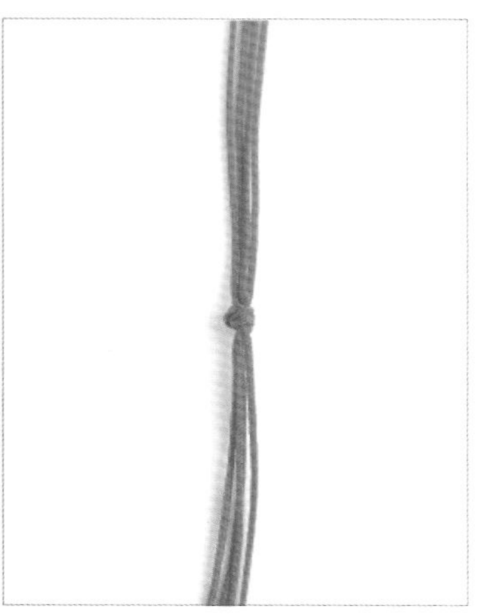

1.将4条200cmA玉线比齐，在中间向上10cm的位置编一个双线双联结。

2.4条线分别穿入数量相同的紫水晶圆珠，完成4条珠子链。

3.用4条珠子链编两下四股辫，再用玉线编一个双线双联结。

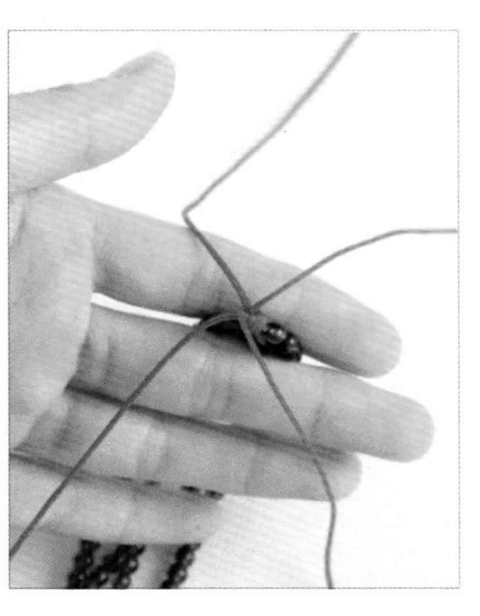

4.将玉线呈十字交叉置于食指与中指间，开始编玉米结。

5.4条玉线按逆时针方向相互挑压。

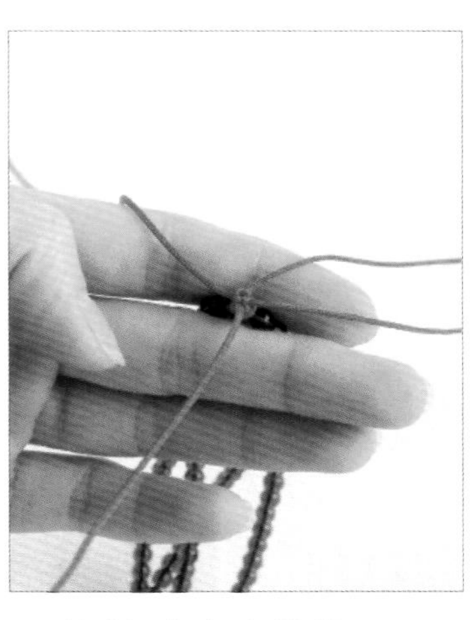

6. 拉紧4个方向的线。

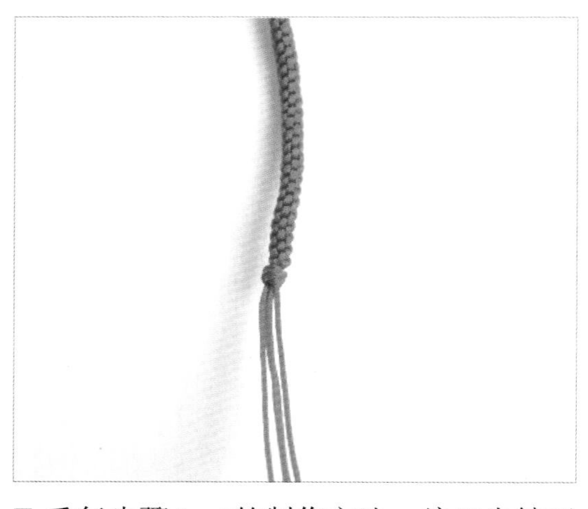

7.重复步骤4～6的制作方法，编玉米结至合适长度后再编一个双线双联结。

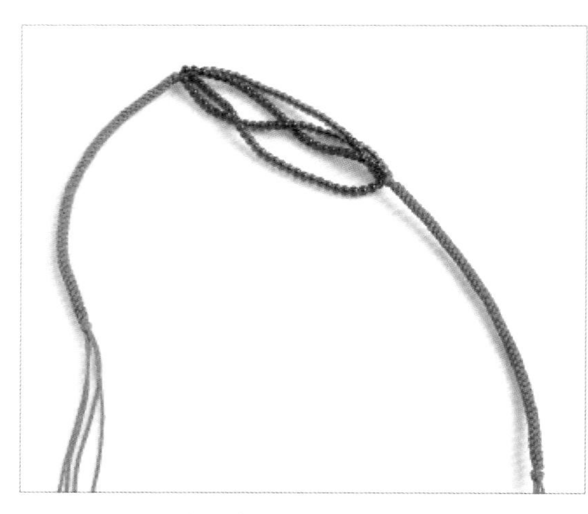

8. 另一端同法编玉米结和双线双联结。

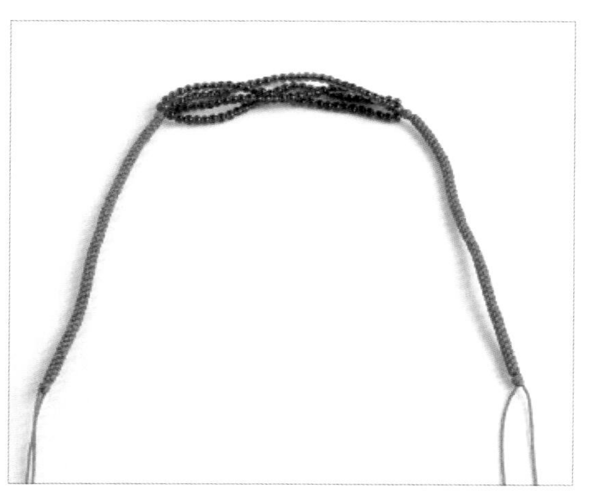

9.两端各留两条线，余线剪掉。

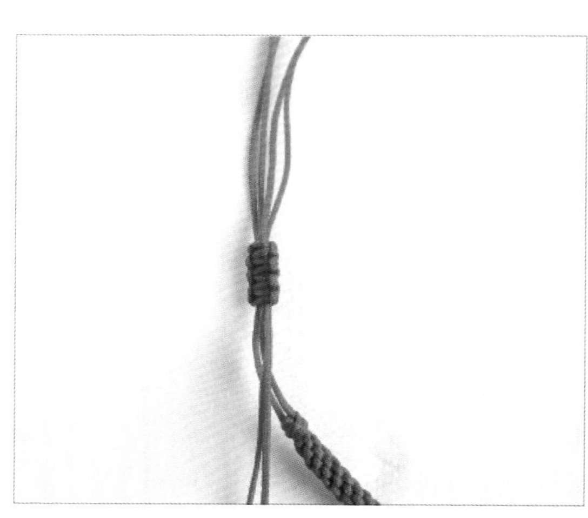

10.将两端的线交叉摆放，另取一条30cmA玉线编4个双向平结，剪线。

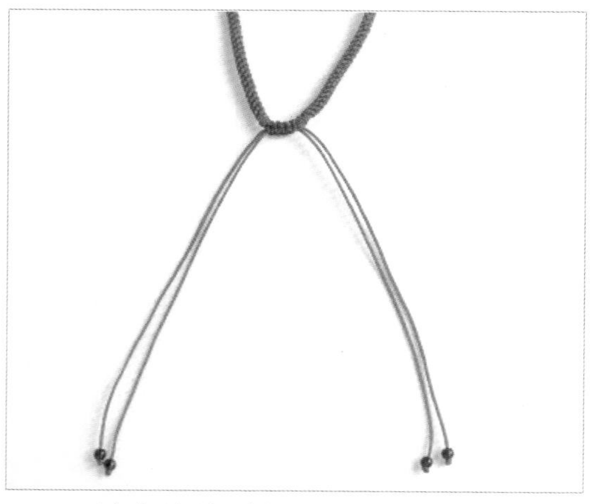

11. 两端余线分别穿入一颗珠子，编死结收尾。

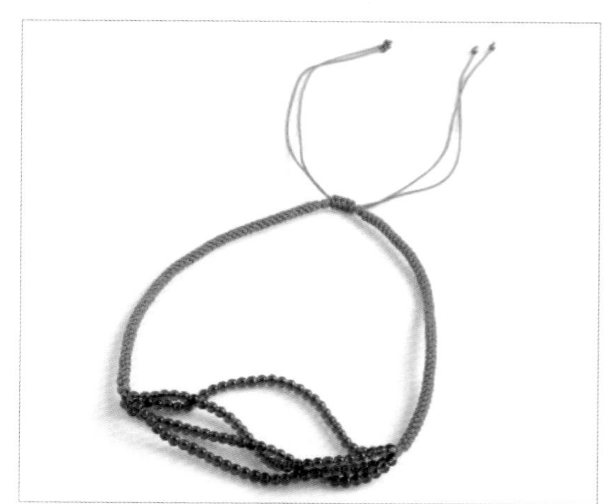

12.完成。

# 颂雅

## 材料

A玉线5条（180cm3条、30cm1条、20cm1条），
红色、白色30cm72号线各1条，珠花1个，珠子3颗

## 做法

1.取3条180cmA玉线对折，将其中1条向上拉出合适长度，用于收尾。

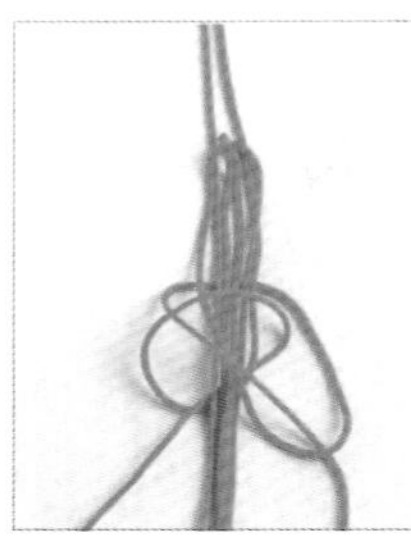

2.取其中的两段线包着其他线编一个双联结。

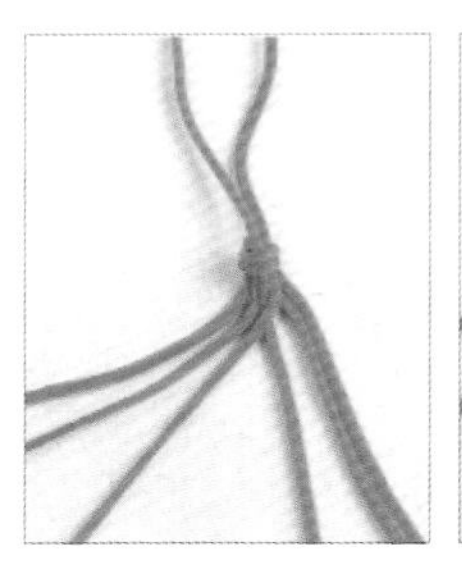

3.将6段线平均分为两组，从右边任取一段线拉到左边，从左边任取一段线，从下方拉向右边。

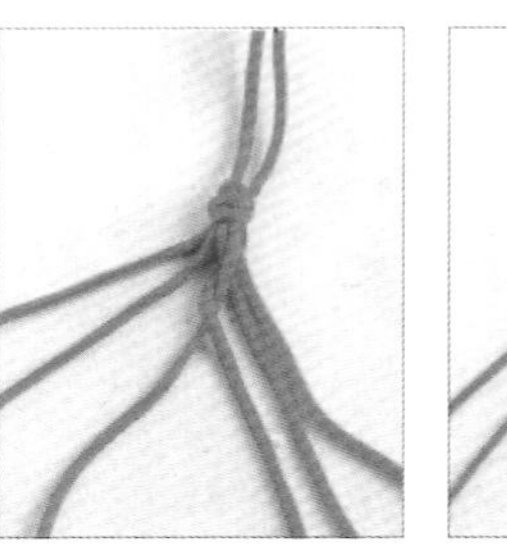

4.取最右端的线从下方向上包住左边最里的线。

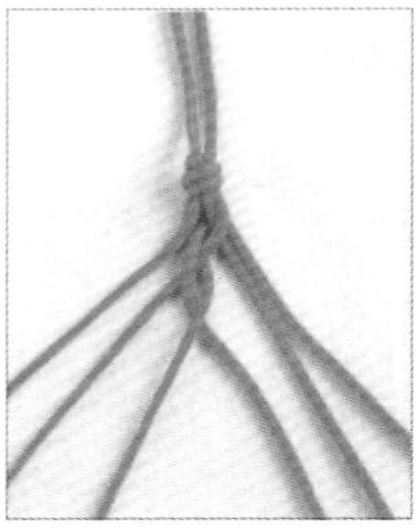

5.取最左端的线从下方向上包住右边最里的线。

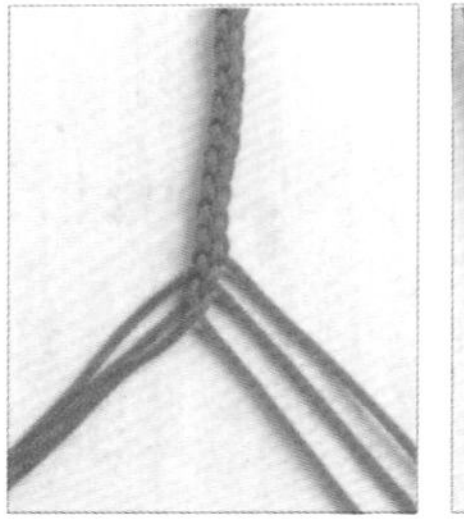

6.重复制作步骤4、5，左右取线，取最外端的线，交替编织，编织出六股辫至合适长度。

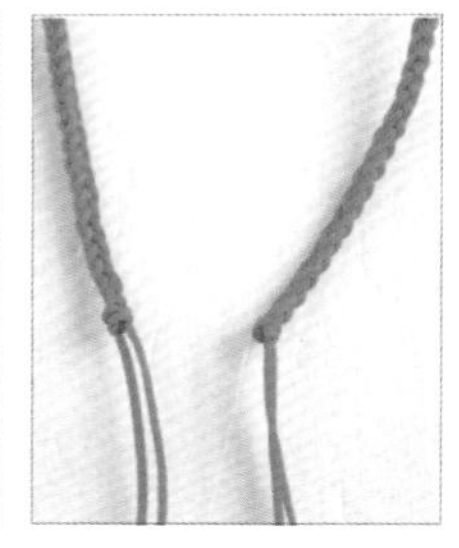

7.任取其中两段线编1个双联结，剪掉剩余的4段线。

8.取1条30cmA玉线，包着4段余线，编4个双向平结。

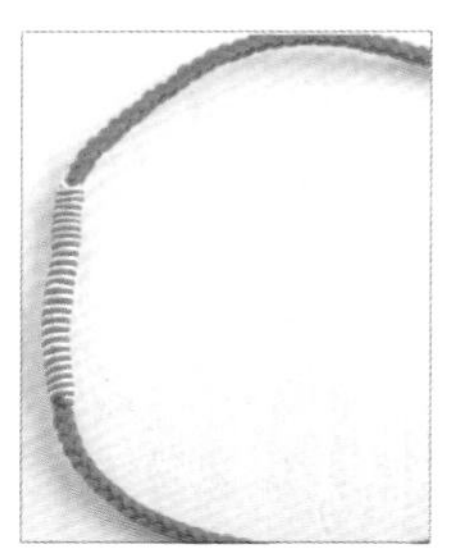

9.用红色、白色72号线在六股辫的中间位置绕线，如图绕出5cm的红白相间的线。

10.在链绳中间位置加1条20cm玉线，编一个双联结，穿入珠子和珠花。

11.编一个单结。

12.剪线，穿尾珠，去掉余线即可。

宽容

## 材料

咖啡色5号韩国丝140cm1条，浅黄色5号韩国丝70cm1条，
灰色72号线50cm2条，咖啡色3股线1条，佛头配件1个，珠子1颗

## 做法

1.将咖啡色5号韩国丝对折，与浅黄色5号韩国丝比齐。

2.留出一个扣环的距离，用咖啡色3股线包住3条5号韩国丝，在上端部位绕线，拉紧。

3.如图剪掉余线，完成一个扣环。

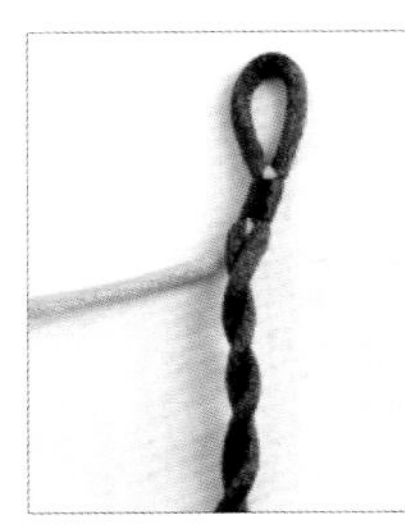

4.如图用咖啡色5号韩国丝拧一小段两股辫。

5.接着拧浅黄色5号韩国丝，注意两者之间的间隔。

6.依照制作步骤4、5的制作方法拧至合适长度。

7.用咖啡色5号韩国丝编一个双线纽扣结。

8.剪掉余线。

9.在项链绳的中间位置加一条灰色72号线，线尾相交，再加一条72号线编双向平结。

10.拉紧，使平结部分包住项链绳，再编一个双联结。

11.穿珠子和佛头配件。

12.编一个单结去掉余线即可。

# 璀璨

## 材料

72号线170cm2条，72号线30cm1条，珠子若干

## 做法

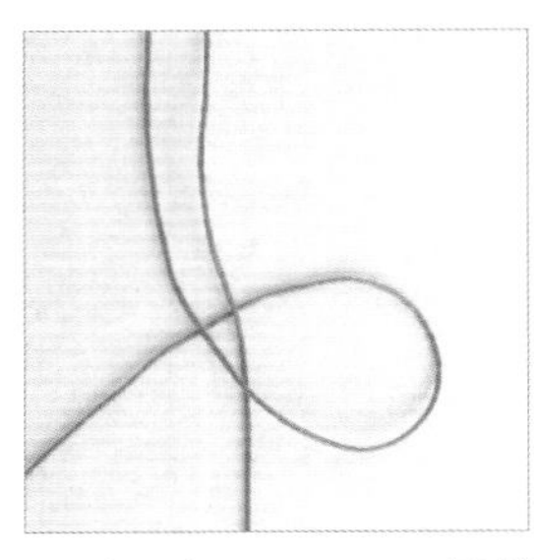

1.取2条170cm72号线比齐，左线如图在中间位置绕出右圈。

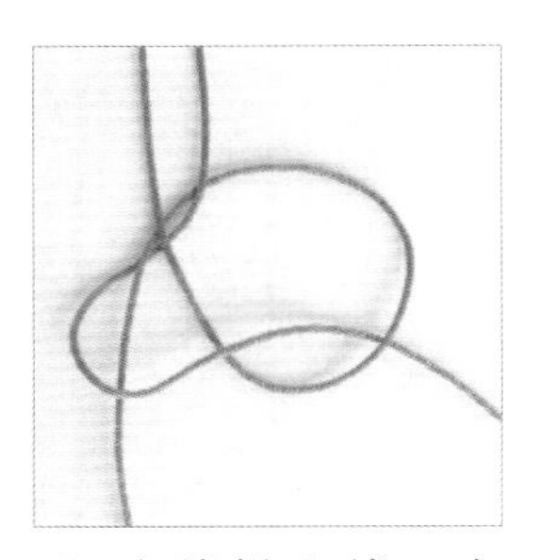

2. 右线挑左线，向右穿出右圈。

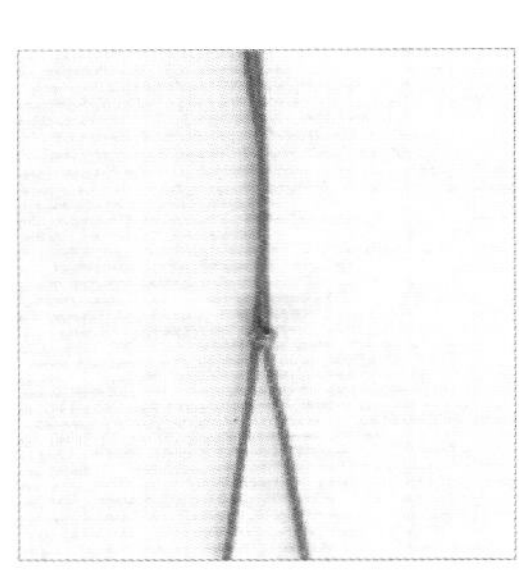

3. 拉紧两线，完成一个金刚结。

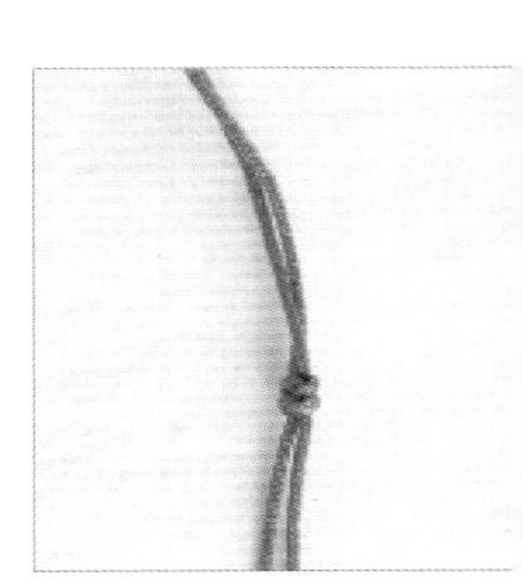

4.同法再编一个金刚结。

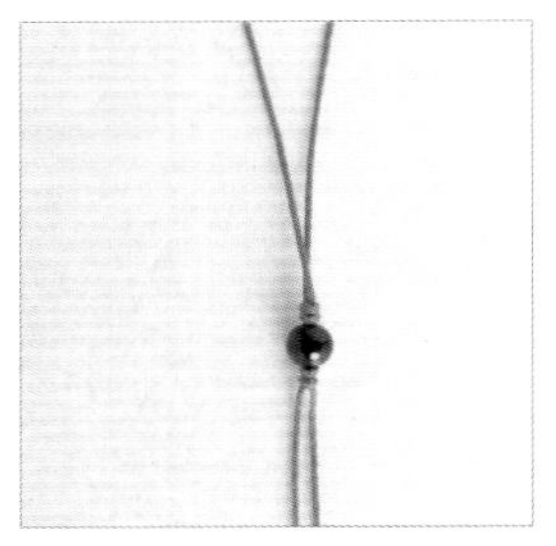

5.穿入一颗珠子，再编两个金刚结。

6.依次穿珠子，编金刚结至合适长度。

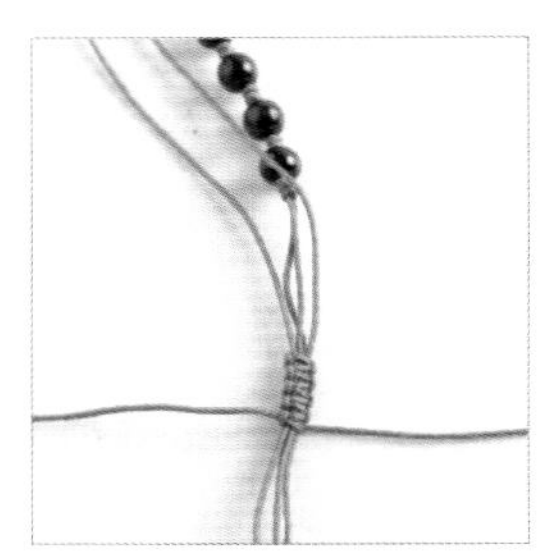

7.将两端的余线交叉摆放，加一条30cm72号线编4个双向平结并处理好尾线。

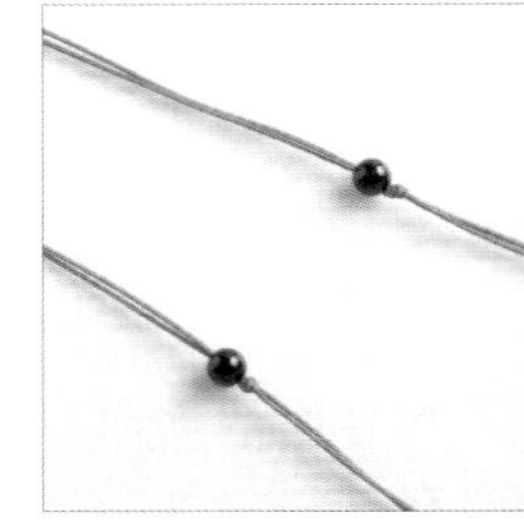

8.两端的余线各留合适的长度，同穿1颗珠子，编一个单结。

9.将各线尾剪掉，完成。

# 记忆

## 材料

墨绿色、褐色A玉线120cm各6条，褐色A玉线50cm1条，玉佩1块，各式珠子若干

## 做法

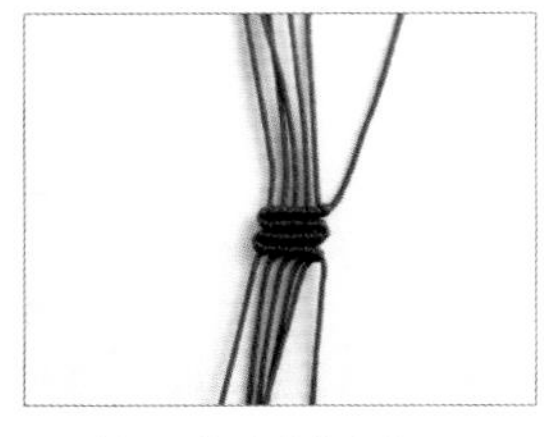

1.将6条墨绿色A玉线比齐，左侧5条线以最右侧的线为中心线，在中间位置来回编斜卷结，每条线各编一个，来回编两次。

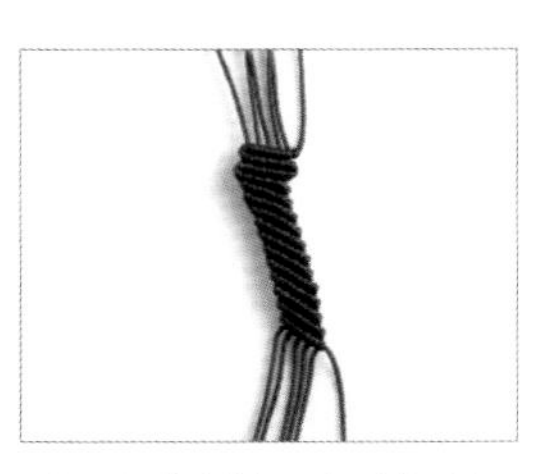

2.右侧的5条线以最左侧的一条线为中心线编11组斜卷结。

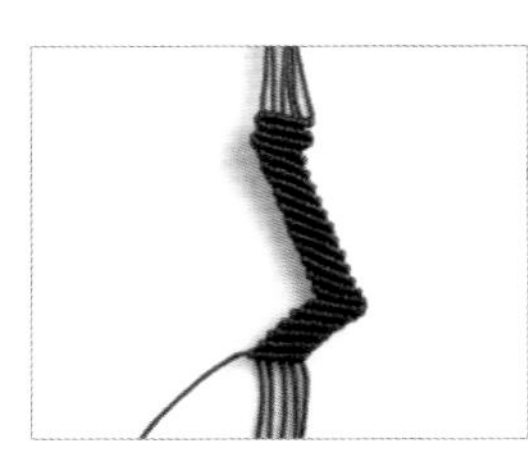

3.左侧的5条线以最右侧的一条线为中心线编6组斜卷结。

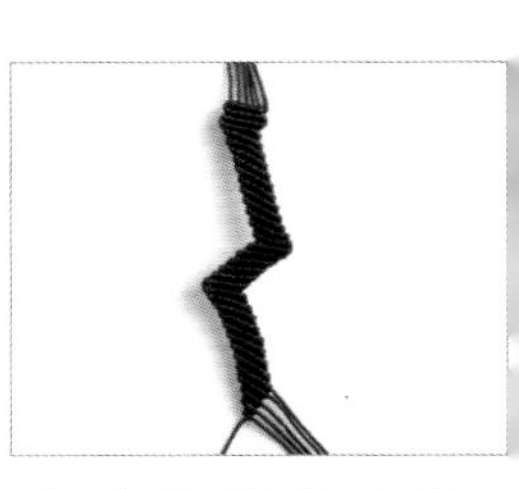

4.仿照制作步骤2再编9组斜卷结，然后逐渐剔除右侧的线编4组斜卷结。

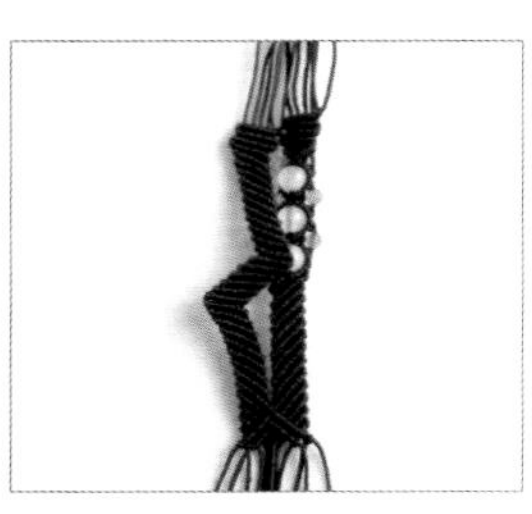

5.另取6条褐色A玉线，先仿照制作步骤1编斜卷结，再每3条为一组，以外侧为中心线，内侧线各编3个斜卷结，左侧外线穿入一颗珠子，继续以两条中心线各编6个斜卷结，中间两线穿大珠子，重复编两次斜卷结，再仿照制作步骤3编斜卷结至合适的长度，最后以墨绿色右侧两线，褐色左侧两线为中心线，如图编斜卷结。

6.内侧的两条线穿过珠子，分别以左右外侧的两线做中心线，编斜卷结，编出如图形状。

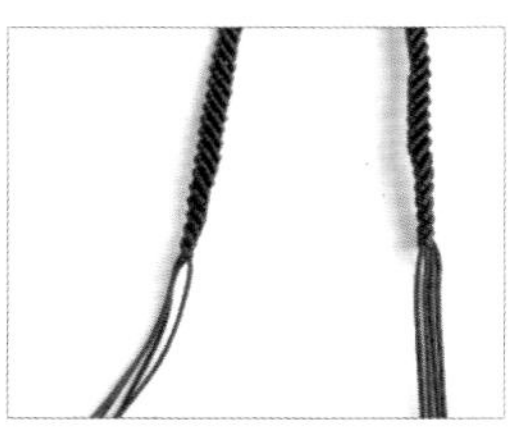

7.两颜色的线，排除内侧各自的两条线，其余线分别以外侧的线为中心线编斜卷结至适合的长度。

8.相邻内侧的两条线编织斜卷结，如图所示。

9.外侧的线包住中间的线，编两个平结。

10.另一边按同样制作步骤，去掉余线，尾线相交，编4个平结。

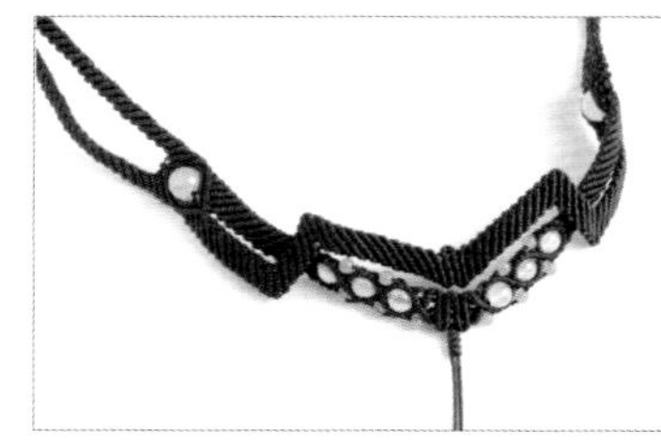

11.如图，去掉余线，用剩下两条线编4个蛇结。

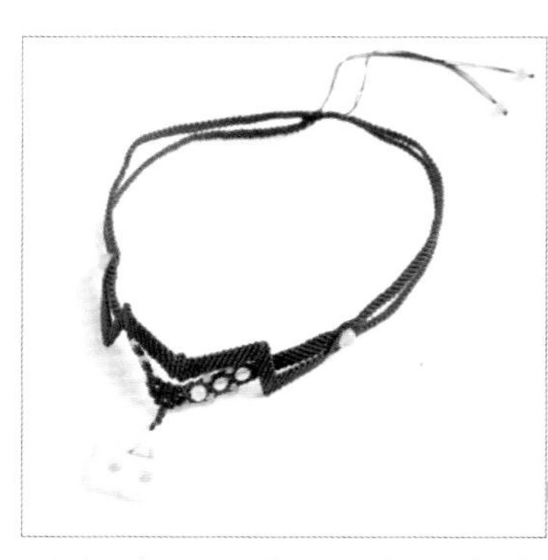

12.穿入玉佩，编一个秘鲁结，穿尾珠即可。

十色

## 材料

段染6号韩国丝110cm8条，段染6号韩国丝30cm1条，饰珠3颗

## 做法

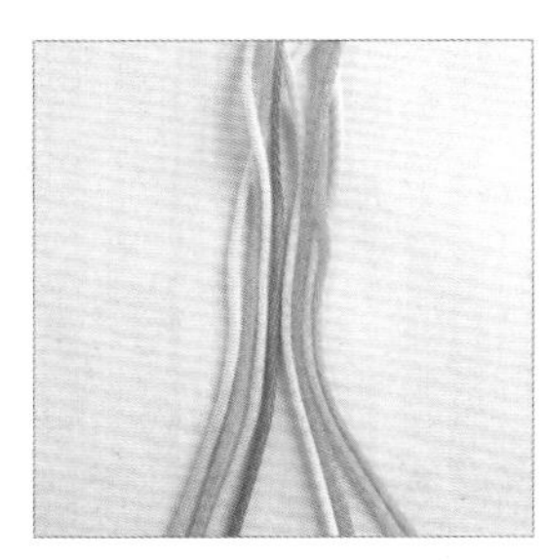

1.取8条110cm段染6号韩国丝分为左右两组，开始编八股辫。

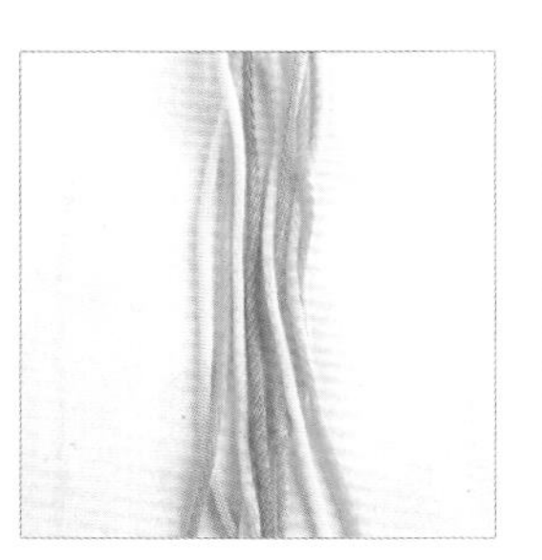

2.从右边拿一条，自下方向上包住左边两条。

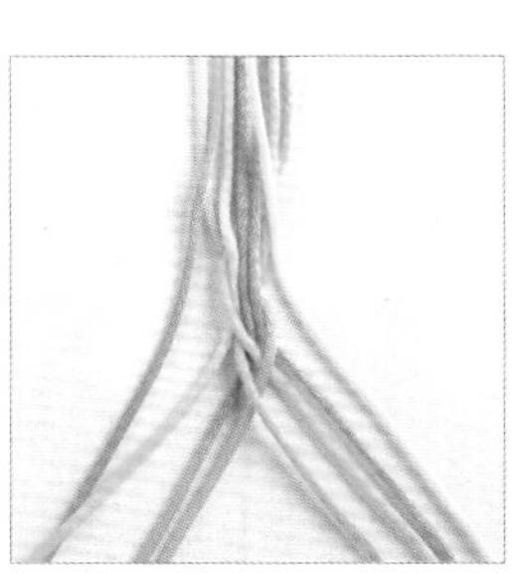

3.从左边拿一条，自下方向上包住右边两条。

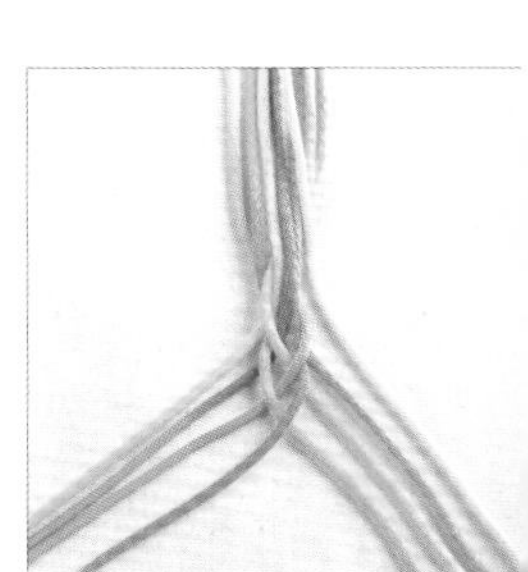

4.从右边拿一条，自下方向上包住左边最里两条。

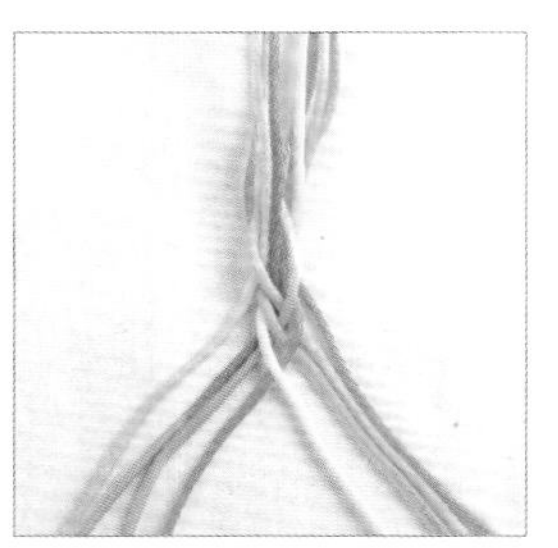

5.从左边拿一条，自下方向上包住右边最里两条。

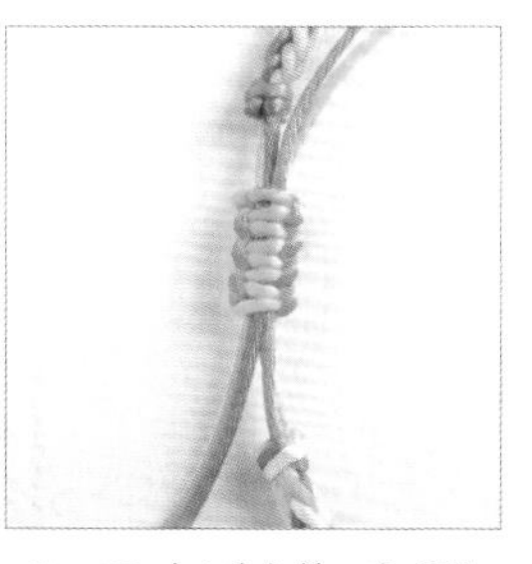

6.重复制作步骤2～5，左右取最外端的线，交替编织出适合长度的八股辫。

7.取两条线编一个双联结。

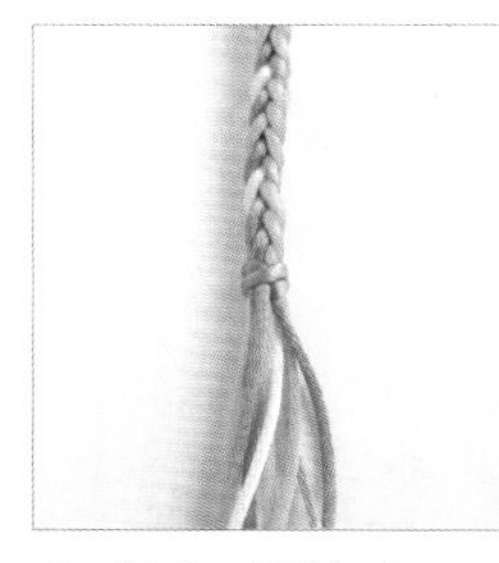

8.穿入3颗饰珠。

9.去掉余线，两端的线相交，编4个平结。

10.两端尾线留出适当的长度，各编一个单节。

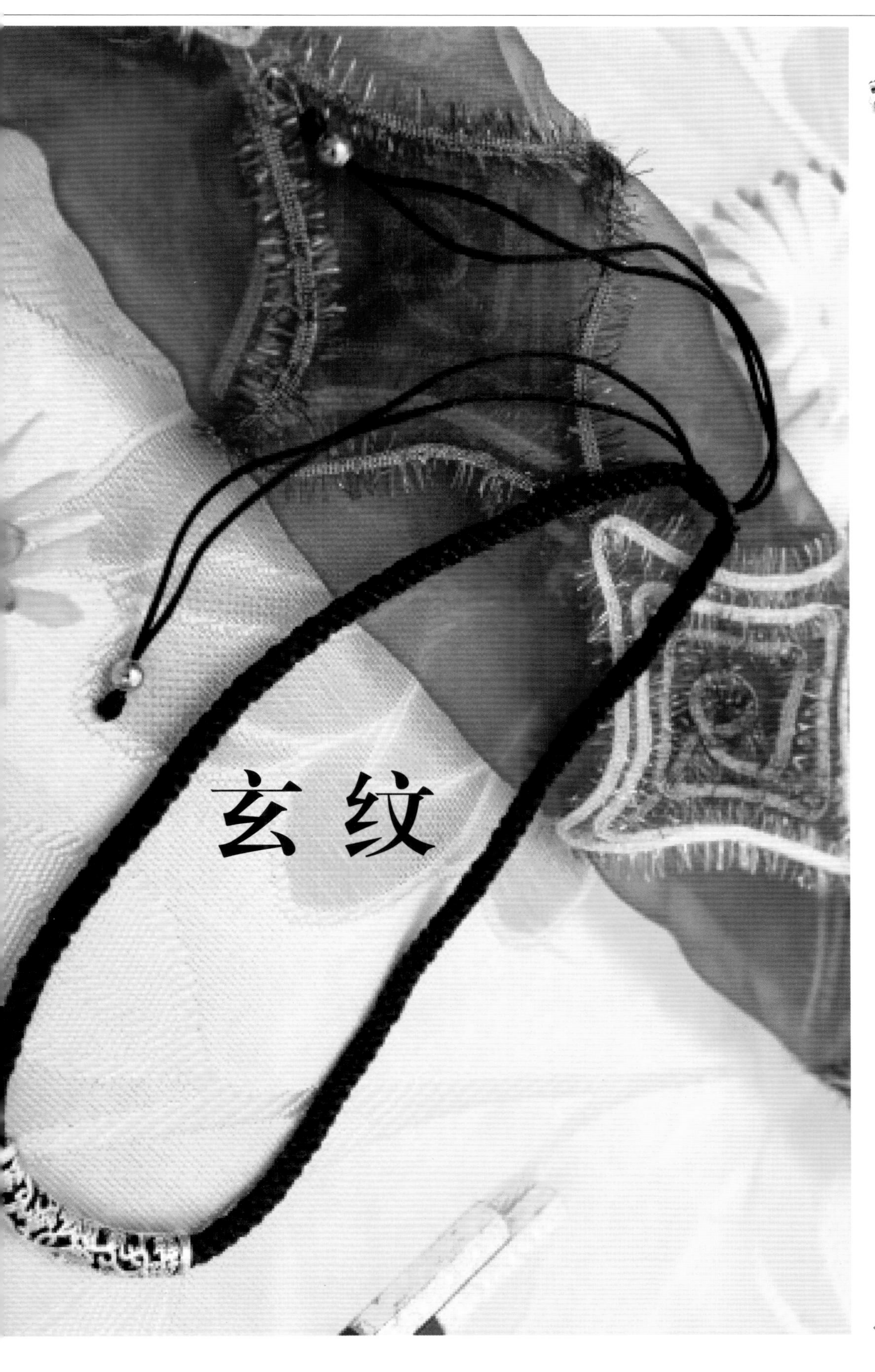

# 玄纹

## 材料

7号韩国丝240cm4条，7号韩国丝30cm1条，镂空银饰1个，珠子2颗

## 做法

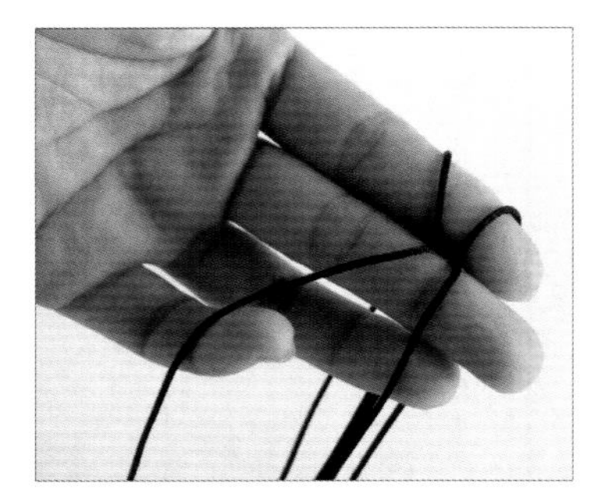

1.如图，将4条240cm7号韩国丝置于食指与中指之间。

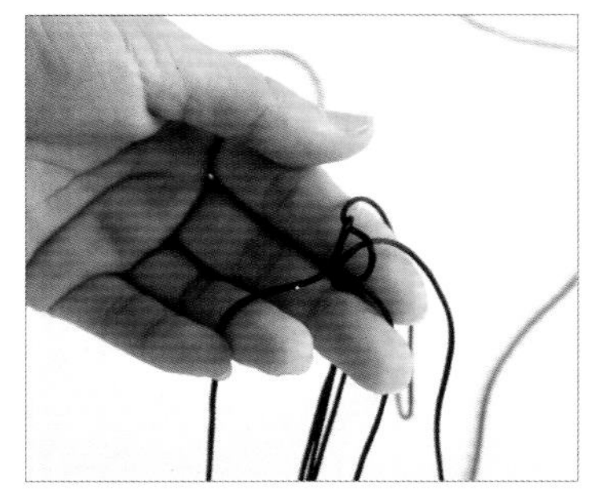

2.4条线按逆时针方向相互挑压，开始编玉米结。

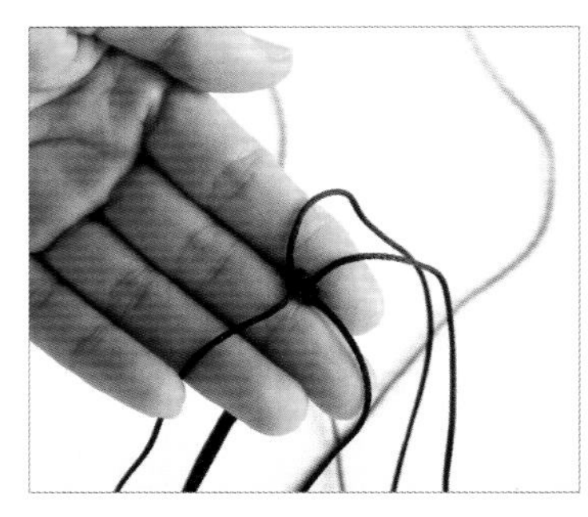

3.拉紧4个方向的线。

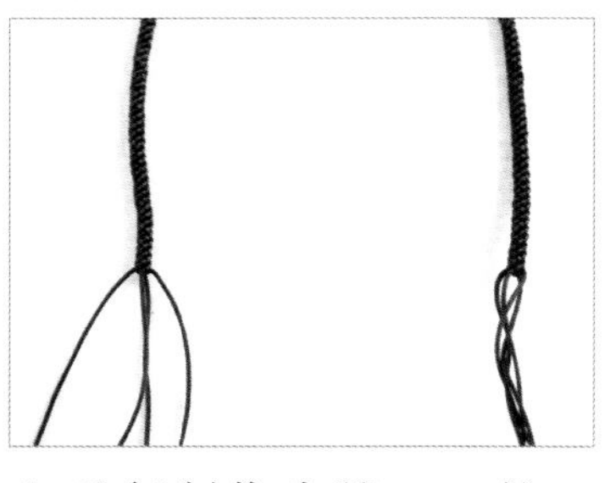

4.重复制作步骤2、3的制作方法，编玉米结至合适长度。

5.在完成的链绳中间位置穿入一个镂空银饰。

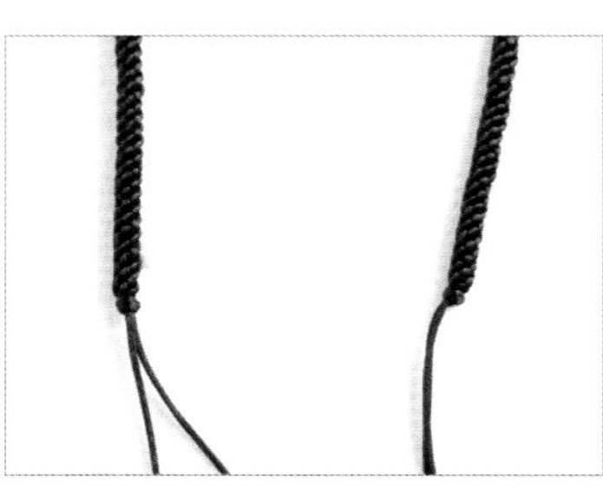

6.玉米结两端各编一个双联结，再剪掉两条余线。

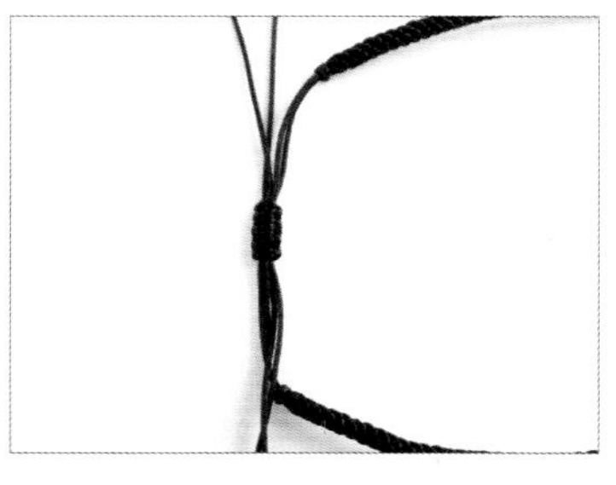

7.将两端的余线交叉摆放，加1条30cm7号韩国丝编4个双向平结，剪线收尾。

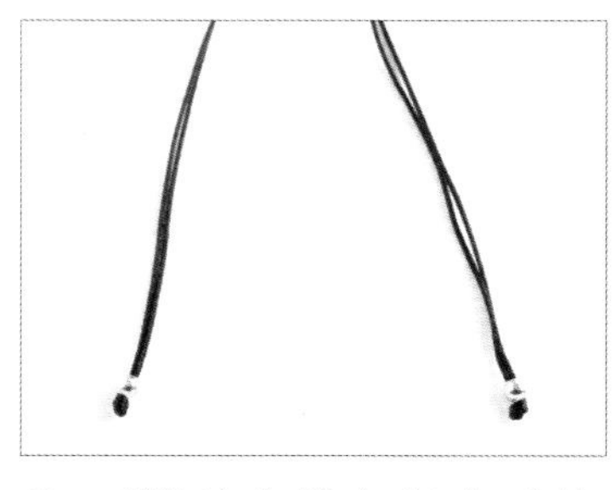

8.两端的余线各留合适的长度，穿入一颗珠子，编一个单结收尾。

9.完成。

# 如玉

## 材料

7号韩国丝140cm7条，7号韩国丝30cm1条，珠子若干

## 做法

1.准备7条140cm7号韩国丝，用最外侧的2条线包着其他余线编两个双向平结。

2.用其中的两条线合在一起拧两股辫。

3.拧至合适长度。

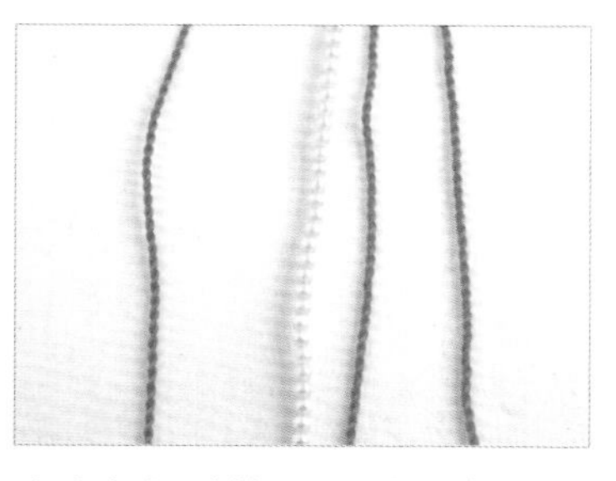

4.同法再拧两段相同长度的两股辫，再用最后的一条线穿珠子至相同长度。

5. 如图开始编三股辫，注意其中的两段两股辫为一组。

6.编好一段三股辫。

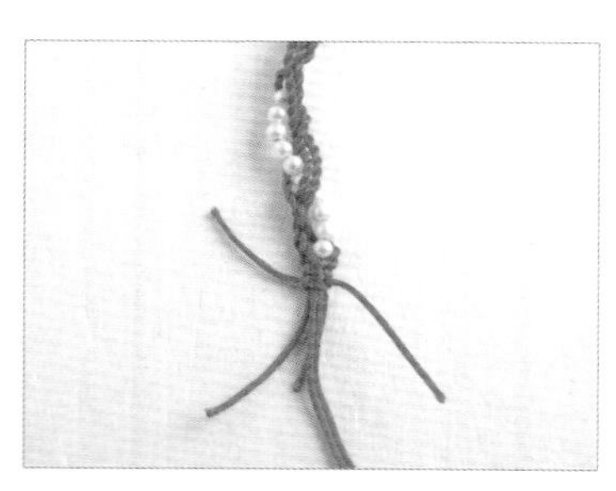

7.同法用最外侧的两条线编两个双向平结。

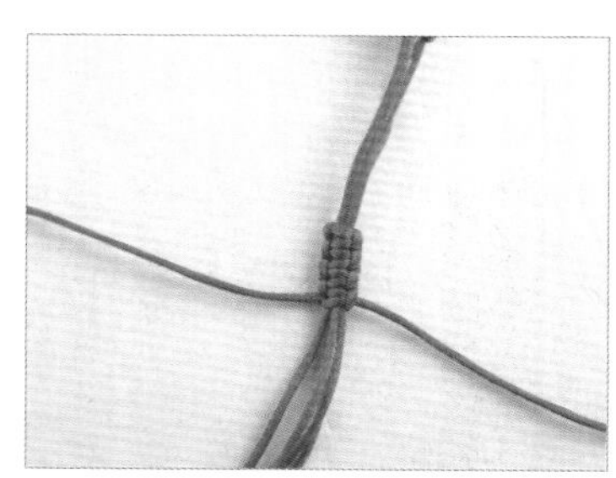

8. 两端各留两段余线，加一条30cm7号韩国丝编4个双向平结做活扣。

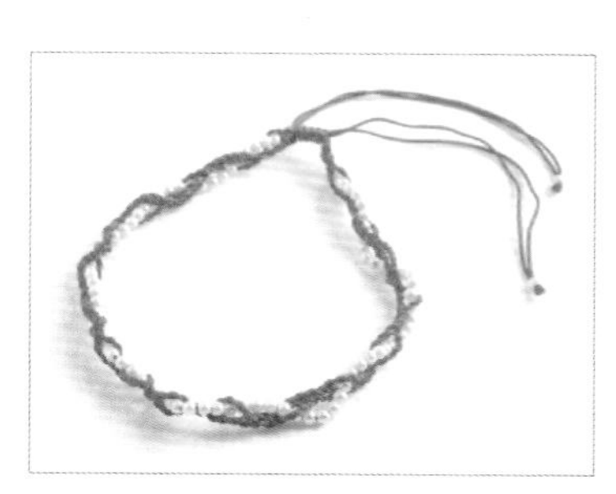

9. 两端的余线各穿1颗珠子，编一个单结收尾，完成。

# 知夏

## 材料

项链绳15cm2条，72号线30cm6条，股线若干，玉蝉配件1个，珠子若干，菠萝扣4个

## 做法

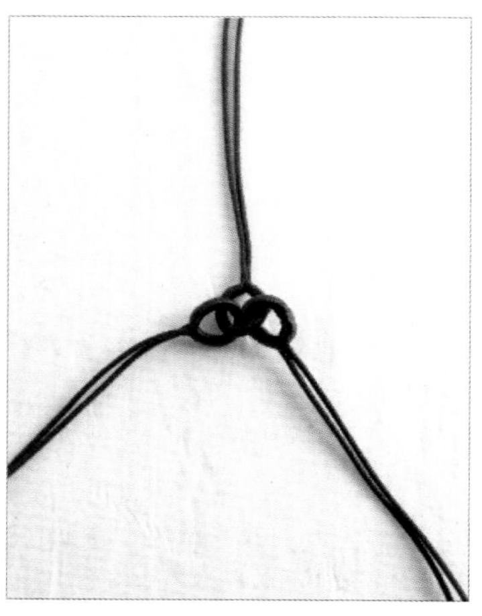

1.用72号线和股线做3个如图相扣的拉圈。

2.用其中一个拉圈的两段余线同穿入珠子。

3.剪掉多余的线，用打火机熔接上一条项链绳，再穿入一个菠萝扣。

4.项链绳的另一端接一条对折的72号线。

5.穿入一个菠萝扣和一颗珠子，编一个单结。

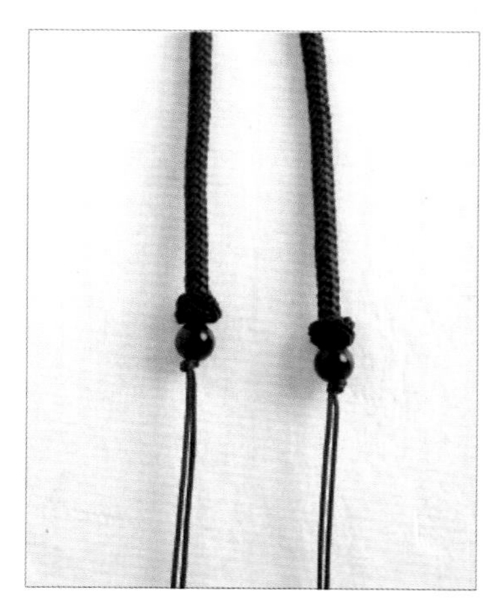

6.另一个拉圈的余线重复步骤2～5的制作方法。

7.将两端的余线重叠摆放，加一条72号线。

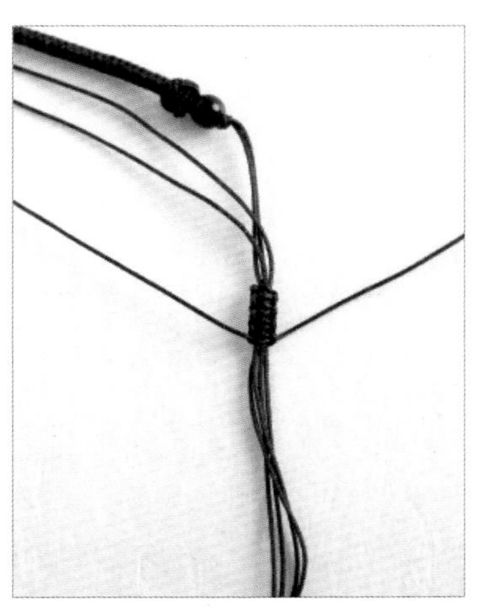

8.以两端的余线为中心线，用加的72号线编4个双向平结。

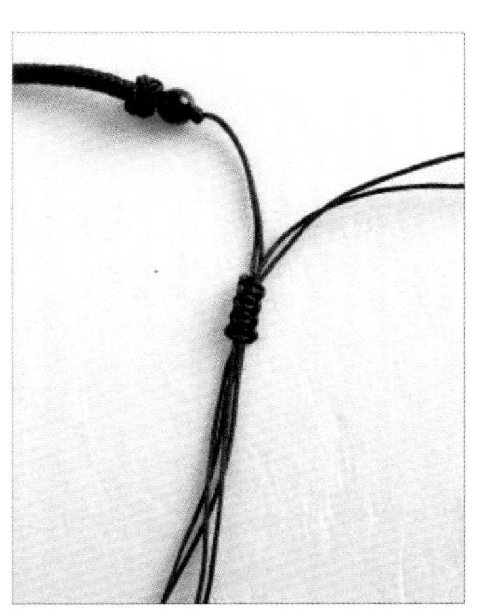

9.剪线，处理好线尾。

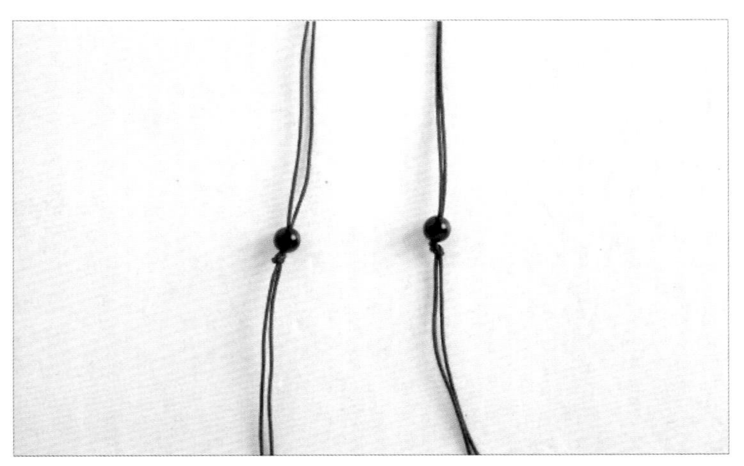

10.两端的余线留合适长度后各穿入一颗珠子，编一个单结。

11.用最后一个拉圈的余线穿一个玉蝉配件，编一个单结。

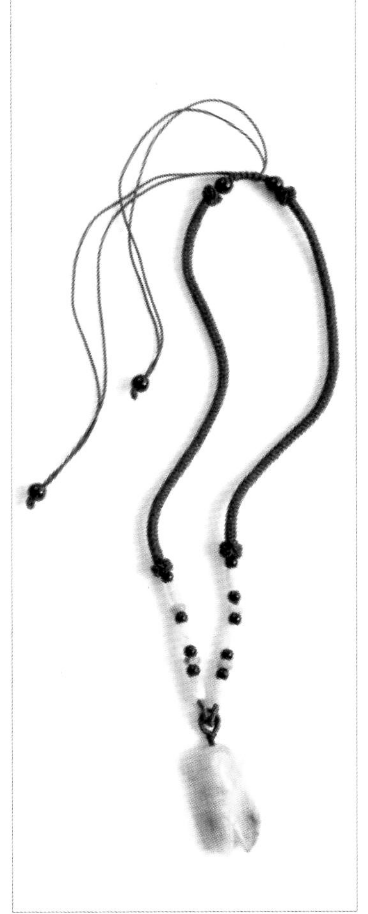

12.剪线，处理好线尾，完成。

# 青莲

## 材料

浅蓝色、深蓝色72号线170cm各2条，
深蓝色72号线30cm1条，莲花配件1个，珠子2颗

## 做法

1.取170cm浅蓝色、深蓝色72号线各两条同穿入莲花配件。

2.用一端的4条线绕另一端的线，编两个蛇结。

3.把线分两组，然后再两色为一小组，编四股辫。

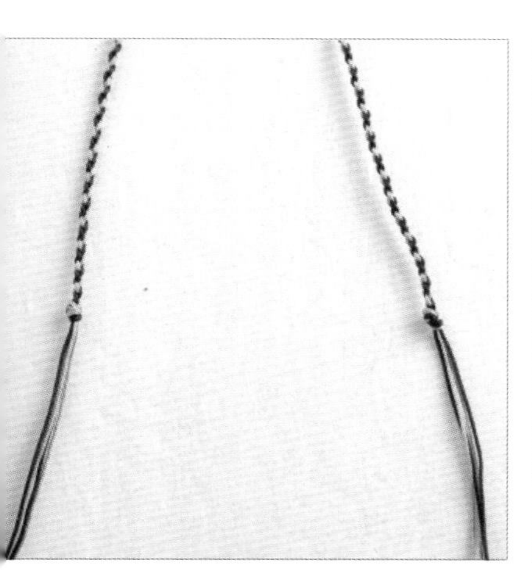

4.两端线编四股辫至合适的长度，各编一个单结。

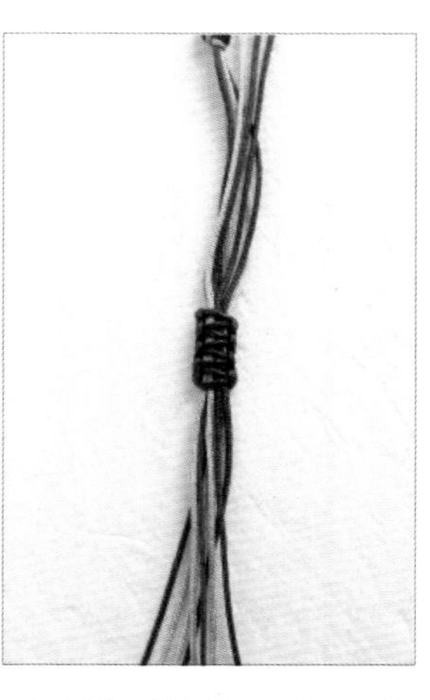

5.尾线相交，用一条30cm深蓝色72号线编4个平结。

6.穿尾珠，剪线，完成。

# 点睛之笔

## 缘

## 材料

4号韩国丝80cm1条，A线30cm2条，股线1束，菠萝扣1个

## 做法

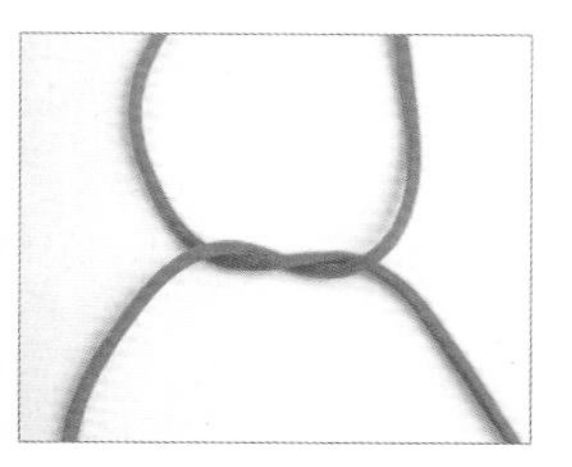

1.取韩国丝对折，如图打一个松松的结。

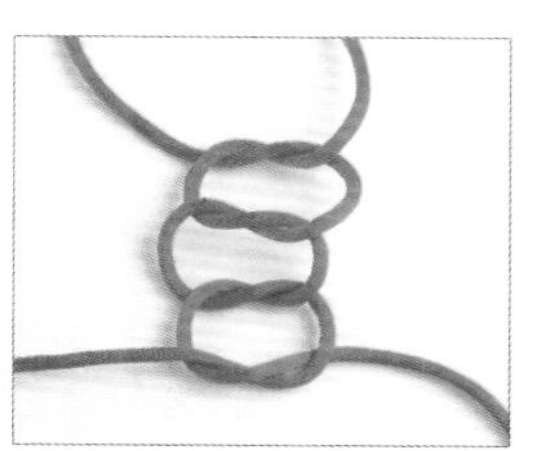

2. 同样编法，在下面再连续打3个结。

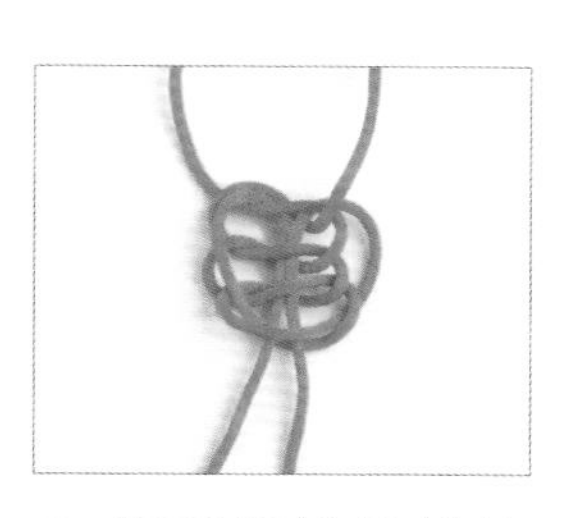

3. 将两段线从结的中间穿过。

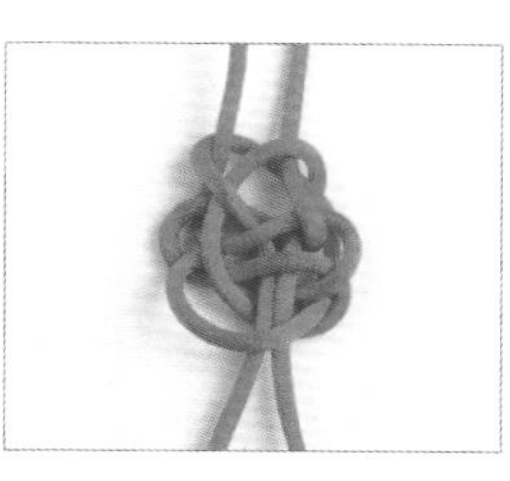

4.将最下面的左圈从前面往上翻，最下面的右圈从后面往上翻。

5.重复步骤4的制作方法。

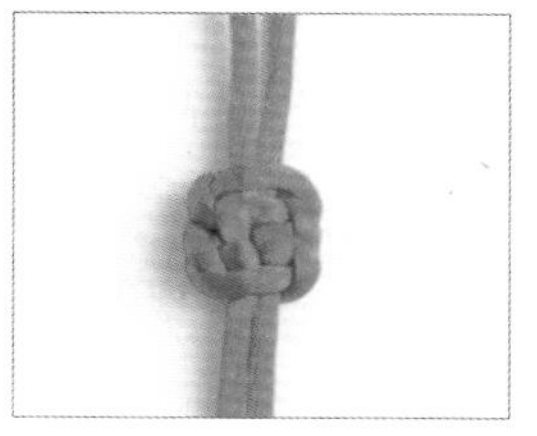

6. 拉紧线，调整好结体，完成一个藻井结。

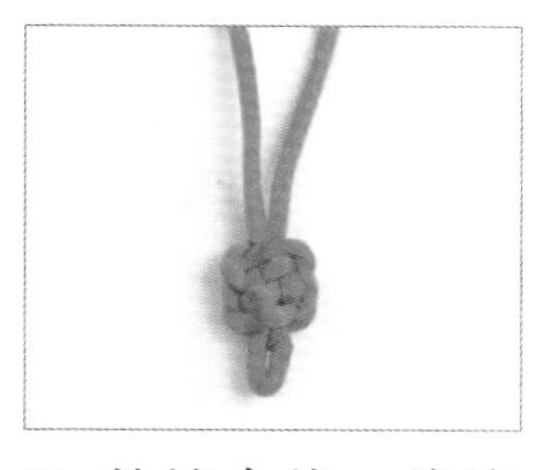

7. 剪掉余线，将线的两端用打火机略烧后对接起来。

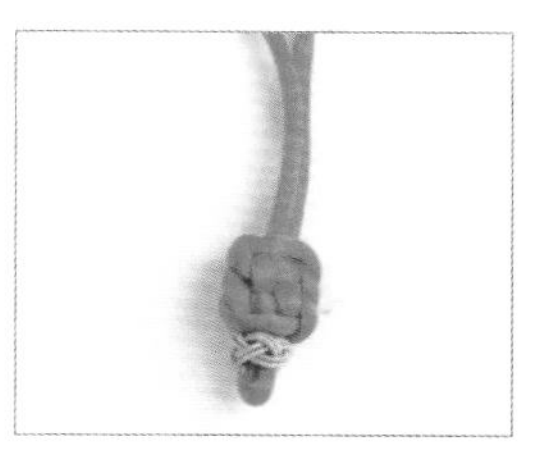

8.穿入一个菠萝扣。

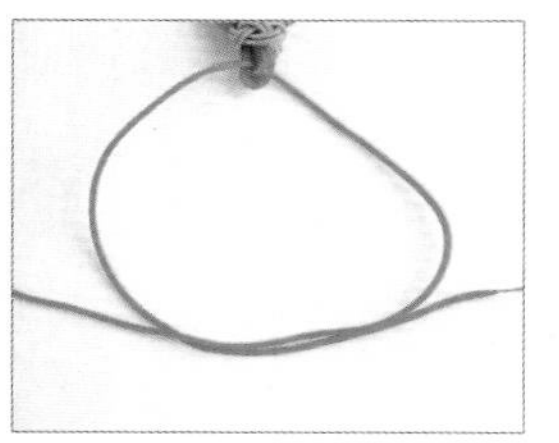

9.加1条A线，交叉叠放。

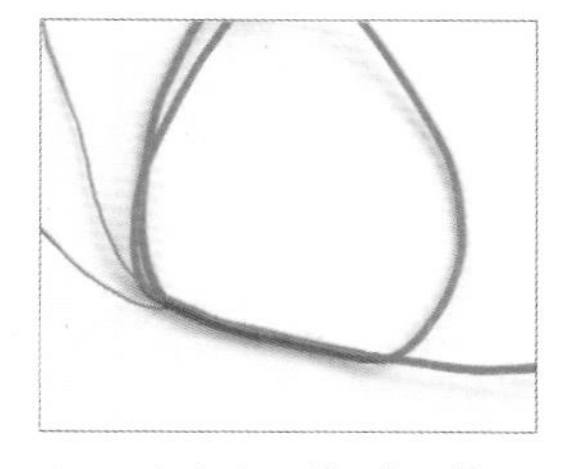

10. 用股线包住A线，绕线约2.5cm长。

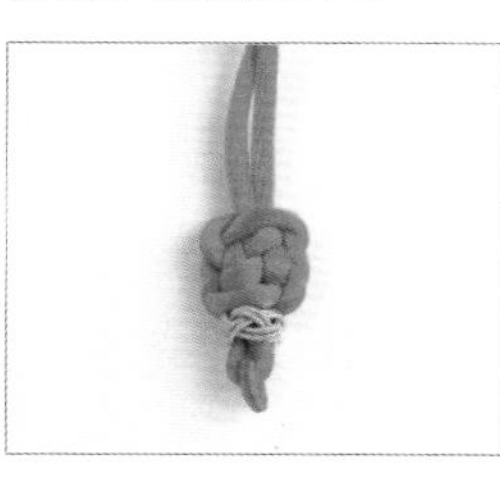

11.拉紧为一个圈，剪线。

12.再加一条A线。

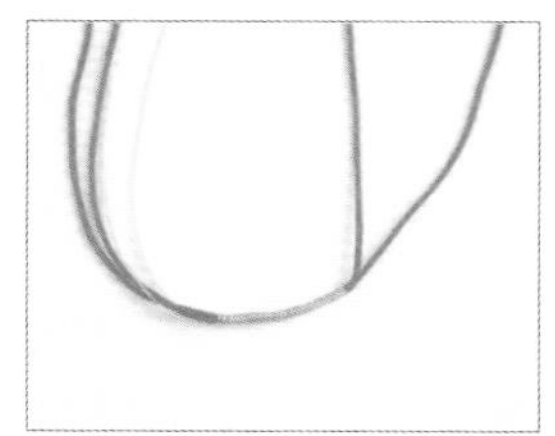

13.用股线绕线约2.5cm长。

14. 用A线的余线编一个秘鲁结。

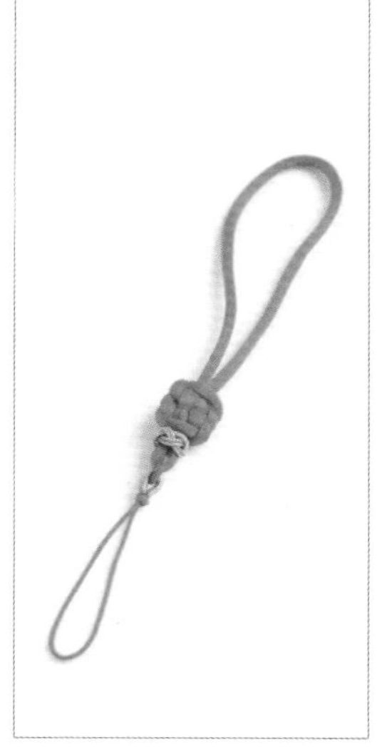

15. 处理好线尾，完成。

# 木珠

## 材料

A线110cm1条，檀香珠子，钉板，钩子

## 做法

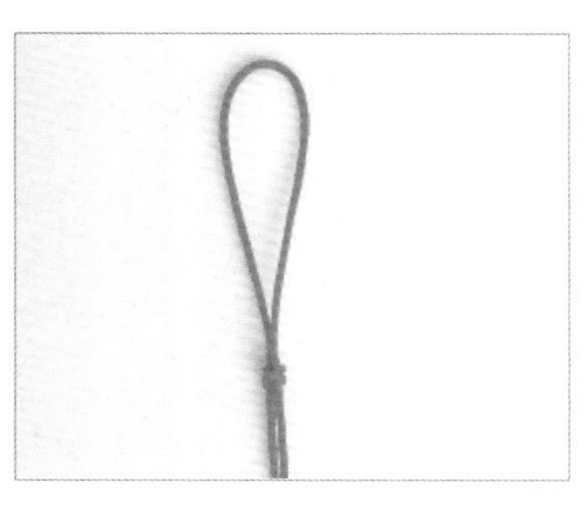

1.红线对折，留出合适的长度，打一个双联结。

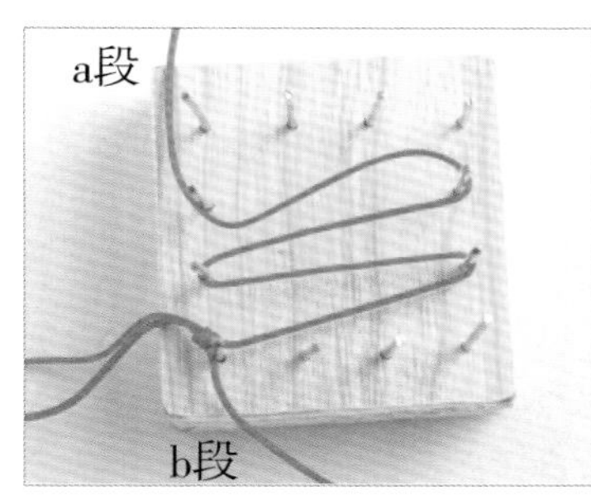


2.a段在钉板上走6行横线。

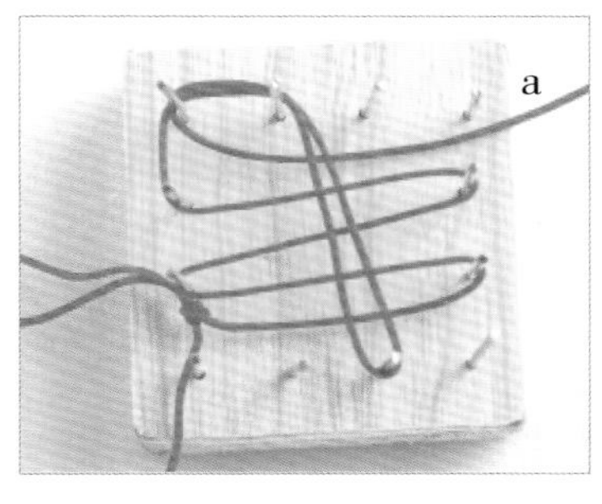


3.由下往上数，挑起第二、四行，a段从中间穿两纵线，反向绕两颗钉从纵线下穿过。

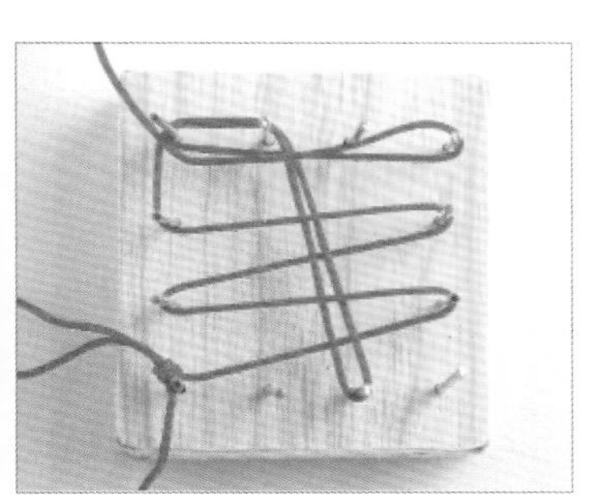

4.绕一颗钉，从上面横过两纵线。

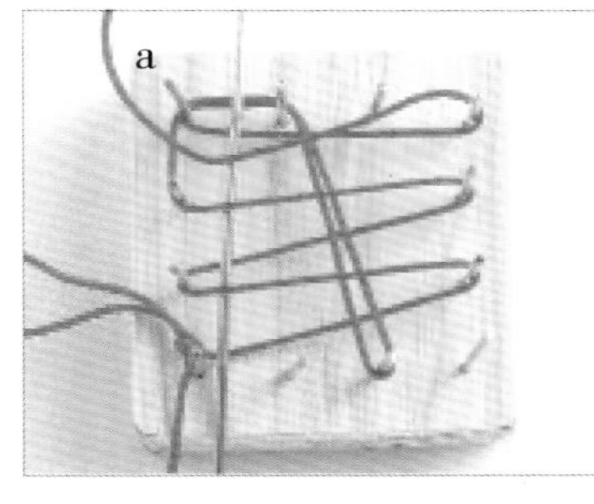


5.挑起纵线上的横线，钩子从中穿过去勾住a段。

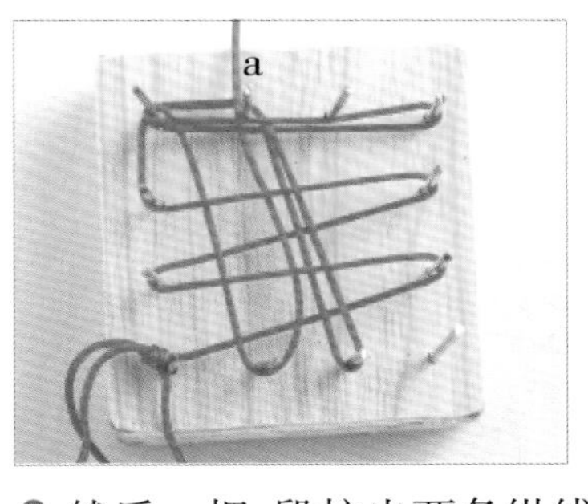


6.然后，把a段拉出两条纵线。

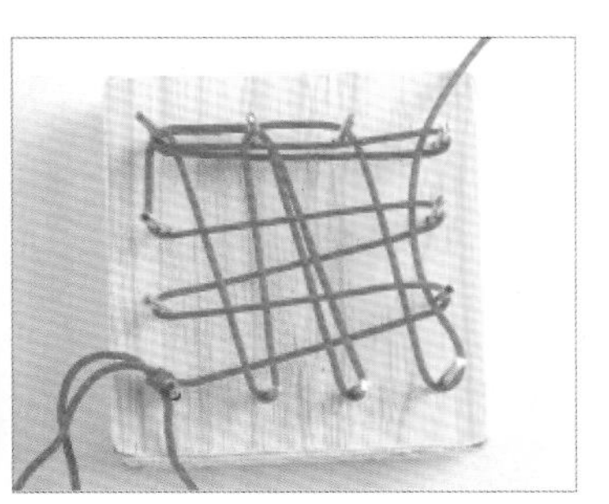

7.同样方法，再走两行纵线。

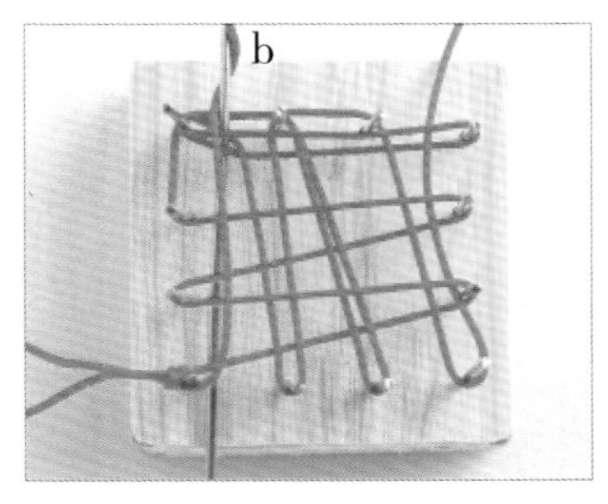


8.b段从横线上穿过，钩子从横线穿过去，压着纵线勾住b段。

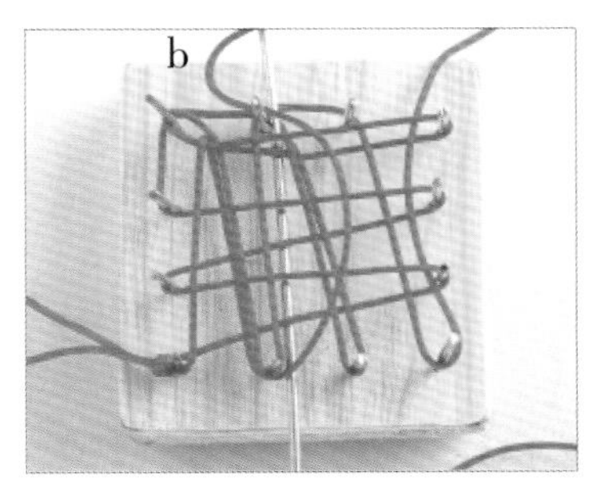


9.把b段往下拉过来，绕过第二颗钉子，从上面穿过，钩子也伸过去。

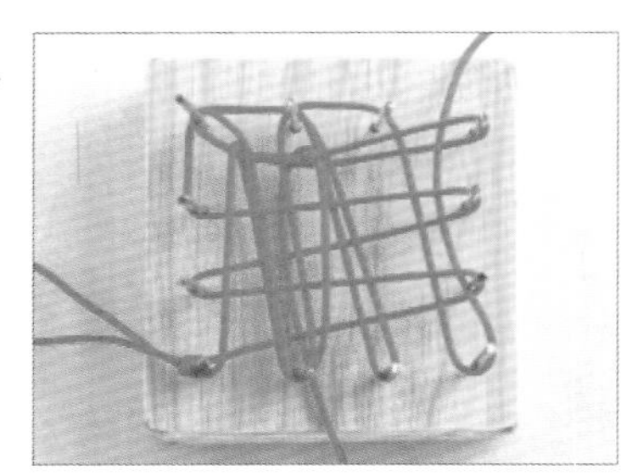

10.同步骤8、9一样，b段往右边放。

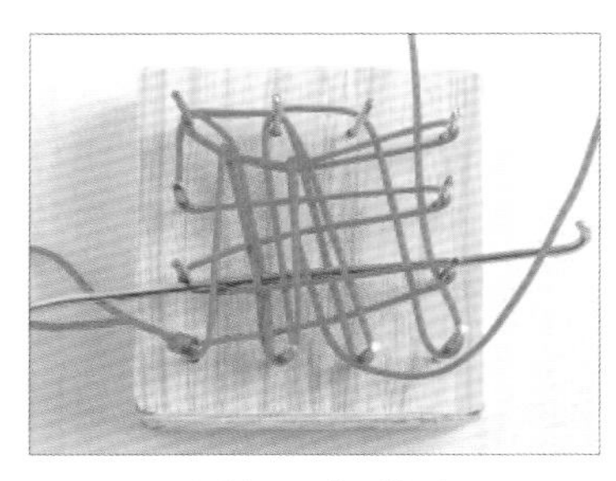

11.压着第二条横线，a段的第一、三条纵线，钩子从中穿过去勾住b段。

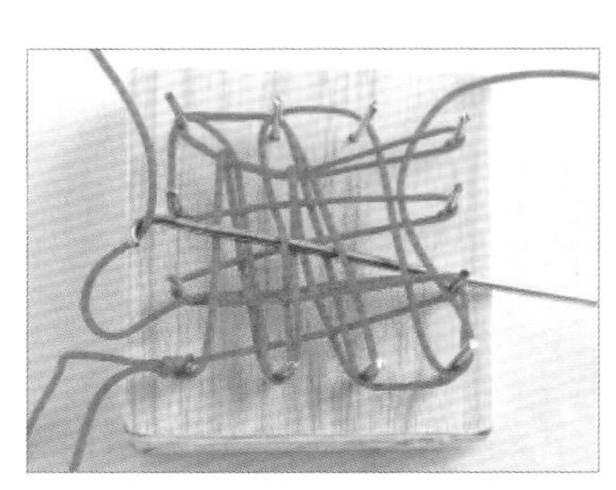

12.把b段拉过去后，挑起a段第二、四、五、六条纵线，穿钩子勾住b段。

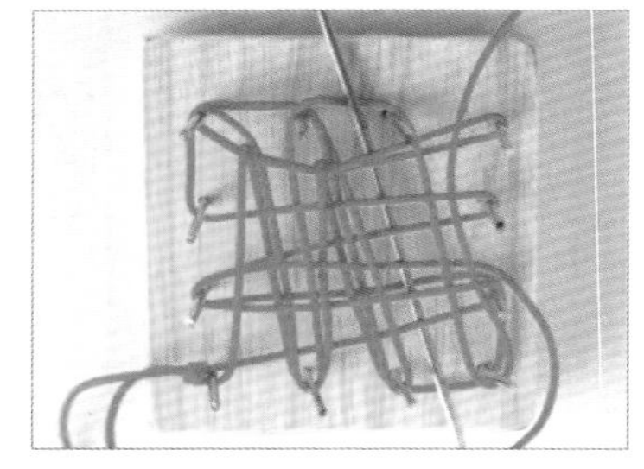

13.绕钉子拉b段到右边，然后压着下端、第二条、上端的横线，钩子从中穿过，勾住b段。

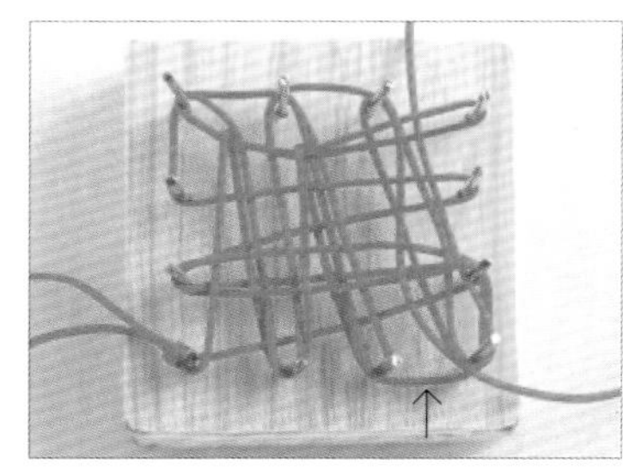

14.把b段拉上去后，绕着右边的钉子从上面往下拉，从箭头所指的横线下穿出来。

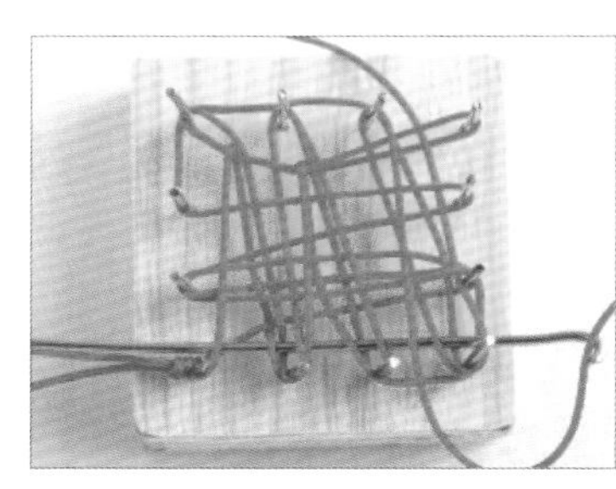

15.如图所示，挑2压1，挑3压1，再挑3压1，钩子从中间穿过勾住b段。

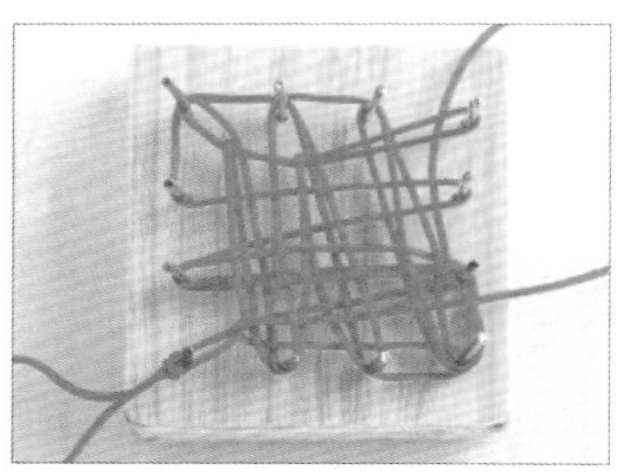

16.把b段往左拉后，从上面反绕，挑起a段第二、四、六条纵线穿过去。

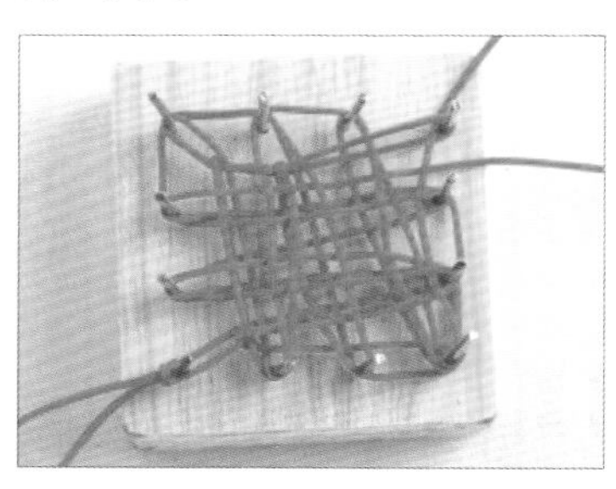

17.往上隔一行钉，重复步骤15，拉过来后绕左列第三颗钉，重复步骤16。

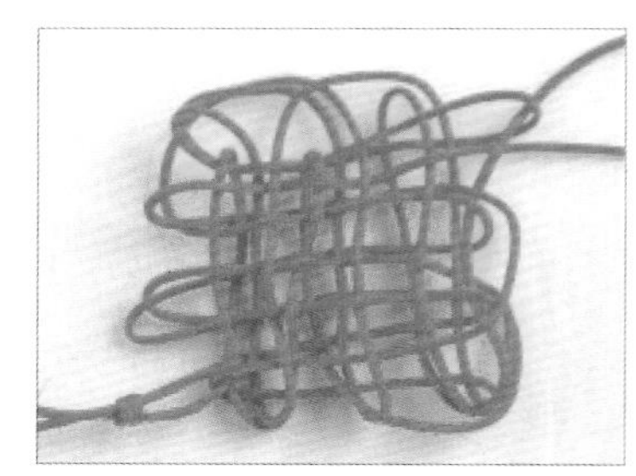

18.从钉板取下结体。

19.拉出耳翼，完成一个复翼盘长结，然后打一个双联结。

20.穿珠子，再打一个双联结。

21.穿尾珠，打死结即成。

# 墨紫

## 材料

72号线100cm3条，珠子

## 做法

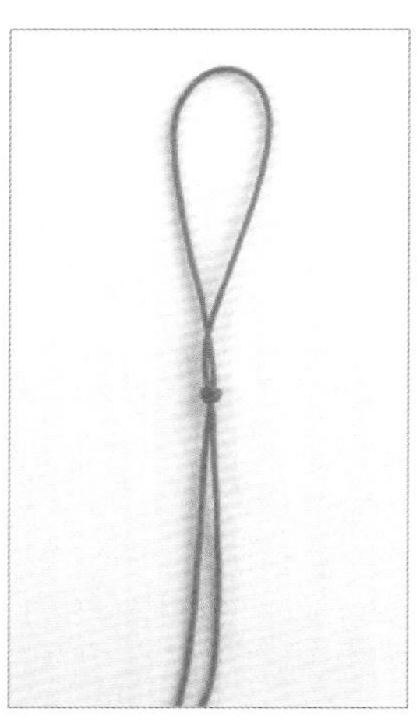

1.取一条线对折，留出合适的长度打一个双联结，然后固定为原线。

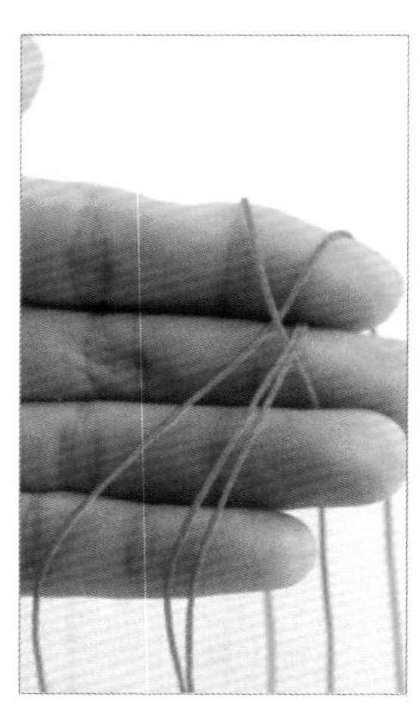

2.两指夹着原线，另外加两条线，呈十字状。

3.逆时针方向，围着原线打一个玉米结，然后顺时针和逆时针再各打一个玉米结。

4.最后拉紧十字线后，倒过来摆放，原线穿大珠子，十字线按图所示制作。

5.步骤3重复做两次，共打6个玉米结。

6.穿珠子后，重复上一步骤。

7.接着剪掉原线，用火烫一下固定，然后十字线穿珠子，打死结。

8.剪掉多余的线头，用火烫一下即成。

# 粉蝶

## 材料

72号线100cm1条，珠子

## 做法

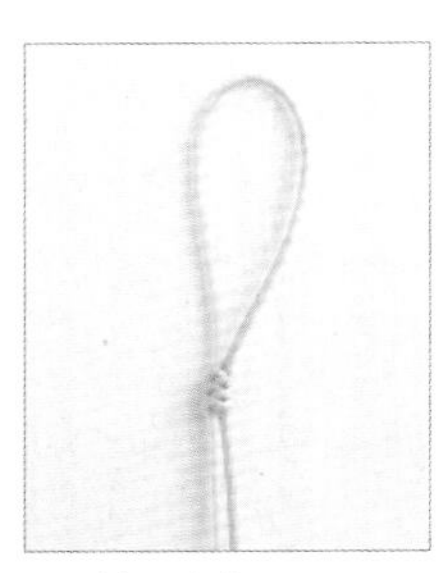

1.线对折，上部留出4cm，打3个金刚结。

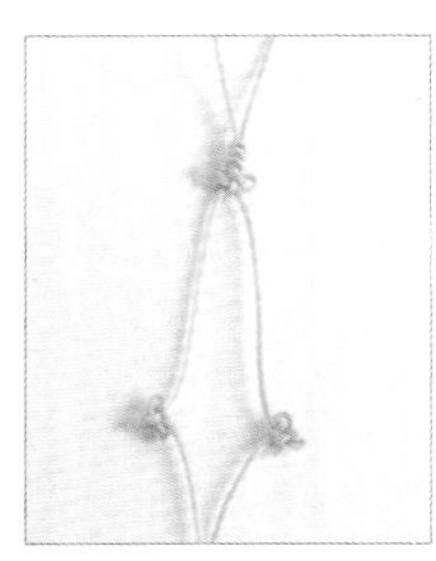

2.打一个双耳酢浆草结，然后两线留出合适的长度各打一个三耳酢浆草结。

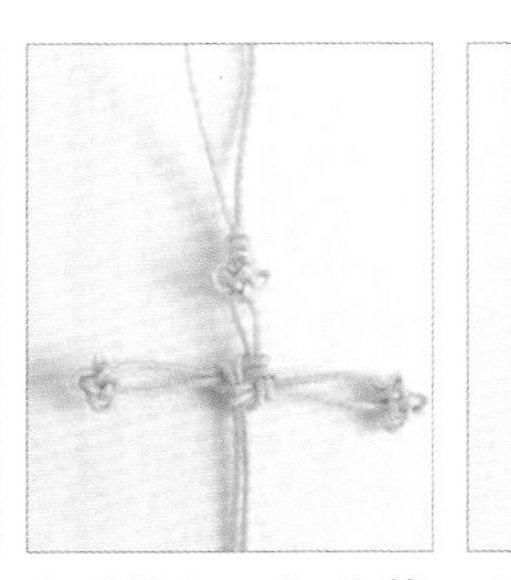

3.利用三个酢浆草结和余线打一个玉米结。

4.翻面，再打一个玉米结。

5.打一个双耳酢浆草结，然后，再打一个金刚结。

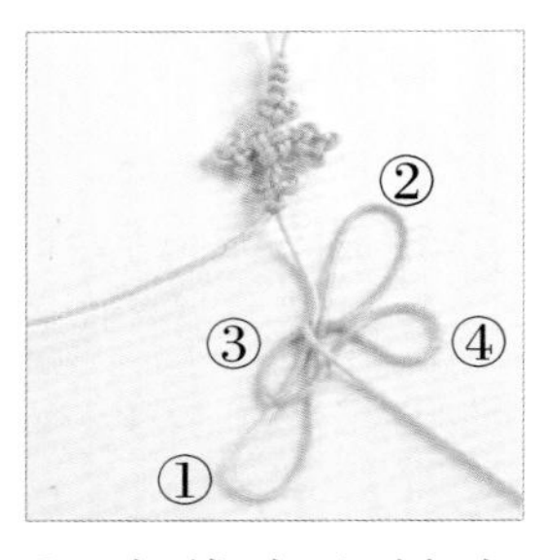


6.右线向上揪出①，再下弯揪出②，线头从线下面左绕揪出③叠在①上，再从线下面左绕揪出④。

7.右线揪出⑤穿入①和③。

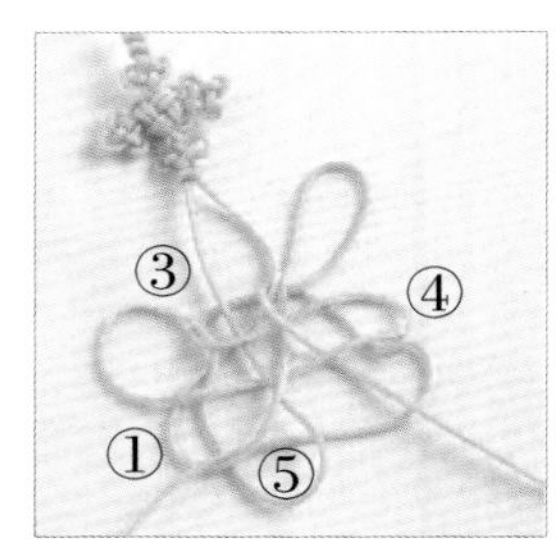


8.右线头从上面穿入①和⑤，压着左线头再穿入④，从线的下面绕回来，从下穿过⑤和①。

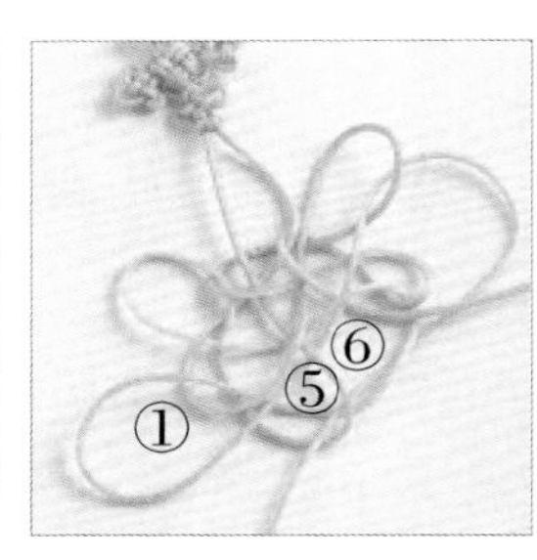


9.拿起右线头穿入⑤和⑥，压在左线头上穿入①，往回绕，从线下穿过左线头，⑤和⑥。

10.慢慢拉紧成团锦结。

11.然后，打一个金刚结，穿珠子，再打死结即成。

# 玉环

## 材料

A线，珠子，钉板，钩子

## 做法

1.线对折，留出合适的长度，打双联结，穿珠子，再打双联结。

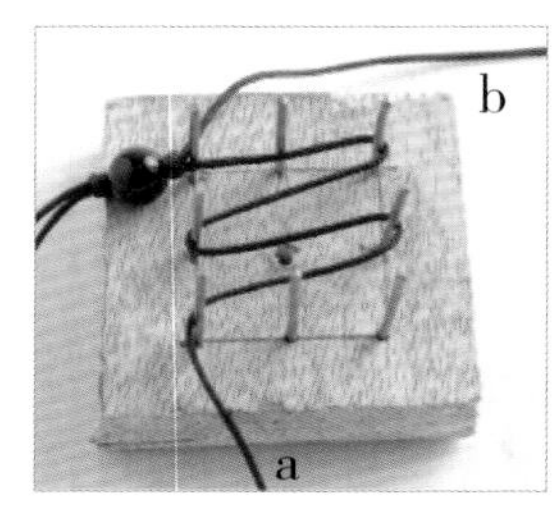


2.开始打六耳结，用钉板绕出图中的形状。

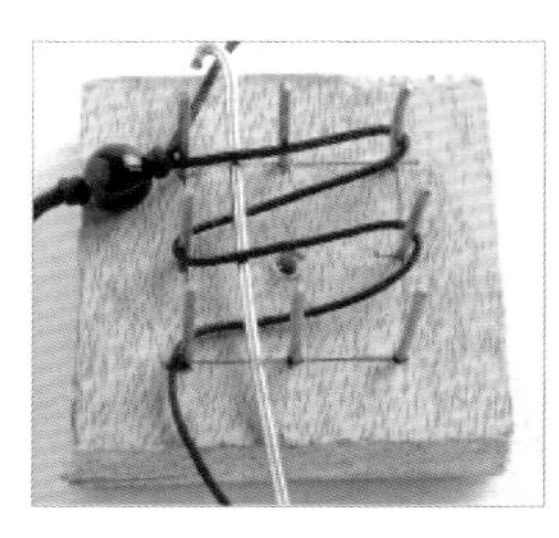

3.靠近珠子的为第一行，挑起第一、三行，钩针穿过去勾住b段。

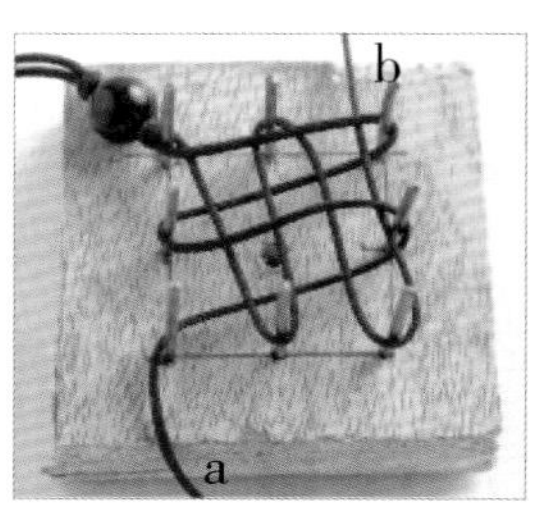


4.钩子下拉，做出两纵线，同样再做出两纵线。

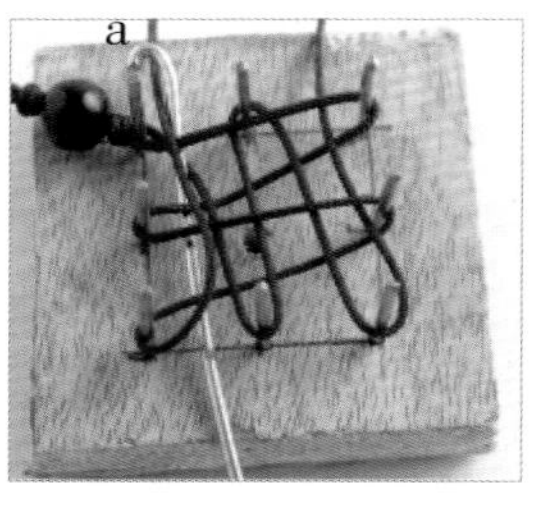


5.a段从上面拉上去，钩子从横线下压着纵线穿过去，勾着a段，拉出两纵线。

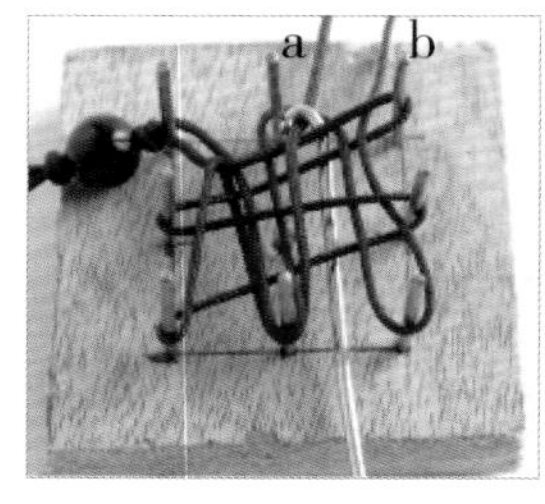


6.钩子像上一步那样伸过去，把a段拉过来。

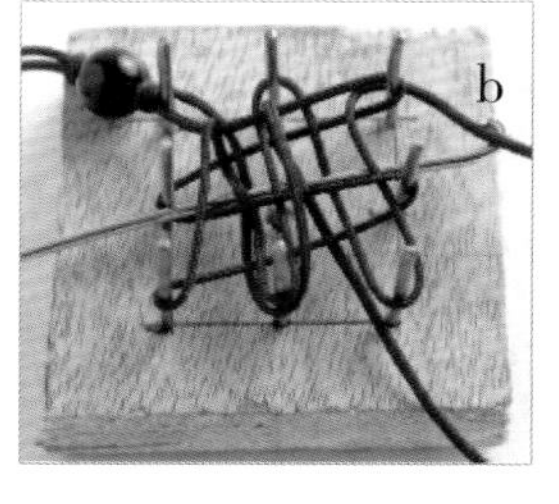


7.压着第三条横线、b段第一和三条的纵线，钩子从中穿过勾住b段拉过去。

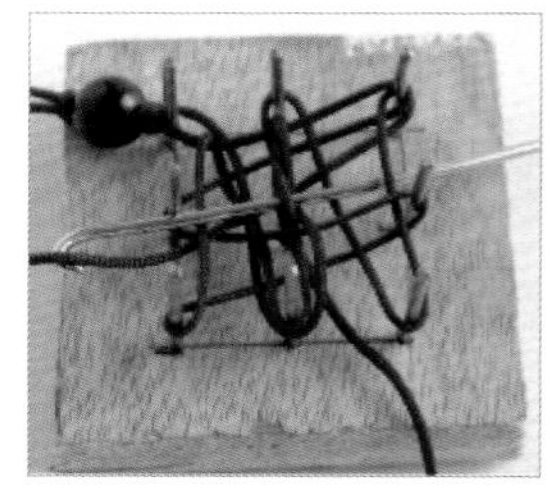

8.挑起b段第二、四条的纵线，钩子从中伸过去勾住b段拉过去。

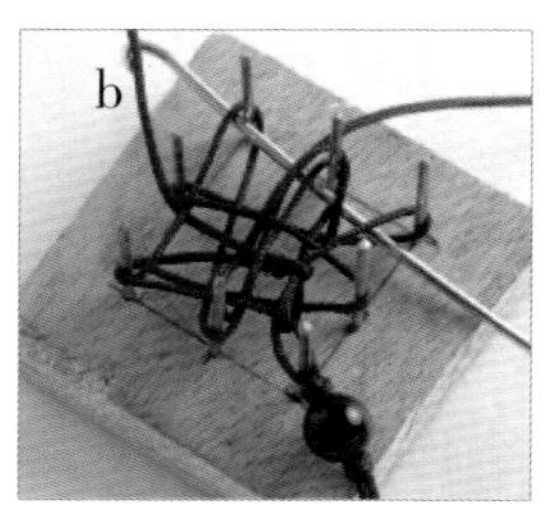


9.压着a段第四条横线、b段第一和三条纵线、a段线头，钩子从中伸过去把绕了中间钉子的b段拉出。

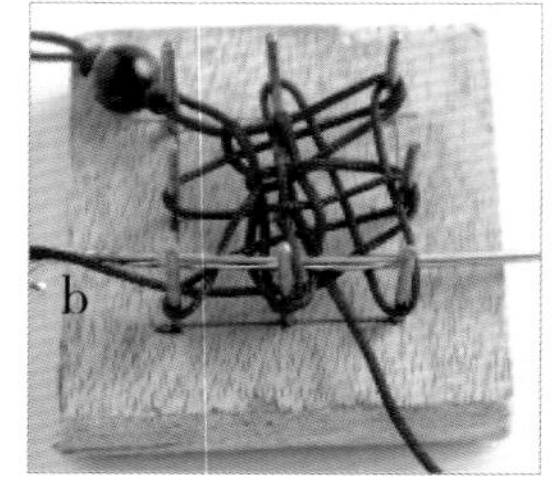


10.重复步骤8，把b段拉过去。

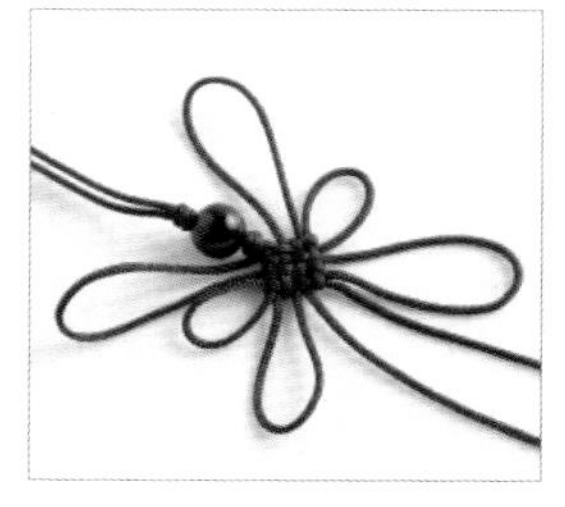

11.脱钉板，拉出六个耳翼。

12.打一个双联结，穿珠子后再打一个双联结，最后穿尾珠即成。

# 珠玄

## 材料

A线120cm（红色），股线（粉色、红色），珠子

## 做法

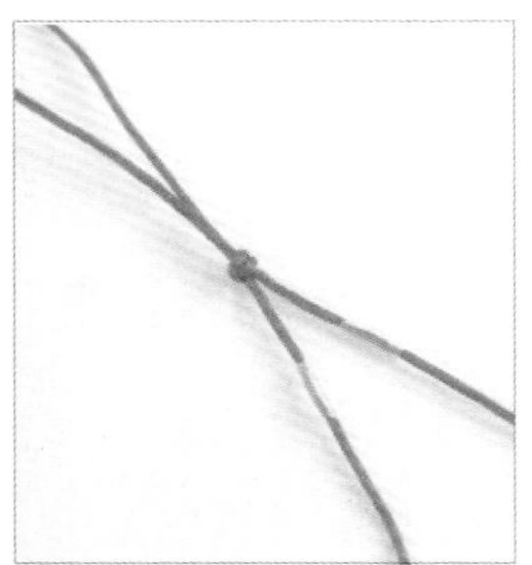

1.A线对折，顶端留出4cm，打一个双联结，然后用粉色股线绕A线。

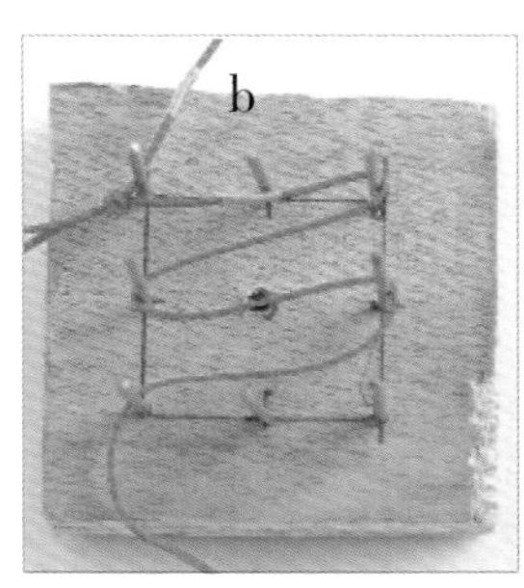


2.上钉板，用a段绕出图中形状。

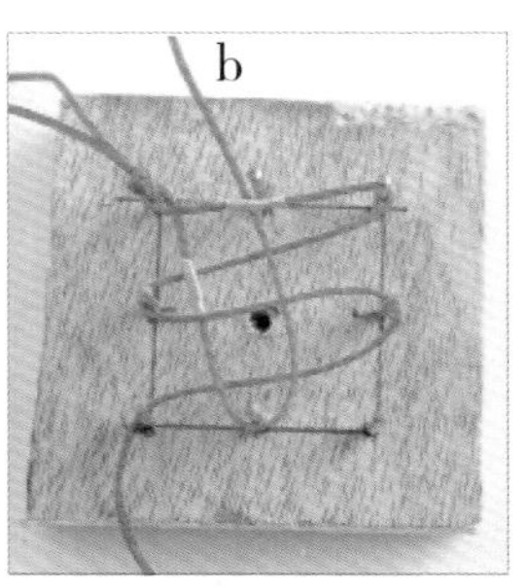


3.A线以双联结近为第一行，挑起第一、三横线，b段穿过去勾住中间的钉子。

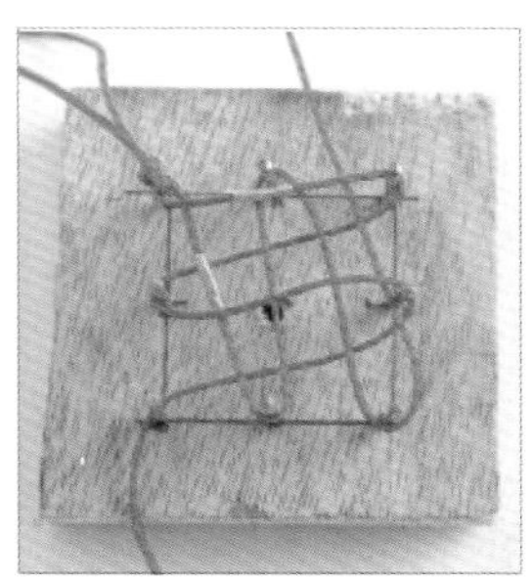

4.重复上一步再做两纵线。

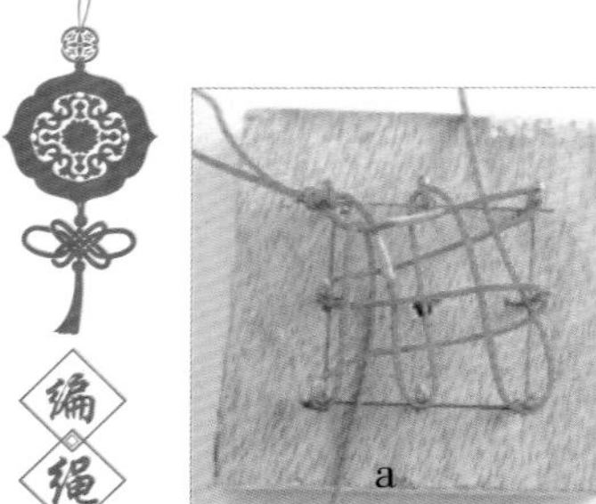


5.a段绕着钉子，从上穿过横线后，再从下面穿下来。

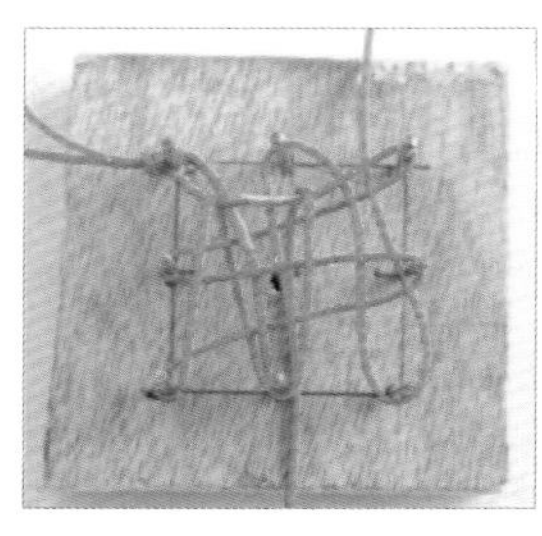

6.绕着中间的钉子，重复上一步。

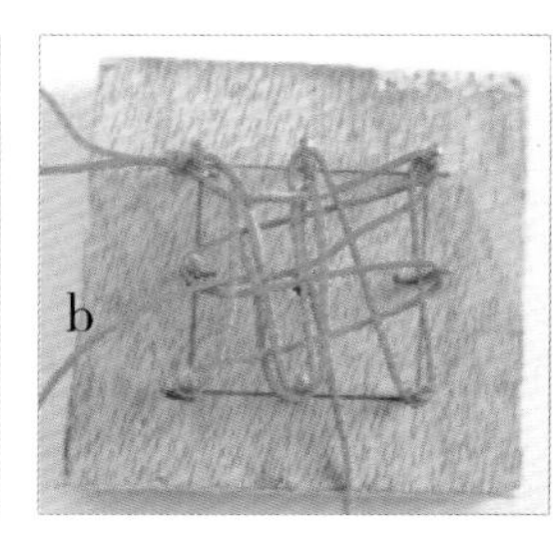


7.挑起b段第四、二的纵线，a段的纵线，压着第三横线，把b段穿过来。

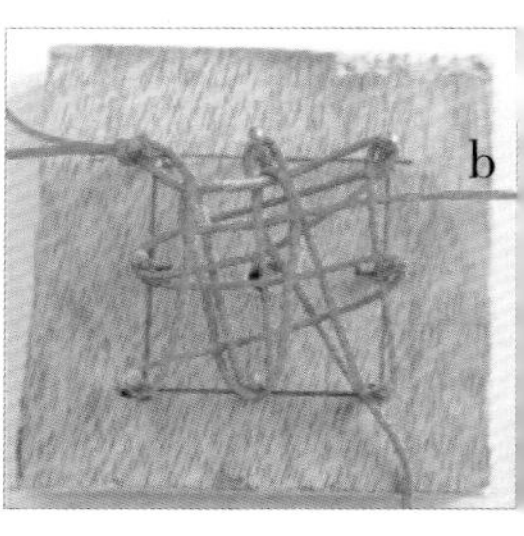


8.b段上绕钉子，挑起a段第一条纵线，b段第二、四条纵线，把b段穿过去。

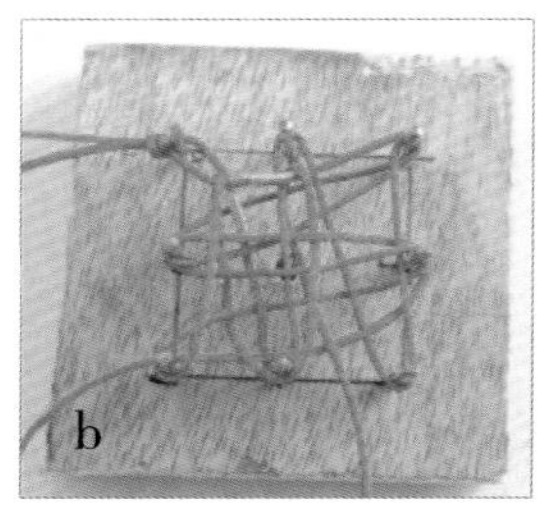


9.绕中间的钉子，挑起b段第四、二条纵线和a段纵线，压着第四条横线，把b段往左拉。

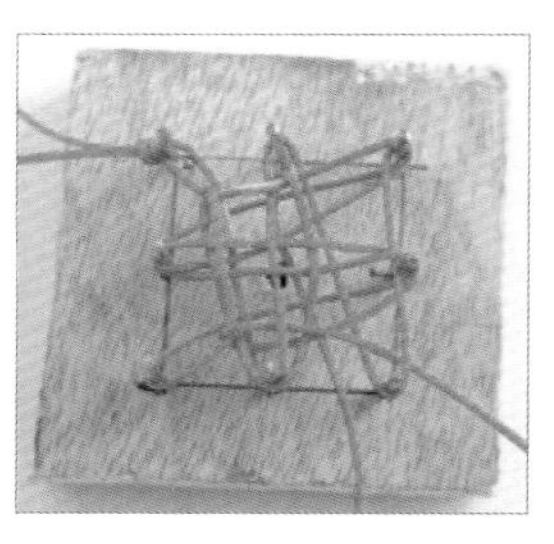

10.挑起b段第二、四条纵线，b段从中穿过去。

11.脱板，拉出耳翼，完成一个盘长结。

12.穿珠子，2条红线隔一定长度，粉色和红色股线分别绕A线。

13.在盘长结下方的两个耳翼，用余线在左右分别打一个四耳酢浆草结。

14.左右再各打一个双环结。

15.打一个酢浆草结。

16.打一个双联结，穿珠子，加一条A线打3个玉米结。

17.穿珠子，打死结即成。

# 清羽

## 材料

A线90cm3条、150cm1条，景泰蓝珠1颗，小饰珠8颗

## 做法

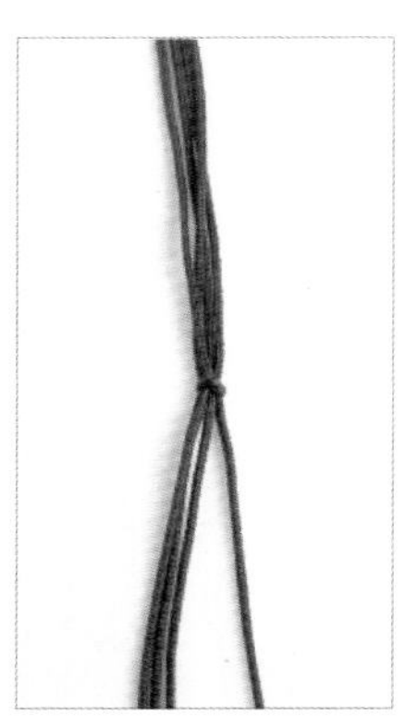

1.将3条90cm的A线对齐，取150cm的长A线对折，在短线的1/3处编一个单结。

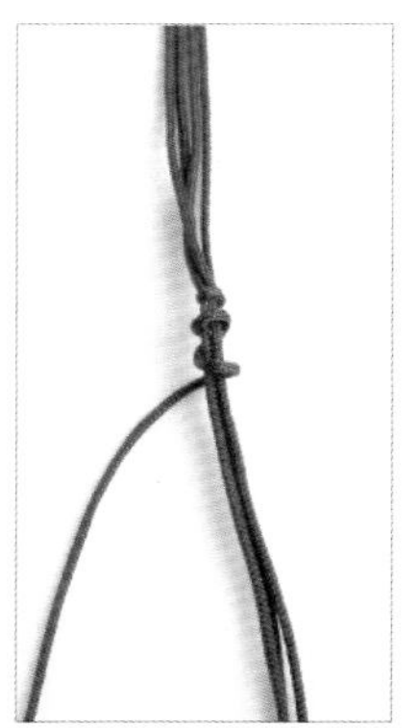

2.然后长A线如图绕线。

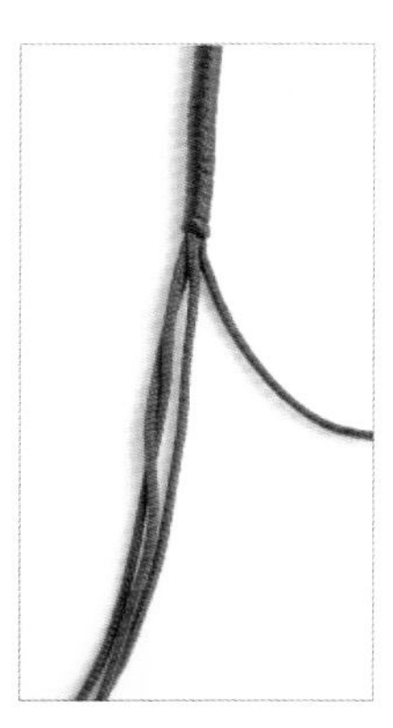

3.一直向短线长端绕线，绕至有12cm长度的线，编一个单结，拉紧固定。

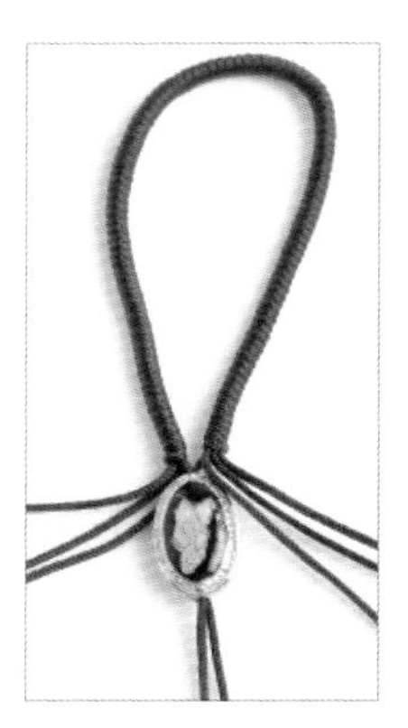

4.如图穿入景泰蓝珠。

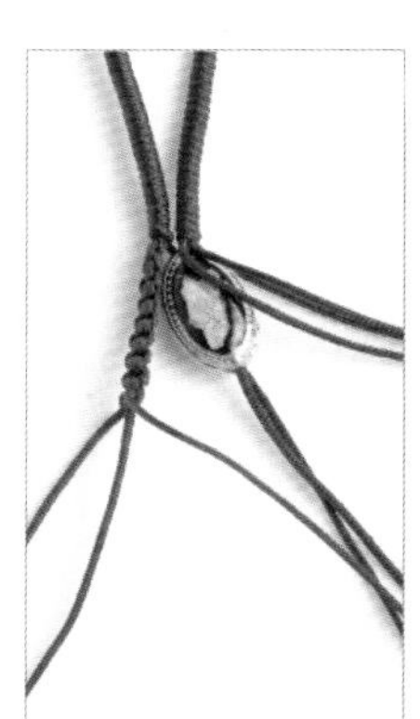

5.左边3条线编8个双向平结。

6.右边重复同样编法。

7.然后取一条线，包住其余线做0.5cm长的绕线。

8.线尾分别穿入小饰珠，编单结。

9.去掉余线即成。

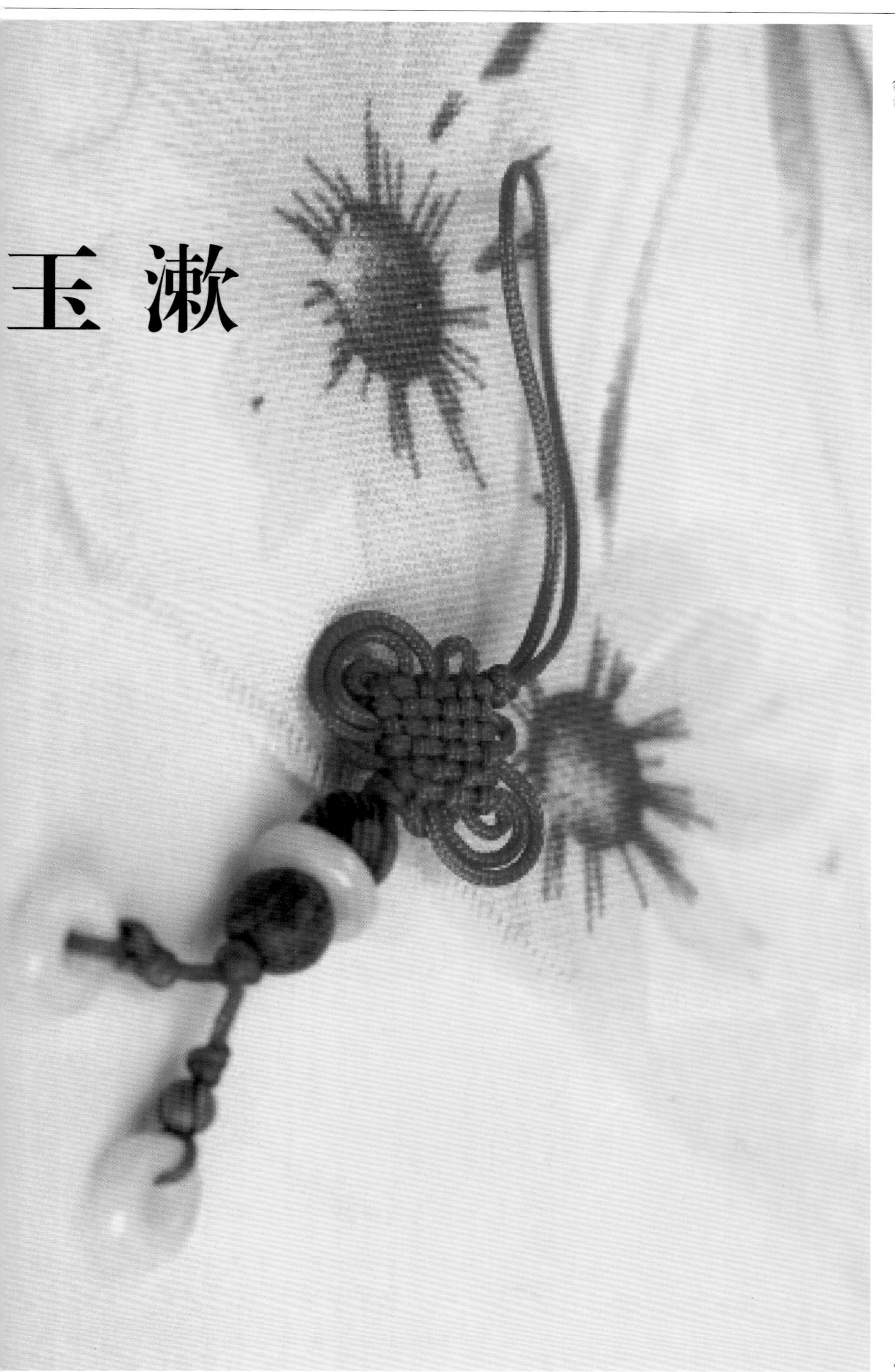

# 玉漱

## 材料

A线110cm1条，木珠4颗，玉环3个，钉板，钩子

## 做法

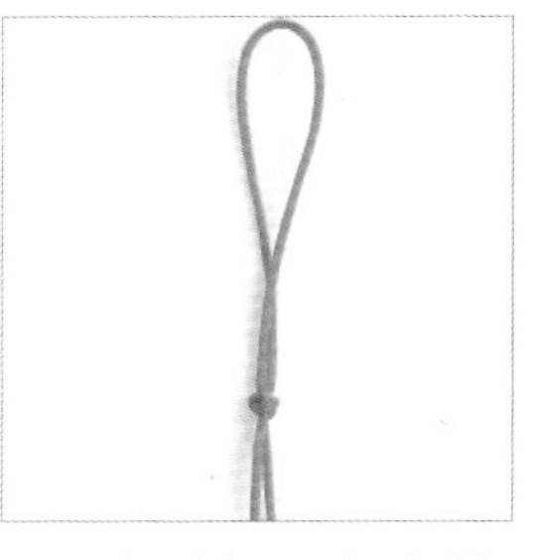

1.A线对折，留出挂扣的长度，编一个双联结。

2.上钉板，a段如图绕线，做出横线。

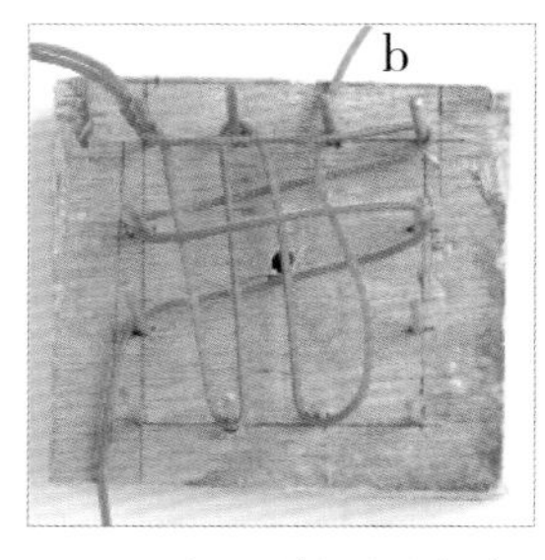


3.b段如图绕出纵线。

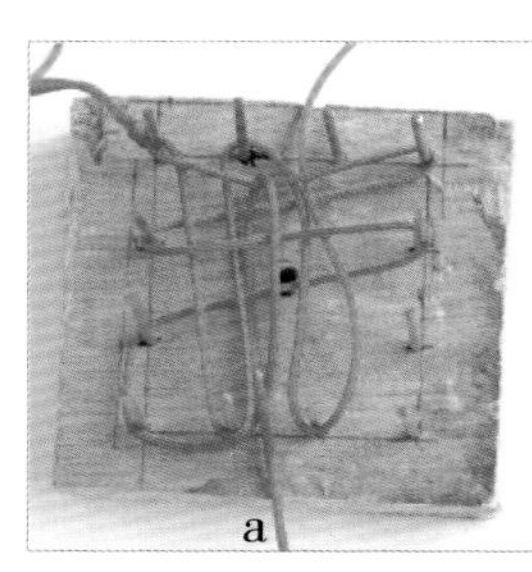


4.a段下绕3颗钉子，由上往下包住a段横线，下线压在上线穿出。

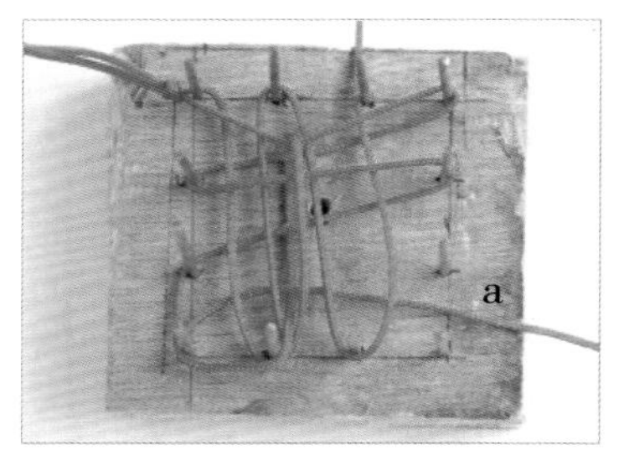


5.然后a段左绕2颗钉子，从b段纵线下，压着a段下纵线穿过。

6.a段绕住右边由下往上数第2颗钉子，压着b段纵线，和a段下纵线，从a段上纵线穿过。

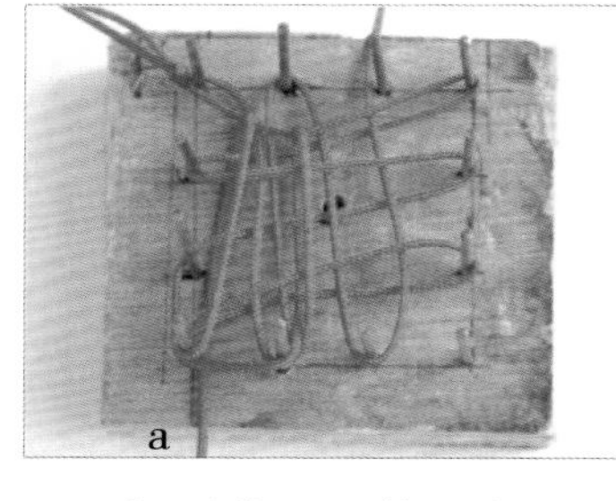


7.a段下绕一颗钉子，重复步骤4的编法，在最下面的横线下穿出。

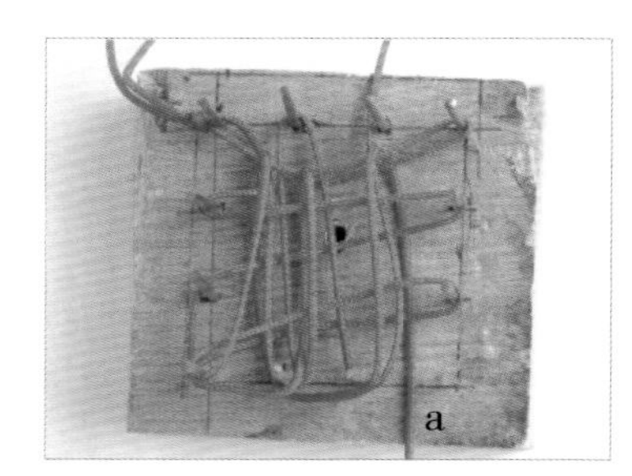


8.a段右绕两颗钉子，同样穿出纵线。

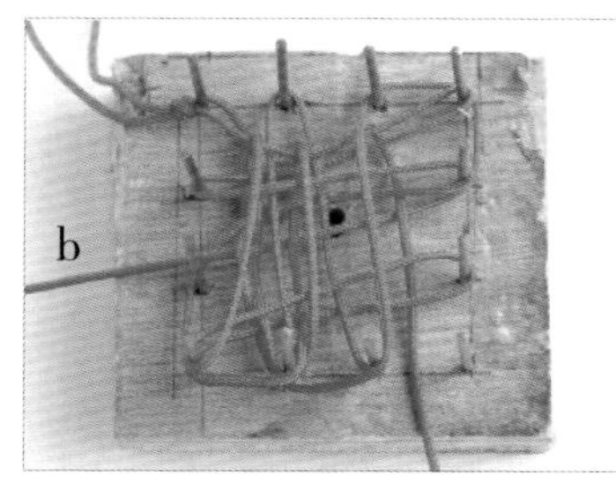


9.b段编法与a段类似，b段右绕3颗钉子，压着b段第一、三段纵线，挑起其他线，左穿b段。

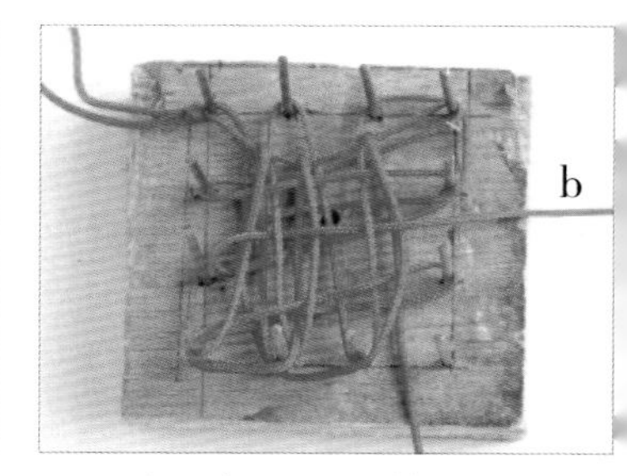


10.然后挑起b段第二、四段纵线，压着其他线回穿。

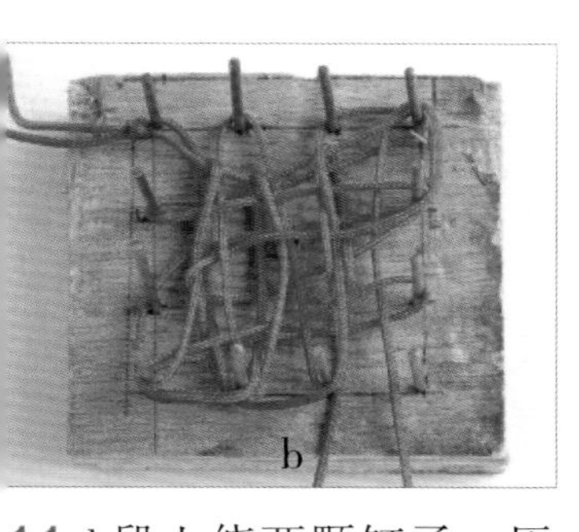


11.b段上绕两颗钉子，压着a段第二、四、六段横线，挑起其他线，下穿。

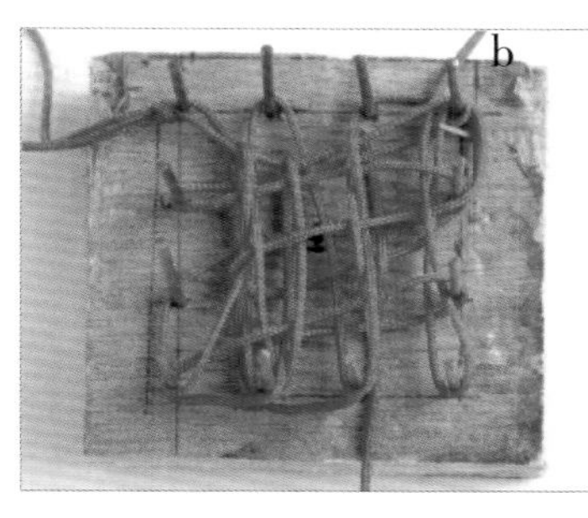


12.b段挑起a段第一、三、五段横线，压着其他线上穿。

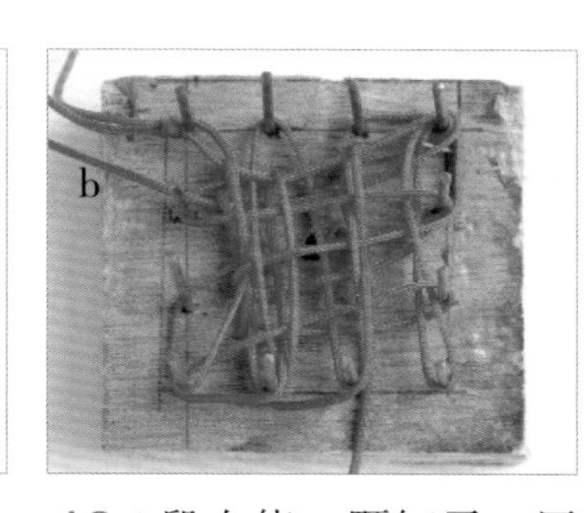


13.b段右绕一颗钉子，压着b段第一、三、五段纵线，挑起其他线，左穿b段。

14.然后挑起b段第二、四、六段纵线，压着其他线，再从最右侧的两段纵线下穿出。

15.下绕两颗钉子，重复步骤13的编法。

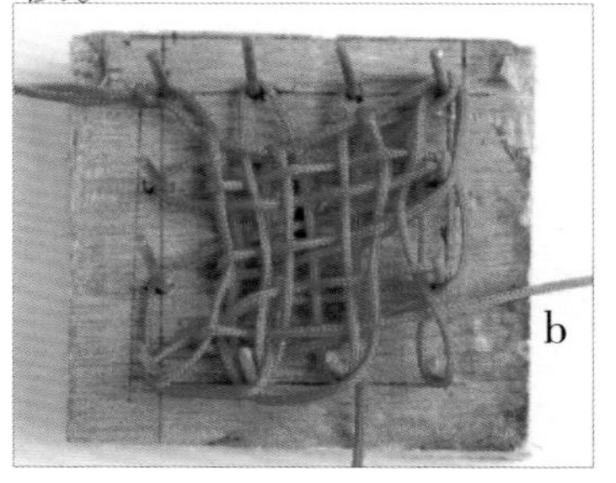


16.然后挑起b段第二、四、六段纵线，压着其他线回穿。

17.脱板，调整结体，再编一个双联结，完成一个复翼盘长结。

18.然后如图穿木珠、玉环。

19.剪掉余线即成。

# 金辰

## 材料

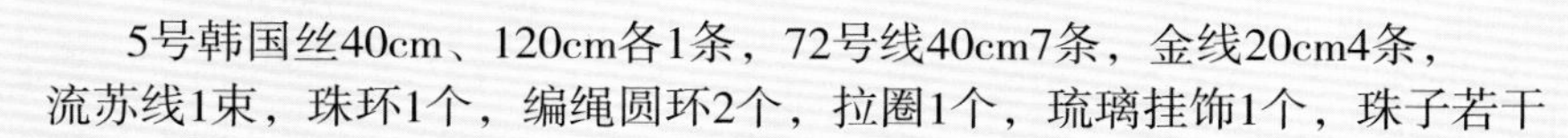

5号韩国丝40cm、120cm各1条，72号线40cm7条，金线20cm4条，
流苏线1束，珠环1个，编绳圆环2个，拉圈1个，琉璃挂饰1个，珠子若干

## 做法

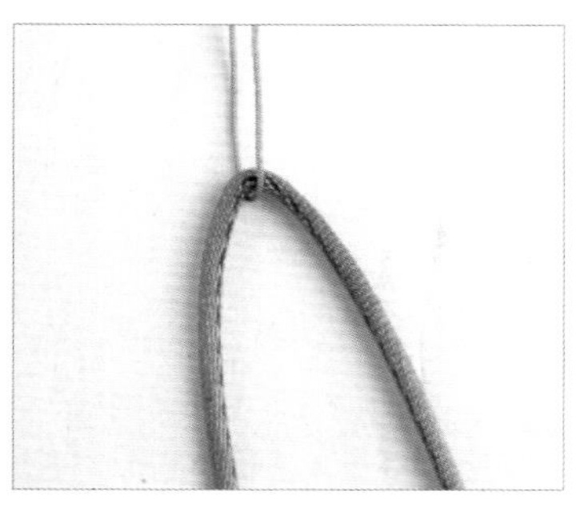

1.将5号韩国丝对折，在中间位置加一条72号线。

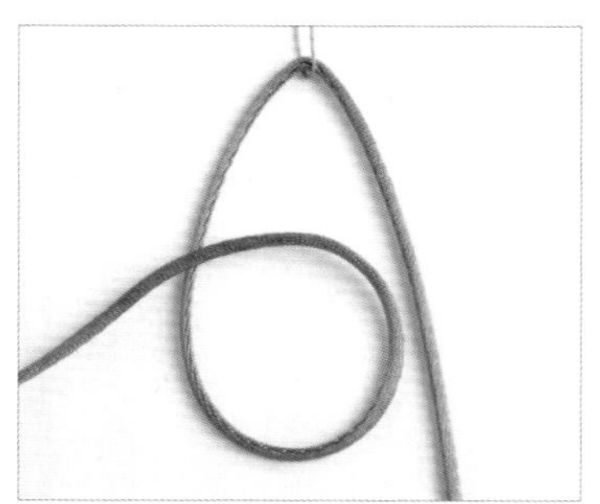

2.左线如图绕一个圈，开始编一个纽扣结。

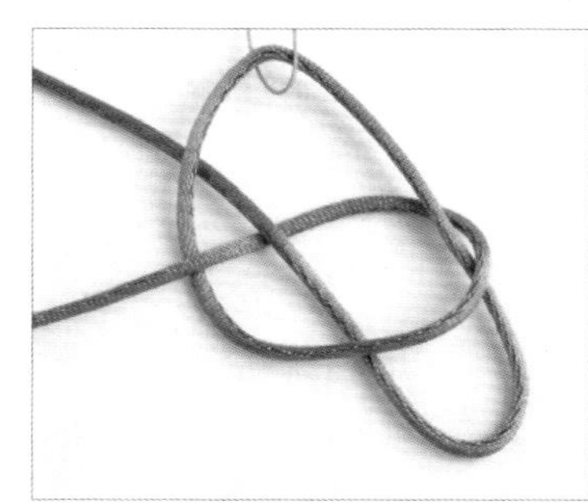

3.右线如图套进左线形成的圈。

4.右线如图压挑，从右线形成的圈中穿出。

5.左线绕到上方，如图压挑，向左穿出。

6.右线绕到后方，如图压挑后从中间的洞中穿出。

7.将线拉紧，调整好结体。

8.再编一个纽扣结。

9.再取一条5号韩国丝，绕着第二个纽扣结的边再走一遍。

10.调整好结体，剪掉余线。

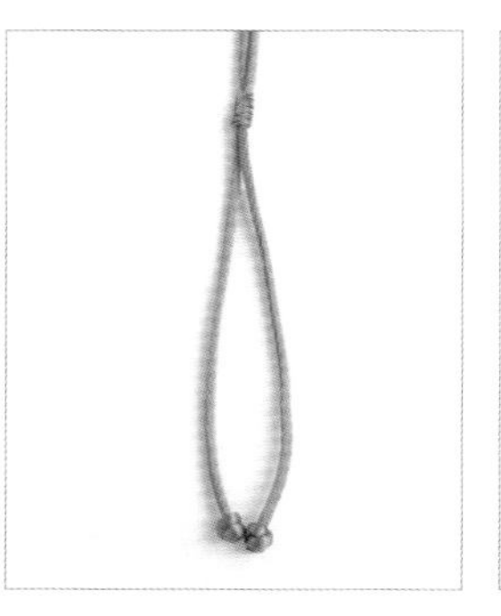

11.在离纽扣结20cm的地方，各编一个秘鲁结，72号线包住韩国丝编5个平结，剪掉余线。

12.另一头的72号线穿珠子、琉璃挂件，编两个死结固定，下面再穿一条线，打一个双联结。

13.用拉圈的余线穿入一个珠环和两个编绳圆环。

14.再穿入一束流苏，在圆环上加上4条72号线，各编一个双联结。

15.在72号线上穿珠子，绑流苏，用金线包住流苏绕0.5cm。

16.其余3条72号线重复步骤15的制作方法。

17.将流苏的底部剪齐，制作好一个流苏配件。

18.将流苏配件绑在72号线上，编一个死结收尾即成。

# 富贵

## 材料

三股线（制作流苏用）、72号线、绕线、金线各一束，景泰蓝珠子，菠萝扣

## 做法

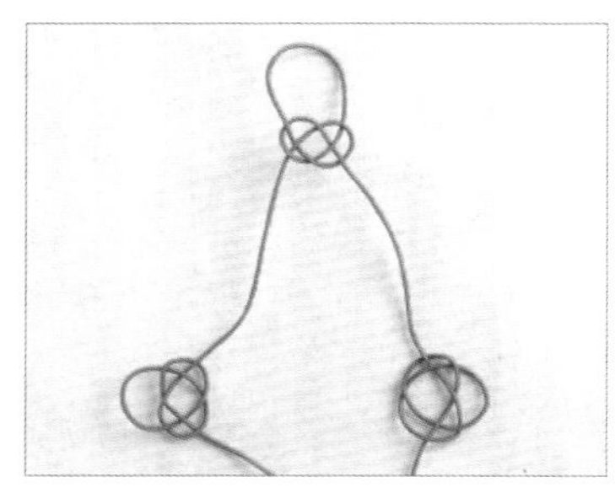

1.绕线对折，打一个双线双钱结，然后隔一段距离，两条余线分别打单线双钱结。

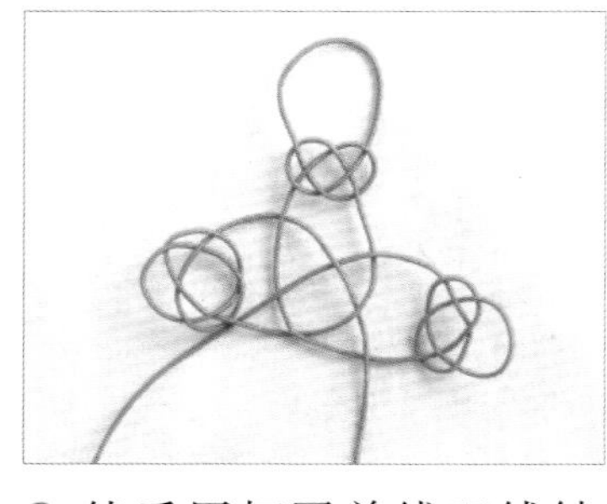

2.然后用打了单线双钱结的两线打一个双钱结。

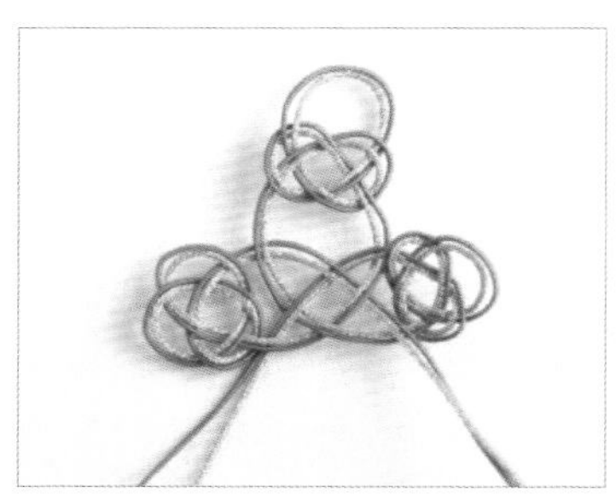

3.金线在双钱结走线，沿着4个双钱结走一边。

4.整形，把双钱结拉紧。

5.绕线打一个双联结，剪掉多余的金线。

6.穿珠子、菠萝扣，绑流苏

7.拉紧流苏，用72号线在双钱结顶端穿过去，对折再穿珠子，其中一条反穿珠子。

8.珠子两头各打一个死结。

9.去掉余线即成。

矜持

# 材料

绕线2条（两色），72号线1条，三股线（制作流苏用），景泰蓝珠子，菠萝扣

## 做法

1.绕线对齐，对折，打一个双线吉祥结，拉紧。

2.再打一个吉祥结。

3.调整形状，包住其中一条绕线，另一条打一个双联结，去掉余线。

4.穿珠子、菠萝扣，绑流苏。

5.用72号线穿过吉祥结顶部，穿珠子后其中一条往回穿，在珠子两边各打死结。

6.去掉余线即成。

# 红 秀

## 材料

B线70cm1条，流苏帽1个，三股线（制作流苏用），珠子

## 做法

1.B线对折，留出合适的长度后打一个双联结。

2.穿流苏帽。

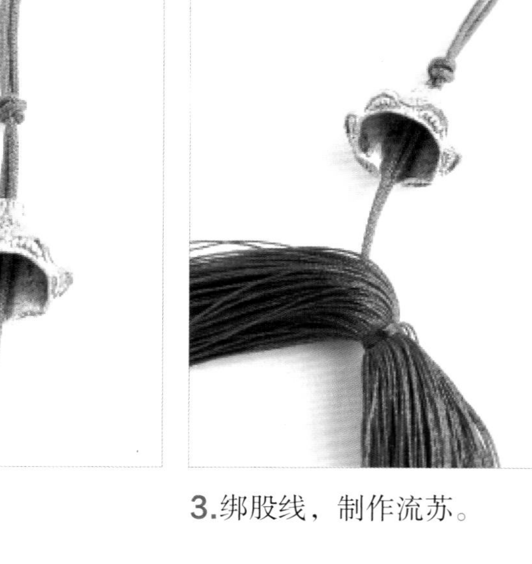

3.绑股线，制作流苏。

4.穿珠子。

5.打死结，去掉余线。

6.修齐流苏尾即成。

# 年年有余

## 材料

头绳1条，B玉线100cm 2条，金线30cm 2条，菠萝扣2个，
银鱼饰品2个，双鱼挂饰1个，流苏1条，珠子若干

## 做法

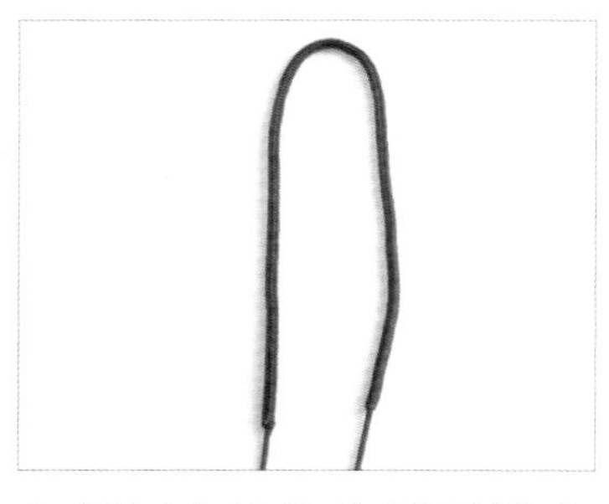

1.用打火机将头绳两端略烧后各接上一条B玉线。

2.在接头处用金线绕线0.5cm，穿入菠萝扣、珠子、银鱼，玉线再对穿一颗珠子。

3.各穿入3颗珠子后编一个双联结。

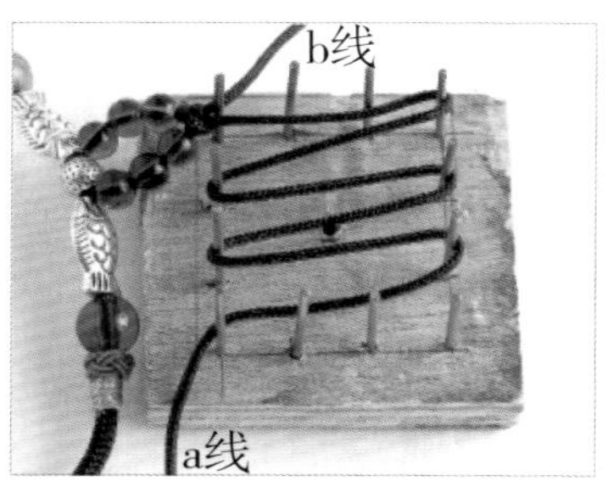


4.上钉板，a段如图绕出横线。

5.b段如图压起a段第一、三、五行的横线，绕出纵线。

6.钩子从横线的下面伸过去，钩住a段并拉出。

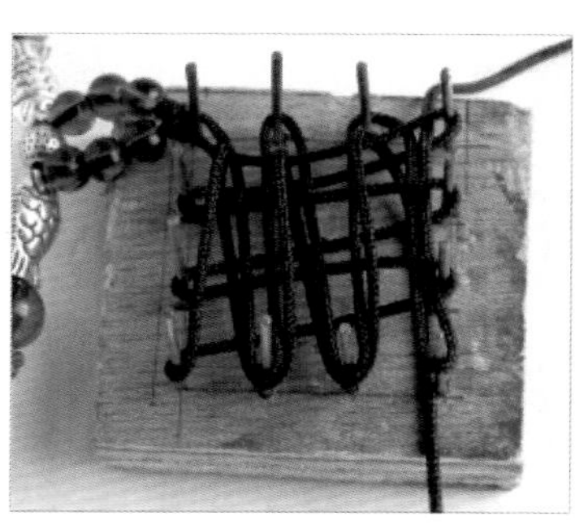

7.依照步骤6的方法再走两次。

8.钩子挑2线，压1线，挑3线，压1线，挑3线，压1线，挑1线，钩住b线并拉出。

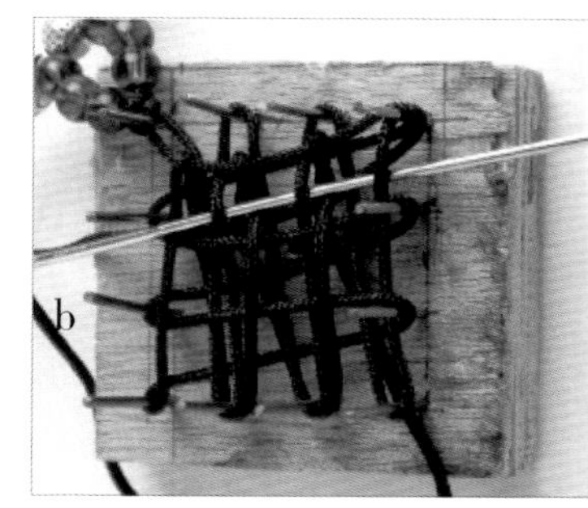


9.钩子挑第一、第三、第五行b纵线，钩住b线并拉出。

10.重复步骤8、9的制作方法2次。

11.从钉板上取出结体，完成一个十耳盘长结。

12.调整好结体，余线编一个双联结。

13.用套色针穿金线，开始在盘长结上面走线。

14.如图走线，装饰耳翼。

15.穿入一个双鱼挂饰，编一个死结收尾。

16.在双鱼挂饰的下面绑1条流苏。

17.剪线，整理好流苏。

18.完成。

# 踏青

## 材料

5号韩国丝150cm1条（黄色）、120cm2条（绿色），
扇形坠子1个，流苏2条，钉板，钩子

## 做法

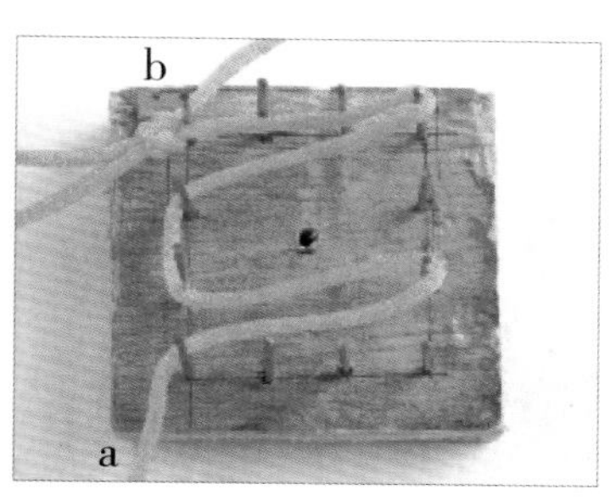


1.黄色线对折，留出适合的长度，编一个双联结，上钉板，a段绕出图中形状。

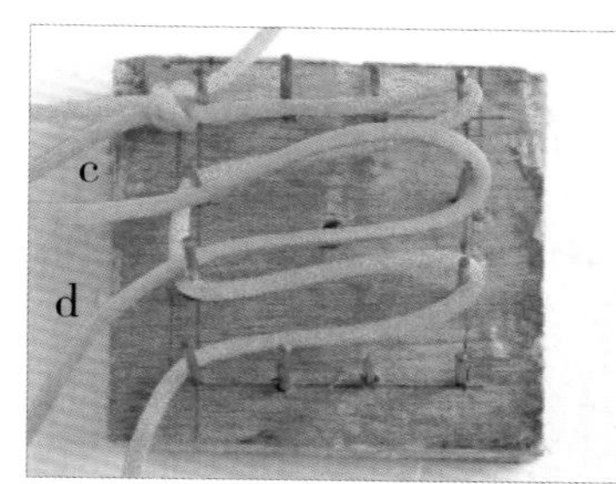


2.取一条绿线对折，如图摆放在钉板上。

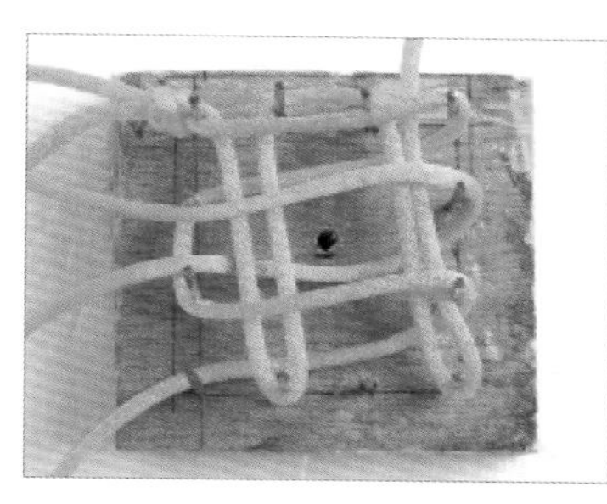

3.b段挑起a段第一、三段横线、c段第一段横线，穿出b段纵线。

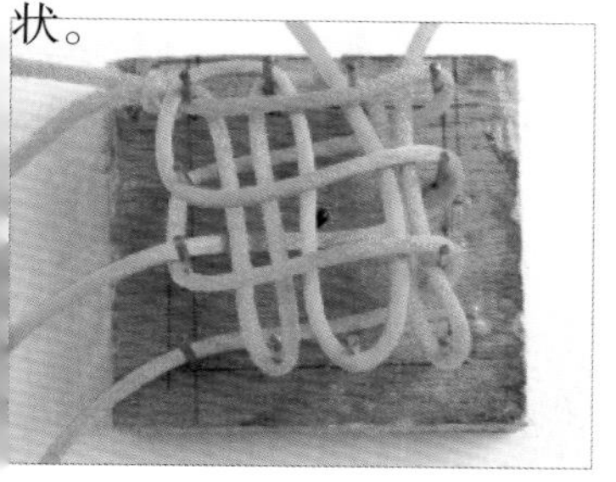

4.c段上绕过三颗钉子挑起制作步骤3中的横线，穿出图中纵线。

5.a段留出一个耳翼的长度，从上往下包住横线，d段绕a段耳翼编一个双钱结。

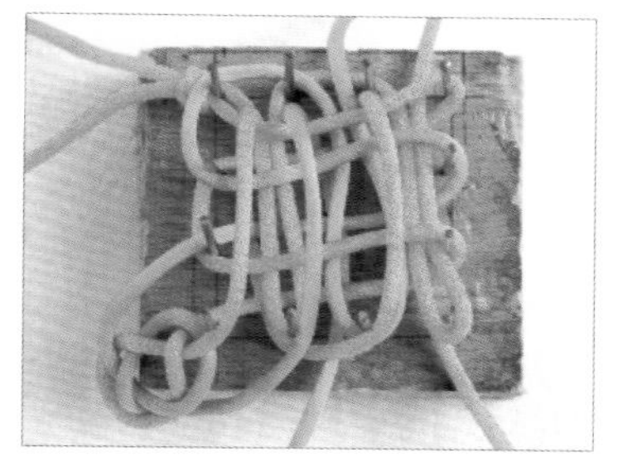

6.先a段绕过两颗钉子，再d段绕过3颗钉子，均从上往下包住横线，如图所示。

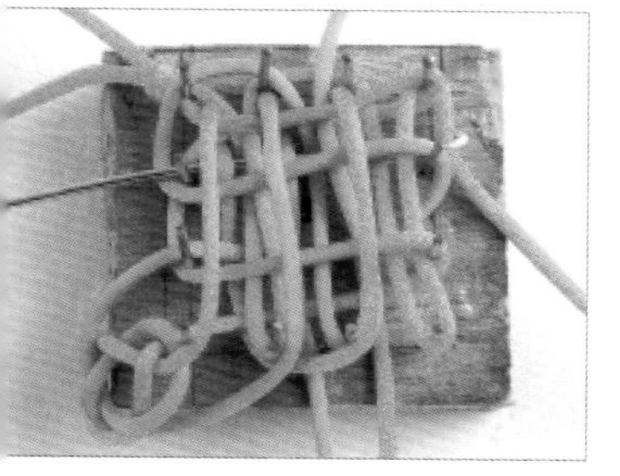

7.留出合适的长度，压着b段第一、三段纵线，c段第一段纵线，挑起其他线，钩子伸过去勾住b段拉过去。

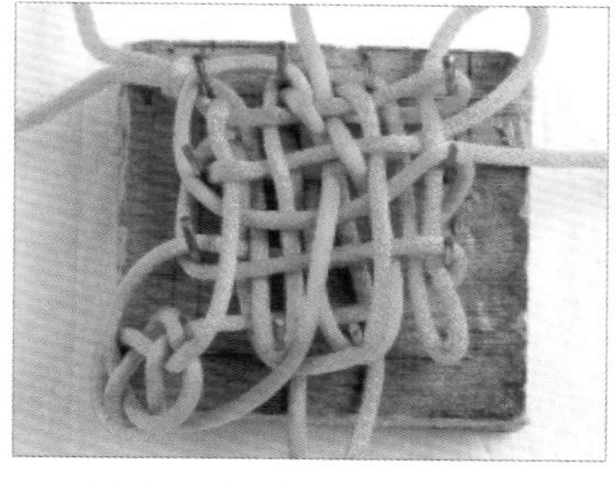

8.挑起b段第二、四段纵线，c段第二段纵线，压着其他线回穿b段。

9.c段与b段留出的耳翼编一个双钱结。

10.b段下绕两颗钉子，重复制作步骤7、8。

11.c段下绕2颗钉子，重复制作步骤7、8，做出如图形状。

12.脱板，整理结体，两黄线编1个双联结。

13.穿扇形坠子。

14.坠子底部穿线，编一个双联结，两线再分别编一个三耳酢浆草结。

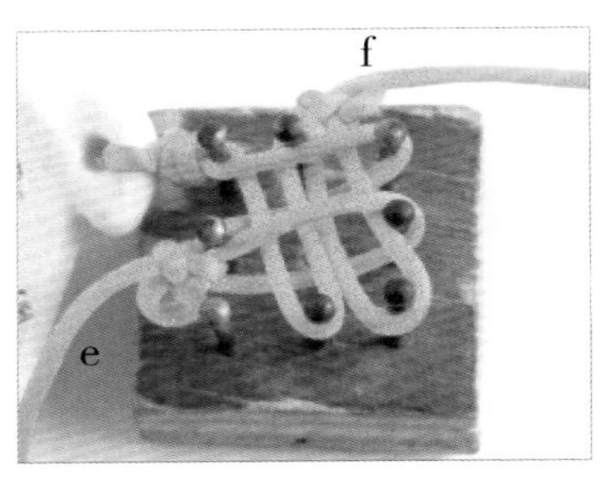


15.上钉板，编六耳盘长结，e段先绕横线，f段绕纵线。

16.e段从上往下包绕住e段横线。

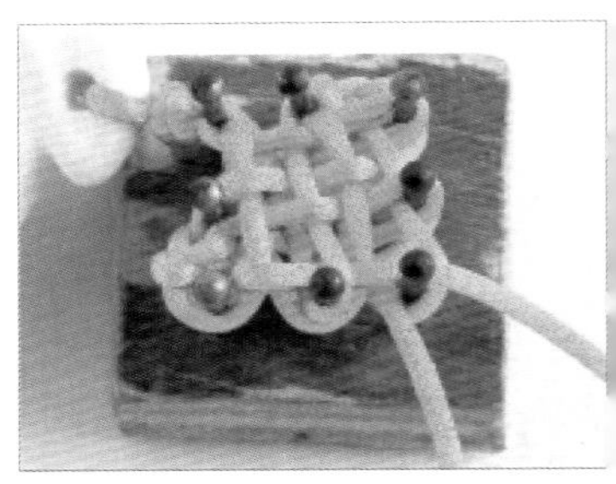

17.压着f段第一、三段纵线，挑起其他线将f段拉过去，再挑起第二、四段纵线，压着其他线回穿f段，再重复一次。

18.脱板，调整结体，再编个双联结，绑上流苏即可。

寿 菊

## 材料

4号韩国丝120cm3条（黄色2条，蓝色1条）、
30cm1条，扇形坠子1个，流苏2条，针，钩子，钉板

## 做法

1.取蓝色长线对折，编一个双联结，上钉板绕线，做出第一个耳翼。

2.b段从上行钉子左边穿进前一个耳翼，勾住中行右边的钉子，做出第二个耳翼。

3.b段从上行右边穿进前一个耳翼，勾住右下角的钉子，做出第三个耳翼，同理再做两个耳翼。

4.a段反绕中行左边的钉子，从上穿入上行中间钉子的耳翼，从底下往左下角拉出来。

5.a段再反绕左下角钉子，从下往上穿入耳翼，再从中行左边钉子的耳翼下穿过，穿进左上角的耳翼。

6.a段从上回穿左下角的耳翼。

7.a段向下行中间钉子绕，穿进耳翼，如图在中行左边钉子的耳翼穿出来。

8.a段再回穿下行中间钉子的耳翼。

9.脱板，调整，做出团锦结。

10.取1条黄线如图，穿出一个耳翼。

11.穿出8个耳翼。

12.翻面，继续穿耳翼。

13.穿出8个耳翼。

14.重复制作步骤10～13，再穿出两面8个耳翼。

15.蓝线编一个双联结，穿扇形坠子，编一个单结固定。

16.坠子底部穿一条蓝线，编一个双联结，再绑流苏，完成。

# 一鸣

## 材料

54号韩国丝100cm1条、40cm1条，双钱结配件1个，绕线2束（不同色的各1束），金线、银线各1束，塑胶圆环1个，玉配件1个，带菠萝扣流苏1条

## 做法

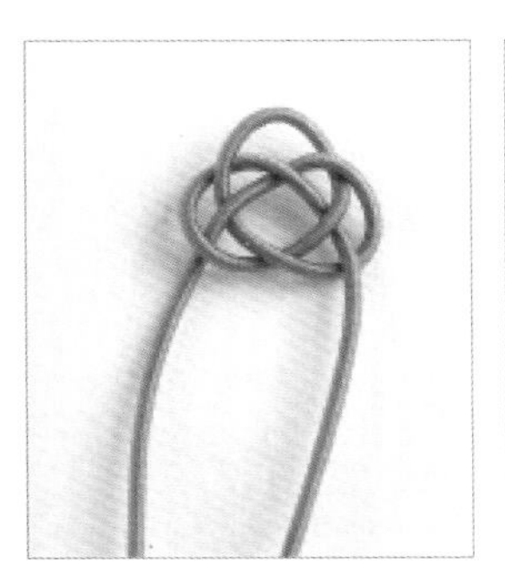

1.取1条绕线，从中间开始编一个双钱结。

2.用另一个颜色的绕线沿着双钱结走一遍。

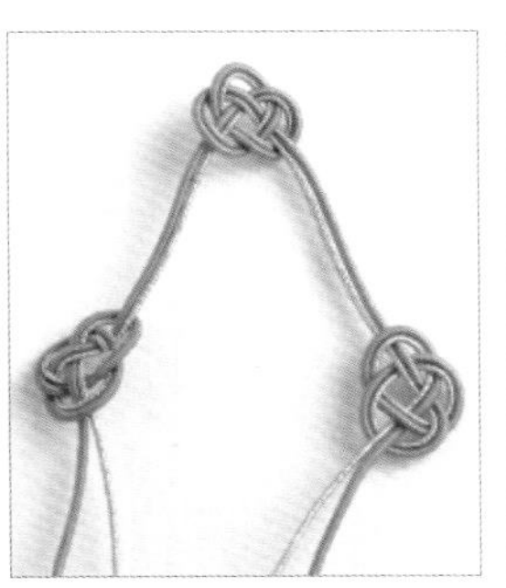

3.隔适当的长度，同样的编法，各编一个双钱结。

4.两边和在一起编一个双线双钱结。

5.用第一条绕线包住另外的线，编一个双联结。

6.40cm的韩国丝，穿过双钱结上端后对接。

7.用金线在韩国丝接口的地方做绕线。

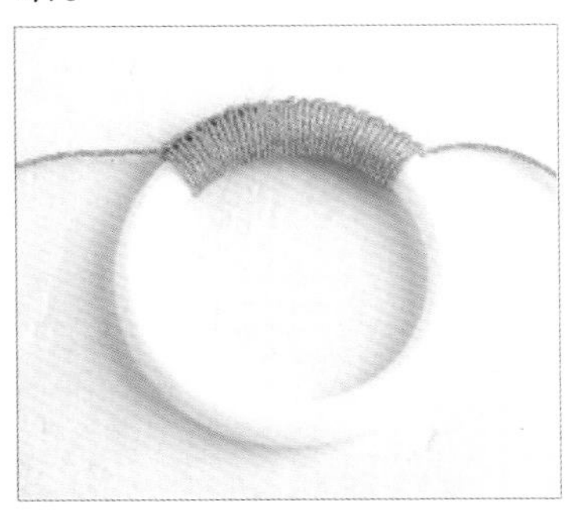

8.在圆环的1/4的部分，用金线编雀头结。

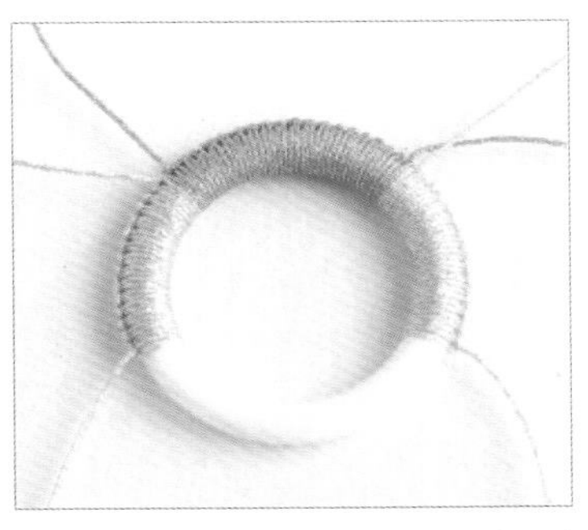

9.在两边，用银线再分别编1/4的雀头结。

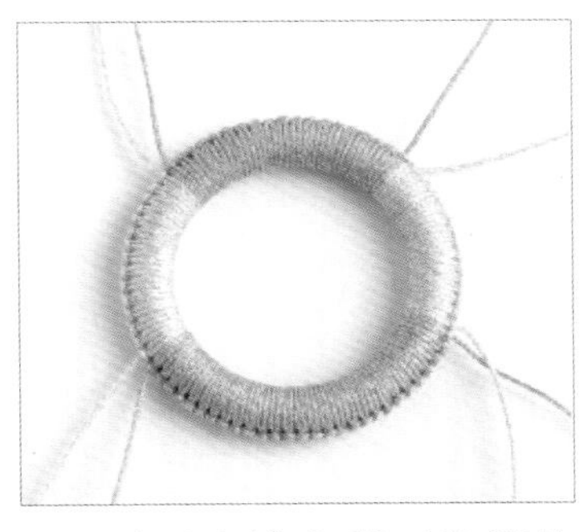

10.再用金线在剩下的部分编雀头结。

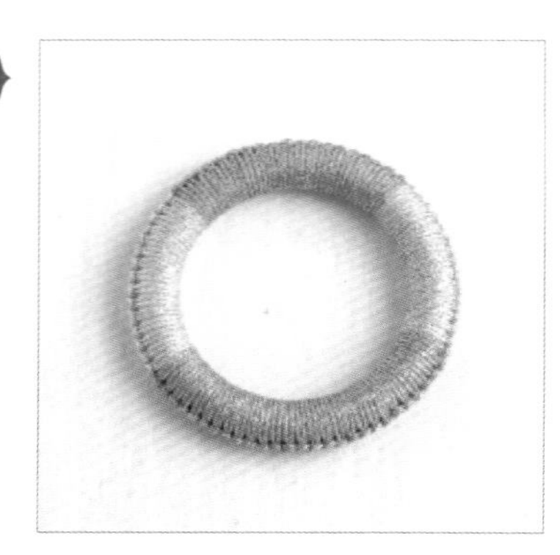

11.去掉余线。

12.双钱结的余线包住一条金线和圆环，编一个单结固定，然后去掉余线。

13.穿入玉配件，编一个单节固定，剪掉余线。

14.穿入双钱结配件，两头用100cm的韩国丝穿起来。

15.韩国丝开始编八边纽扣结。

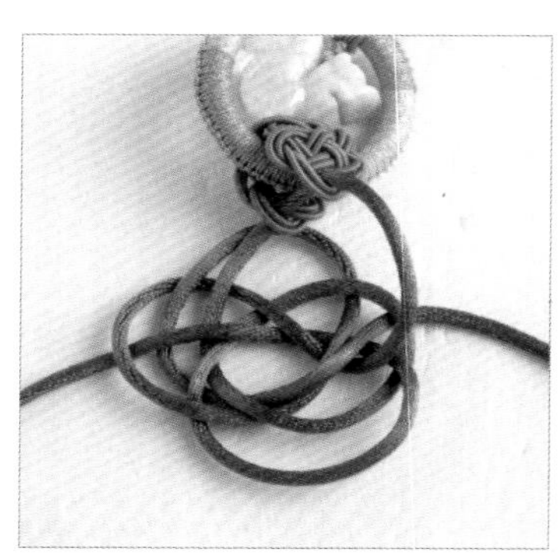

16.两线如图绕线挑压。

17.如此，两边各绕4次，最后线头从最中间的位置下穿。

18.拉紧，调整成结。

19.穿流苏，即成。

# PART 4
# 编绳饰品的运用

# 日常生活的使用

说到编绳饰品日常的使用，相信大家平时也没多注意，若是细心留意你会发现，人们日常佩戴多为银饰、金饰，或者皮饰，编绳饰品反而不多，毕竟一说到编绳饰品大家脑海里会浮现“过时”二字。随着潮流轮换，时尚饰物越来越多，也有不少人开始关心留意中国传统文化与新时代时尚文化的结合，编织出了许多既复古又独特的编绳饰品，能够满足除了节日活动外的佩戴。以下就展示一些日常生活中可搭配居家服、休闲服、可爱的小裙子等饰物的编绳饰品。

# 不同场所的使用

编织巧妙的编绳饰品，在不同地场所也能很好地衬托自身的造型，比如工作的时候、婚礼的时候、晚会的时候……

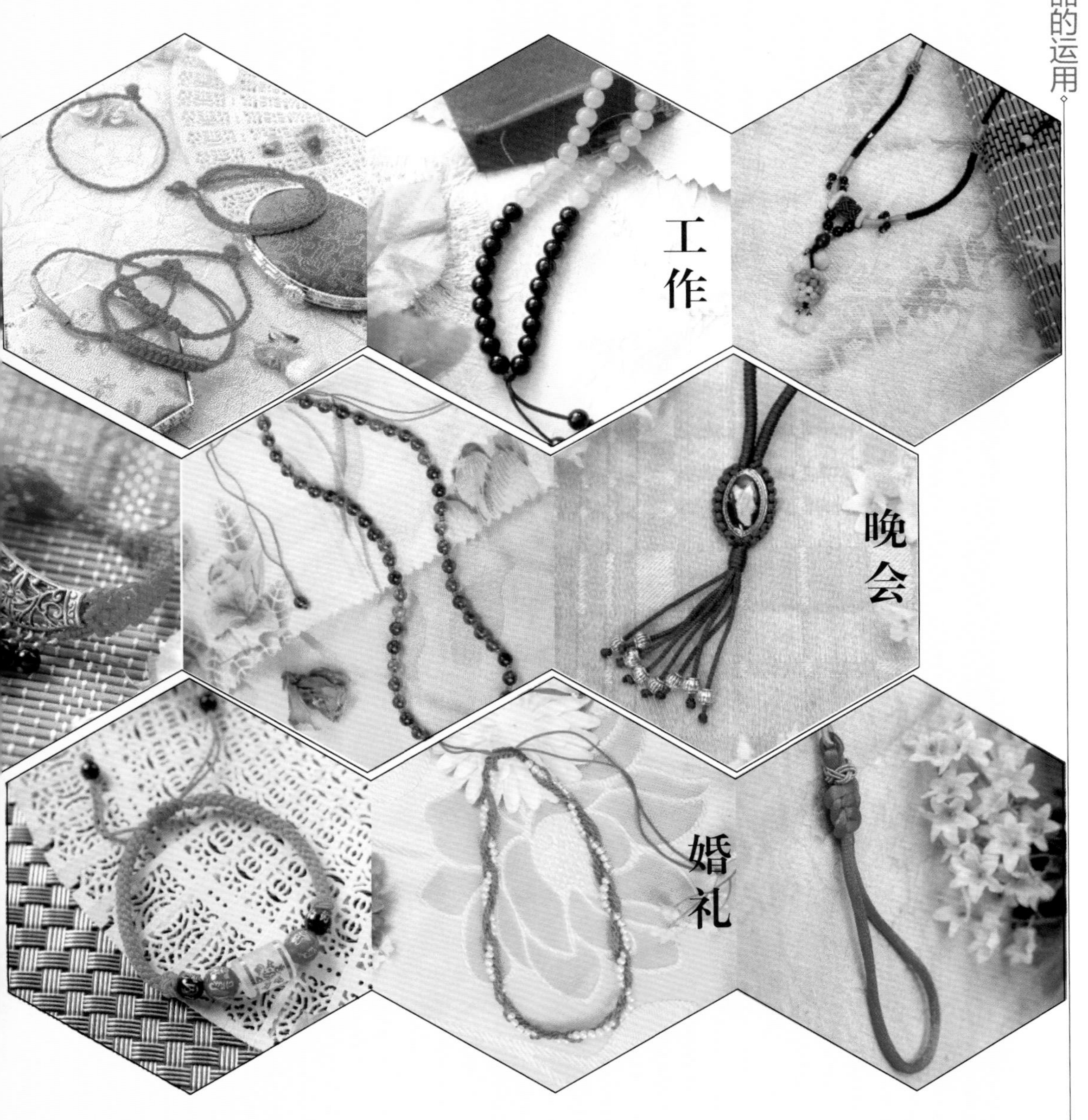

# 节日民俗的使用

逢年过节的时候，编绳饰品是最好的装饰，对增添节日气氛很有效果。一方面看起来喜庆，另一方面也代表了祝福的意思，例如端午节、中秋节、春节，或者春日踏青、重阳登高等。

# PART 5
# 编绳饰品欣赏

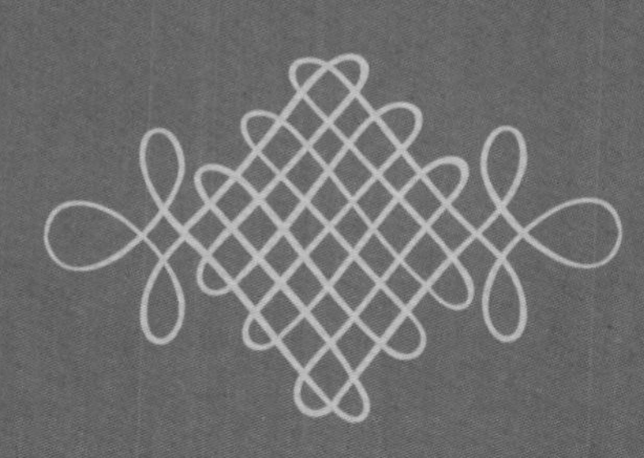

作品欣赏

图书在版编目（CIP）数据

编绳饰品技法一本通 / 犀文图书编著 . — 天津 : 天津科技翻译出版有限公司，2015.9
ISBN 978-7-5433-3524-0

Ⅰ. ①编… Ⅱ. ①犀… Ⅲ. ①编织－手工艺品－制作 Ⅳ. ① TS935.5

中国版本图书馆 CIP 数据核字 (2015) 第 156021 号

出　　版：天津科技翻译出版有限公司
出 版 人：刘　庆
地　　址：天津市南开区白堤路 244 号
邮政编码：300192
电　　话：（022）87894896
传　　真：（022）87895650
网　　址：www.tsttpc.com
策　　划：犀文图书
印　　刷：北京画中画印刷有限公司
发　　行：全国新华书店
版本记录：787 × 1092　16 开本　12 印张　240 千字
2015 年 9 月 第 1 版　2015 年 9 月第 1 次印刷
定价：39.80 元